国防科工委“十五”规划教材.航空宇航科学与技术

载人航天生命保障技术

林贵平　王普秀　编

北京航空航天大学出版社
北京理工大学出版社　西北工业大学出版社
哈尔滨工业大学出版社　哈尔滨工程大学出版社

内容简介

本书是航空航天院校飞行器环境与生命保障工程专业载人航天生命保障技术课程选用教材，系统介绍了载人航天环境控制与生命保障技术的基本理论。内容包括：空间环境因素、环控生保系统的功能组成、载人航天生命保障系统的设计基础、供气调压分系统、座舱大气再生与污染控制、温湿度控制分系统、水管理技术、废物管理系统、火情探测与灭火系统、航天服系统以及生物生命保障系统等。为了便于对基本内容的深入理解，编入了一定数量的思考题。

本教材既可作为高等院校相关专业高年级本科生、研究生的课程教材，也可供从事相关领域研究的工程技术人员参考。

图书在版编目(CIP)数据

载人航天生命保障技术/林贵平，王普秀编. —北京：北京航空航天大学出版社，2006.12

ISBN 7-81077-964-8

Ⅰ.载… Ⅱ.①林…②王… Ⅲ.载人航天飞行—飞行安全 Ⅳ.V528

中国版本图书馆 CIP 数据核字(2006)第 150925 号

载人航天生命保障技术

林贵平　王普秀　编

责任编辑　王媛媛

北京航空航天大学出版社出版发行

北京市海淀区学院路 37 号(100083)

发行部电话：010-82317024　传真：010-82328026

http://www.buaapress.com.cn　E-mail：bhpress@263.net

北京市松源印刷有限公司印装　各地书店经销

开本：787×960　1/16

印张：15.25　字数：342 千字

2006 年 12 月第 1 版　2006 年 12 月第 1 次印刷

印数：3 000 册

ISBN 7-81077-964-8　定价：26.00 元

国防科工委“十五”规划教材编委会

总　序

国防科技工业是国家战略性产业，是国防现代化的重要工业和技术基础，也是国民经济发展和科学技术现代化的重要推动力量。半个多世纪以来，在党中央、国务院的正确领导和亲切关怀下，国防科技工业广大干部职工在知识的传承、科技的攀登与时代的洗礼中，取得了举世瞩目的辉煌成就；研制、生产了大量武器装备，满足了我军由单一陆军，发展成为包括空军、海军、第二炮兵和其他技术兵种在内的合成军队的需要，特别是在尖端技术方面，成功地掌握了原子弹、氢弹、洲际导弹、人造卫星和核潜艇技术，使我军拥有了一批克敌制胜的高技术武器装备，使我国成为世界上少数几个独立掌握核技术和外层空间技术的国家之一。国防科技工业沿着独立自主、自力更生的发展道路，建立了专业门类基本齐全，科研、试验、生产手段基本配套的国防科技工业体系，奠定了进行国防现代化建设最重要的物质基础；掌握了大量新技术、新工艺，研制了许多新设备、新材料，以“两弹一星”、“神舟”号载人航天为代表的国防尖端技术，大大提高了国家的科技水平和竞争力，使中国在世界高科技领域占有了一席之地。十一届三中全会以来，伴随着改革开放的伟大实践，国防科技工业适时地实行战略转移，大量军工技术转向民用，为发展国民经济作出了重要贡献。

国防科技工业是知识密集型产业，国防科技工业发展中的一切问题归根到底都是人才问题。50 多年来，国防科技工业培养和造就了一支以“两弹一星”元勋为代表的优秀的科技人才队伍，他们具有强烈的爱国主义思想和艰苦奋斗、无私奉献的精神，勇挑重担，敢于攻关，为攀登国防科技高峰进行了创造性劳动，成为推动我国科技进步的重要力量。面向新世纪的机遇与挑战，高等院校在培养国防科技人才，传播国防科技新知识、新思想，攻克国防基础科研和高技术研究难题当中，具有不可替代的作用。国防科工委高度重视，积极探索，锐意改革，大力推进国防科技教育特别是高等教育事业的发展。

高等院校国防特色专业教材及专著是国防科技人才培养当中重要的知识载体和教学工具，但受种种客观因素的影响，现有的教材与专著整体上已落后于当今国防科技的发展水平，不适应国防现代化的形势要求，对国防科技高层次人才的培养造成了相当不利的影响。为尽快改变这种状况，建立起质量上乘、品种齐全、特点突出、适应当代国防科技发展的国防特色专业教材体系，国防科工委全额资助编写、出版200种国防特色专业重点教材和专著。为保证教材及专著的质量，在广泛动员全国相关专业领域的专家、学者竞投编著工作的基础上，以陈懋章、王泽山、陈一坚院士为代表的100多位专家、学者，对经各单位精选的近550种教材和专著进行了严格的评审，评选出近200种教材和学术专著，覆盖航空宇航科学与技术、控制科学与工程、仪器科学与技术、信息与通信技术、电子科学与技术、力学、材料科学与工程、机械工程、电气工程、兵器科学与技术、船舶与海洋工程、动力机械及工程热物理、光学工程、化学工程与技术、核科学与技术等学科领域。一批长期从事国防特色学科教学和科研工作的两院院士、资深专家和一线教师成为编著者，他们分别来自清华大学、北京航空航天大学、北京理工大学、华北工学院、沈阳航空工业学院、哈尔滨工业大学、哈尔滨工程大学、上海交通大学、南京航空航天大学、南京理工大学、苏州大学、华东船舶工业学院、东华理工学院、电子科技大学、西南交通大学、西北工业大学、西安交通大学等，具有较为广泛的代表性。在全面振兴国防科技工业的伟大事业中，国防特色专业重点教材和专著的出版，将为国防科技创新人才的培养起到积极的促进作用。

党的十六大提出，进入21世纪，我国进入了全面建设小康社会、加快推进社会主义现代化的新的发展阶段。全面建设小康社会的宏伟目标，对国防科技工业发展提出了新的更高的要求。推动经济与社会发展，提升国防实力，需要造就宏大的人才队伍，而教育是奠基的柱石。全面振兴国防科技工业必须始终把发展作为第一要务，落实科教兴国和人才强国战略，推动国防科技工业走新型工业化道路，加快国防科技工业科技创新步伐。国防科技工业为有志青年展示才华，实现志向，提供了缤纷的舞台，希望广大青年学子刻苦学习科学文化知识，树立正确的世界观、人生观、价值观，努力担当起振兴国防科技工业、振兴中华的历史重任，创造出无愧于祖国和人民的业绩。祖国的未来无限美好，国防科技工业的明天将再创辉煌。

张华祝

前　言

自从人类首次进入太空以来，载人航天技术已有了很大的发展。我国也于1999年11月成功发射了第一艘试验飞船，使载人航天技术的研究迈上了一个新台阶，也为进一步开展该领域的研究提供了良好的机遇。

载人航天技术是指有人参与的，对空间进行探索以及利用空间的特有环境进行科学研究、资源开发与应用的综合性工程技术。载人航天技术体现在载人航天系统中。载人航天工程与无人航天工程的最大区别在于人是载人航天飞行器的核心组成部分。载人航天工程是以保证航天员的生命安全为第一要求的，即不仅要保证航天员顺利进入太空，而且要保证航天员安全地在空间工作以及安全地返回地面。因此，环控生保系统是最具载人航天特色的一个重要系统，直接关系航天员身体健康、工作效率和生命安全，是载人航天技术的重大关键技术之一。

本书在总结我国载人航天环控生保系统研制成果与经验的基础上，广泛吸收国外载人航天器环境控制与生命保障技术的先进研究成果，从航天器环控生保系统设计的理论基础、设计依据到系统总体和各个分系统的设计方法进行了系统的阐述，力求做到内容全面、深入浅出。全书共分11章。第1章绪论部分对环控生保系统的功能与组成作了简要介绍，并对生物生保系统作了技术展望。第2章主要介绍了空间环境的基本知识，包括近地空间大气环境、辐射环境、失重环境、月球与火星环境等。第3章论述了载人生保系统的设计基础，并对系统的设计方法进行了说明。第4～11章则分别对各子系统的功能组成、原理特点等进行了详细的阐述，即供气调压分系统、座舱大气再生与污染控制系统、温湿度控制分系统、水管理技术、废物管理系统、火情探测与灭火系统、航天服系统以及生物生命保障系统。

环控生保系统发展的根本目的是保障人类能在空间生存。从初期简单的载人飞船到现代的航天飞机和空间站复合体，随着乘员人数的增加和在轨时间的延长，环控生保系统的复杂程度也将发生质的变化，这就使我们对此领域相关知识的需求更为迫切。此教材是作者在多年实际教学经验的基础上总结编写而成的，以求满足相关专业高年级本科生、研究生及广大科研人员对这一领域知识的需要。教材的部分内容参考了国内外同行专家、学者的最新研究成果，在此向他们致以诚挚的谢意！

本书由北京航空航天大学林贵平、总装备部航天员中心王普秀编写，林贵平为主编。其中第8、9、10章以及第3章的部分内容由王普秀编写，其余部分由林贵平完成。

由于载人航天技术的飞速发展和作者水平所限，书中不妥和错误之处，恳请广大读者批评、指正。

感谢北京航空航天大学出版社在本教材出版过程中给予的大力支持，感谢在本教材撰写过程中所有给予关心、支持和帮助的人们！

编　者

2006年12月

目　录

第1章　绪　论

1.1　环控生保系统的功能和组成 …… 1
1.1.1　环控生保系统的功能 …… 1
1.1.2　环控生保系统的组成 …… 2
1.1.3　环控生保系统的分类 …… 3
1.2　ECLSS技术的发展及展望 …… 4
1.2.1　飞机环控生保系统 …… 5
1.2.2　潜艇环控生保系统 …… 5
1.2.3　阿波罗飞船的环控生保系统 …… 7
1.2.4　载人航天生保系统发展展望 …… 11

第2章　空间环境

2.1　近地空间大气环境 …… 14
2.1.1　地球大气的结构 …… 14
2.1.2　地球大气的物理特性 …… 15
2.1.3　真空环境的影响 …… 17
2.2　辐射环境 …… 18
2.2.1　基本概念 …… 19
2.2.2　空间电离辐射源 …… 19
2.2.3　空间辐射与轨道的关系 …… 23
2.2.4　空间辐射剂量 …… 23
2.2.5　空间辐射防护 …… 27
2.3　失重环境 …… 30
2.3.1　失重的物理原理 …… 30
2.3.2　失重生理效应 …… 31
2.3.3　微重力环境对环控生保系统工作的影响 …… 32
2.4　其他环境因素 …… 33
2.4.1　磁　场 …… 33
2.4.2　流星与微流尘 …… 33
2.4.3　原子氧 …… 33
2.5　月球与火星环境 …… 34
2.5.1　月　球 …… 34
2.5.2　火　星 …… 35

第 3 章 载人航天生命保障系统的设计基础
3.1 人同环境的物质和能量交换 …… 37
3.1.1 人的物质需求 …… 37
3.1.2 人体生理代谢产物 …… 40
3.1.3 人体与环境的物质和能量交换 …… 41
3.2 适居的环境条件 …… 41
3.2.1 大气条件 …… 42
3.2.2 其他物理因素 …… 46
3.3 微重力环境中的气液分离 …… 46
3.3.1 表面张力与毛细现象 …… 46
3.3.2 失重状态下的气液分离 …… 49
3.4 载人航天环控生保系统设计方法 …… 51
3.4.1 应用系统工程学的方法论进行环控生保系统设计 …… 51
3.4.2 利用最优化设计技术进行环控生保系统设计 …… 53
3.4.3 环控生保系统的计算机仿真技术 …… 55
3.4.4 环控生保系统安全性和可靠性设计准则 …… 56
3.4.5 环控生保系统试验技术 …… 58
第 4 章 供气调压分系统
4.1 座舱压力制度 …… 61
4.1.1 总压选择 …… 61
4.1.2 稀释气体选择 …… 62
4.1.3 氧分压允许值 …… 62
4.1.4 舱压变化速率要求 …… 63
4.2 气体的储存 …… 63
4.2.1 氧气的储存 …… 63
4.2.2 氮气的储存 …… 69
4.3 供气调压系统工作原理 …… 70
4.3.1 座舱供气调压系统的组成 …… 70
4.3.2 “神舟”号飞船供气调压系统的工作原理 …… 74
4.4 供气调压系统的设计计算 …… 78
4.4.1 系统设计参数 …… 78
4.4.2 储气量计算 …… 78
4.4.3 供气自锁阀流通能力计算 …… 80
4.5 供气调压分系统分析建模 …… 80
4.5.1 系统描述与基本假设 …… 81
4.5.2 建立舱压变化数学模型 …… 81
4.5.3 自动供气特性分析 …… 82

第 5 章 座舱大气再生与污染控制
5.1 二氧化碳净化技术 …… 84
5.1.1 非再生式二氧化碳净化技术 …… 85
5.1.2 再生式二氧化碳净化技术 …… 89
5.1.3 二氧化碳还原技术 …… 100
5.2 空间制氧技术 …… 103
5.2.1 固态聚合物电解质水电解系统 SPWE …… 104
5.2.2 静态供水电解系统 SFWE …… 104
5.2.3 还原法制氧 …… 106
5.3 微量污染控制 …… 107
5.3.1 微量污染控制方法 …… 107
5.3.2 典型的乘员舱内微量污染控制方案 …… 108
第 6 章 温、湿度控制分系统
6.1 温、湿度控制分系统概述 …… 115
6.1.1 设计要求 …… 115
6.1.2 被动热控与主动热控技术 …… 116
6.1.3 热控系统的内回路和外回路 …… 116
6.1.4 热设计基本原则 …… 117
6.2 航天器热载荷计算 …… 118
6.2.1 航天器在轨道空间的热平衡 …… 118
6.2.2 空间热流 …… 119
6.2.3 航天器内热流 …… 121
6.3 被动热控技术 …… 122
6.3.1 热控涂层 …… 122
6.3.2 多层隔热材料 …… 124
6.3.3 热 管 …… 126
6.3.4 相变储热 …… 129
6.4 主动热控技术 …… 130
6.4.1 辐射式主动热控技术 …… 130
6.4.2 传导式主动热控技术 …… 131
6.4.3 对流式主动热控技术 …… 133
6.5 热控系统冷源 …… 137
6.5.1 空间辐射器 …… 137
6.5.2 消耗性冷源 …… 138
6.6 湿度控制技术 …… 142
6.6.1 冷凝热交换器 …… 142
6.6.2 气/液分离装置 …… 143

6.7 典型温、湿度控制系统 …… 145
6.7.1 天空实验室热控分系统 …… 145
6.7.2 美国载人飞船的温、湿度控制分系统 …… 147
第7章 水管理技术
7.1 水的物质平衡 …… 149
7.2 水储存技术 …… 150
7.2.1 饮用水储存 …… 150
7.2.2 废水储存 …… 152
7.3 供水技术 …… 153
7.3.1 供水增压技术 …… 153
7.3.2 饮水工具 …… 155
7.4 水的微生物控制及灭菌技术 …… 157
7.4.1 巴式法灭菌技术 …… 157
7.4.2 “卤族元素”(氯、碘等)灭菌技术 …… 157
7.4.3 银离子消毒技术 …… 158
7.5 水回收再生技术 …… 159
7.5.1 尿液回收再生 …… 159
7.5.2 卫生废水的回收再生 …… 162
7.6 水质监测技术 …… 164
第8章 废物管理系统
8.1 尿的收集 …… 167
8.1.1 接触式尿收集器 …… 167
8.1.2 液/气流式尿收集器 …… 168
8.1.3 气流式尿收集器 …… 168
8.1.4 冷凝水和卫生用水的收集 …… 169
8.2 固态废物的收集和处理 …… 171
8.2.1 粪便的收集处理 …… 171
8.2.2 呕吐物的收集处理 …… 172
8.2.3 其他固态废物的收集处理 …… 173
8.2.4 固态废物的处理 …… 173
第9章 火情探测和灭火系统
9.1 微重力下燃烧的基本特点 …… 174
9.2 火情探测 …… 175
9.2.1 火情探测器 …… 175
9.2.2 火情探测器的选用与布置 …… 176
9.3 灭火系统 …… 176
9.3.1 灭火剂 …… 177

9.3.2 灭火方法 …… 177
9.3.3 失火后的清扫 …… 179
第10章 航天服
10.1 舱内航天服 …… 180
10.1.1 舱内航天服的结构 …… 181
10.1.2 舱内航天服的生保系统 …… 184
10.2 出舱航天服 …… 186
10.2.1 出舱航天服的结构 …… 186
10.2.2 航天服材料 …… 189
10.2.3 工效学要求 …… 189
10.3 出舱航天服生保系统 …… 192
10.3.1 概 述 …… 192
10.3.2 供气调压系统 …… 193
10.3.3 通风与气体成分控制 …… 196
10.3.4 航天服的温控系统 …… 198
10.4 两种典型航天服的比较 …… 201
10.4.1 两种航天服的结构 …… 202
10.4.2 两种航天服的主要区别 …… 203
10.4.3 生保系统 …… 204
10.5 过渡舱系统 …… 209
10.6 航天员舱外活动的辅助装备 …… 210
10.6.1 固定及保险装置 …… 210
10.6.2 载人机动装置 …… 211
第11章 生物生命保障系统
11.1 概 述 …… 214
11.2 CELSS的基本构成和工作原理 …… 215
11.2.1 以微生物为基础的CELSS …… 215
11.2.2 以藻类为基础的CELSS …… 216
11.2.3 以低等植物为基础的CELSS …… 217
11.2.4 以高等植物为主体的综合CELSS …… 217
11.3 CELSS研究的基本内容和方法 …… 219
11.3.1 CELSS研究的基本内容 …… 219
11.3.2 CELSS研究的基本方法 …… 220
11.4 CELSS关键技术研究概况 …… 220
11.4.1 空间植物品种选育研究 …… 221
11.4.2 空间植物栽培有关技术简述 …… 222
参考文献

第1章　绪　论

现代科学技术的发展使人类进入宇宙空间的梦想成为现实。自从1961年东方号首次完成绕地球的载人飞行以来，人类已经成功地进行了一系列的载人航天计划。载人航天是一项集国家政治、经济、军事、科技实力为一体的高难度系统工程，其必须突破的三大技术难题为研制大推力、高可靠性的运载工具，生命保障技术和可靠的救生及安全返回技术。

人类的生存依赖于地球生物圈。人在太空中，宇宙空间恶劣的环境因素如真空、辐射、超低温、微重力等，会威胁人的生命。如果没有一套完善的环境控制与生命保障系统，人不可能在这样的环境中生存。环境控制与生命保障系统ECLSS(environmental control & life support system)，简称环控生保系统，其任务是在航天器密闭座舱内创造一个适居的环境条件，并为航天员的生存提供必要的物质条件，保证航天员在航天器内的正常生命活动及工作效率。所谓适居的环境条件包括大气压力、气体成分、温度、湿度、振动、噪声、辐射、卫生条件等。物质条件包括氧气、水、食品等。环控生保系统同时还要保证航天器内仪表、设备正常工作和维持科学实验的环境条件等。环控生保系统直接关系航天员工作和生活的舒适性，甚至生命安全，是载人航天器一个非常重要的系统，同时也是载人航天区别于非载人航天的一个重要标志。由于航天器中人的存在，使整个航天器的设计更为复杂。

1.1　环控生保系统的功能和组成

1.1.1　环控生保系统的功能

ECLSS的两大功能包括：① 环境控制功能。实现航天器座舱内的环境控制，即大气压力控制、气体成分控制、温湿度控制。环境控制功能还包括噪声控制、辐射防护、防火等。② 生命保障功能。为航天员提供维持生命必需的物质条件和各种生活支持设施，解决航天飞行条件下，特别是轨道飞行条件下航天员进食、饮水和处理个人卫生所遇到的特殊困难，保证人的正常生理活动。环境控制与生命保障作为ECLSS的两大功能，实际上是密不可分的。具体而言，ECLSS的主要功能包括：

① 维持飞行器内适宜的大气总压和氧分压；

② 提供航天员代谢所需要的氧气，补充由于座舱泄露等原因而消耗的氧气和氮气；

③ 处理二氧化碳和其他微量有害气体成分，保证座舱大气的洁净度；

④ 维持座舱内适宜的温度、湿度，保证舱内气体的流通；

⑤ 保障航天员饮用水和卫生用水的供应，实现水的回收和管理；

⑥ 收集处理航天员产生的生理废物和其他废弃物；

⑦ 提供航天员个人卫生系统、休息及娱乐设施；

⑧ 应急状态下的生命保障；

⑨ 出舱活动过程中的生命保障；

⑩ 实现烟火检测，提供必要的火情抑制措施。

1.1.2 环控生保系统的组成

为了实现环境控制与生命保障的基本功能，ECLSS 由完成各自特定功能的分系统组成。按照 NASA 规范，ECLSS 可以划分为供气调压、大气净化、温湿度控制、水管理、废物管理、火情检测与灭火、航天服等分系统。

1. 供气调压分系统 ACS(atmosphere control and supply)

ACS 向座舱提供足量的氧、氮气体，按要求控制座舱的大气总压和氧分压；应急工况下，控制压力应急转换时的座舱压力变化速度；实现航天员出舱活动或火情应急时的座舱泄压和复压；提供出舱活动前吸氧排氮的氧源；提供增压式水箱的气源。

2. 大气净化分系统 AR(atmosphere revitalization)

AR 监测和控制座舱大气中二氧化碳和其他微量有害气体的浓度；对于再生式环控生保系统，大气净化系统还要实现二氧化碳的还原和产氧。

3. 温湿度控制分系统 THC(temperature and humidity control)

THC 控制航天器舱内大气的温度和相对湿度，保证舱内气体有一定的流动速度，造成强迫对流，使舱内特别是航天员周围的气体成分、温度和湿度保持均匀；为舱内设备的冷却和食品冷藏提供冷源等。

4. 水管理分系统 WRM(water recovery and management)

WRM 为航天员储存足够的饮用水和卫生用水，提供饮用水和卫生用水装置；实现水的储存与分配，提供水的加热及冷却手段；收集储存和处理温、湿度控制分系统和航天服循环分系统分离出的冷凝水；对水质进行检测，并对水进行消毒处理；对尿液及其他废水进行回收和处理。

5. 废物管理分系统 WM(waste management)

WM 收集处理航天员的生理废弃物和日常生活的其他废弃物，如食品残渣、包装物、个人卫生用品等，为航天员创造一个卫生的环境。

6. 火情检测和灭火分系统 FDS(fire detection and suppression)

FDS 监测航天器座舱可能出现的烟火异常情况，抑制突发性火情，并及时发出报警信号；为航天员提供必要的灭火装置，设置灭火后相应的处理措施。

7. 航天服分系统(spacesuit)

航天服分为舱内航天服和舱外航天服两种。舱内航天服是座舱内环控系统的应急备份，对确保航天员的生命安全具有重要的意义。在主动段、返回段、变轨飞行和交会对接等事故多发段，航天员穿着舱内航天服；正常状况下处于常压运行状态，由座舱环境控制系统为航天员提供通风、净化、气体成分控制和温湿度控制。当座舱出现压力应急时，航天服自动充压，转入应急工况。舱外航天服则是航天员进行舱外活动的重要装置，包括服装和便携式生保系统两部分。

ECLSS 作为航天器大系统的一个组成部分，其正常工作还需要其他系统的配合，如电源系统、测量控制系统等。电源系统为 ECLSS 提供动力；测量控制系统是 ECLSS 的测量控制中枢，负责系统各主要参数的测量、显示和系统工作状态的监控等。

1.1.3 环控生保系统的分类

航天员在航天活动中所消耗的物质可以通过以下方式获得：

(1) 在每次航天任务之前，准备好所有的消耗性物质，与航天器一起发射；

(2) 在执行任务期间由货运飞船补充物质；

(3) 对消耗的物质进行回收使用；

(4) 对于星际探索，还可利用当地资源产生氧气等物质。

根据物质是否循环使用，环控生保系统分为非再生式(non-regenerative)和再生式(regenerative)两类。在再生式环控生保系统中，按照物质再生所基于的原理，又可分为物理/化学再生式和生物再生式环控生保系统。生物再生式环控生保系统又称为受控生态生保系统 CELSS(controlled ecology life support system)。

对于非再生式环控生保系统，氧气、水和食品等物质随航天器一起发射，或由货运航天器从地球运到载人航天器上进行再供应，并将废物经过简单处理后收集起来运回地球。这是一种完全开环的生命保障系统，即第一代载人航天生命保障系统。美国和苏联已成功地利用这种生命保障系统完成了短期(水星、双子星、阿波罗、航天飞机及东方号、上升号、联盟号航天计划)和较长期(天空实验室和礼炮 1～5 号空间站)的载人航天任务。非再生式环控生保系统的优点是系统可靠性和技术成熟度高、耗能小，并具有丰富的工程应用经验。缺点是物质的再供应量随任务时间和航天员人数线性上升。

物理化学再生法采用物理和化学方法再生座舱内的大气和水，但食品靠从地球上进行再供应，对废物仍采取收集储存处理的方式。这是部分闭环的生命保障系统，即第二代生命保障系统。苏联从礼炮 6 号空间站上开始第一次试验性使用半闭环生命保障系统，即增加了回收冷凝水和洗涤水的水再生系统。后来，俄罗斯和平号空间站上采用废水再生技术，并采用水电解产氧，可以保证航天员轨道飞行中几乎 100 %的呼吸用氧和 97 %的生活用水。但航天员食品是靠进步号飞船进行再供应，废物压实、消毒储存，由进步号飞船带回。美国也在物理/化学再生式生命保障技术方面，尤其在二氧化碳浓缩、还原、水电解、水的回收与利用等方面进行了深入研究，取得了显著的成绩。物理/化学再生法的优点是可以减少物质的再供应量，缺点是不能从废弃物中生产出食品从而实现食品的再生。

生物再生法，即生物再生式生命保障技术。如果要进一步解决航天员的食品生产和废物再循环问题，则必须采取生物再生生命保障技术。这是完全密闭的生命保障技术，即第三代生命保障系统。对于近地球轨道以外的长期载人飞行任务，例如月球基地、载人星际探索等，物质的再供应很困难，采用生物再生式生命保障系统将更为适宜。

再生式环控生保系统由于实现了物质的循环利用，需要储存或者再供应的物质量减少，适合于较长期的载人航天计划。再生式环控生保系统的缺点是技术成熟度较低、系统的功耗和热载荷增加。

航天生命保障技术的三种方法，即再供应方法、物理/化学再生法和生物再生法，具体采用哪一类生命保障技术，与载人航天的任务特征，包括航天计划的具体要求、任务时间、离地球距离、乘员组人数等有密切关系，同时还取决于技术难度和经费条件等其他因素。一般来说，非再生式环控生保系统适合于短期的载人航天活动，而再生式系统适合于中长期的载人航天活动。如图 1－1 所示为不同类型环控生保系统质量随飞行时间变化的相对关系。

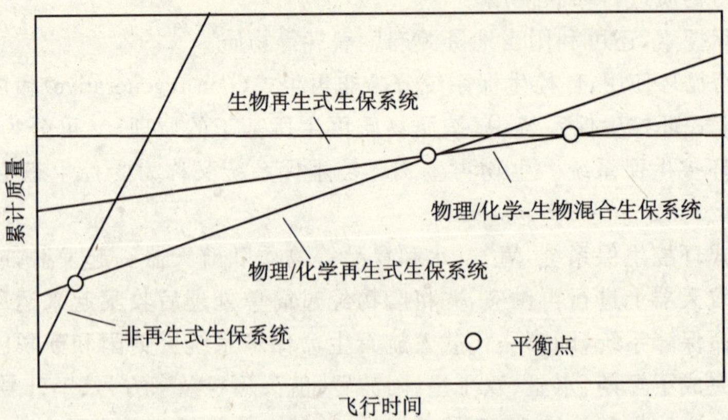

图 1－1　载人航天环控生保系统的比较

1.2　ECLSS 技术的发展及展望

当人类离开了其赖以生存的环境时，人的生命就会受到威胁。在载人航天飞行器出现之前，生命保障技术在其他领域已得到广泛应用，如住宅和办公室内的空气调节系统、消防队员所使用的消防服及设备、潜水员的潜水设备、飞机和潜艇的环控生保系统等。载人航天的环控生保系统的很多技术是从飞机、潜艇发展而来，不过航天器的生命保障技术比飞机、潜艇要复杂得多。

1.2.1 飞机环控生保系统

飞机环控生保系统的任务是将飞机座舱内大气的压力、温度、气流速度、洁净度维持在允许范围之内，保证乘员不受高空低压和低温等环境因素的影响。因此，飞机环控生保系统的主要功能是环境控制功能，一般称为环境控制系统 ECS(environmental control system)。

与载人航天器座舱功能相同，飞机座舱将人与外界环境隔开，形成一个微小的可以进行环境控制的空间。它们之间的区别在于载人航天器的座舱是一个全密闭座舱，而飞机座舱是一个增压通风座舱。因此，在飞机环控系统中，二氧化碳和其他微量污染物可通过向外环境的通风得到控制，而载人航天需要有专门的系统来实现这些功能。飞机环控系统座舱增压源来自增压后的环境空气，航天生保系统的增压源来自储存的高压气体。目前大多数飞机的环境控制系统采用空气循环的原理，同时实现座舱的增压、冷却和通风。座舱的增压源来自发动机的引气，同时也是制冷和通风系统的动力源。由于大多数飞机飞行时间都比较短，飞机环境控制系统的主要功能是实现座舱内的压力和温度调节。载人航天环控生保系统的其他功能在飞机上并不十分重要，或者与载人航天器相比易于实现。

总之，飞机环境控制系统相对要简单得多。对于高性能战斗机，飞机还装备有供氧系统、抗过载个人防护装置以及应急条件下的弹射救生装置等，以保证飞行员的生命安全。图 1-2 是典型的战斗飞机环控系统图。

1.2.2 潜艇环控生保系统

潜艇是最类似于载人航天器的装置。它们周游在水下，很大程度与地球生物圈隔离。虽然潜艇和载人航天器环控生保系统的设计有许多相似之处，如氧分压控制、二氧化碳和其他微量污染物的处理与控制、产氧技术等。但相对而言，潜艇环控生保系统的设计要简单一些，这主要是由于以下几方面的原因：

潜艇周围有丰富的水，是一种可以利用的当地资源。潜艇所需要的饮用水、个人卫生用水等，可以通过蒸馏或其他方法，直接从海水中提取。通过电解水的方法可获得氧气。另外，废水和废气都可以直接排入大海。

由于重力的存在，潜艇可依靠水的静压使水加压，气液分离像地面一样容易。在空间微重力环境下，水的储存和分配系统只能使用风箱或囊式储箱，通过使风箱或囊中的气体加压到所需的压力，使水流到分配点。同时，微重力环境中不存在浮升力，这使得空间气液分离复杂化，只能运用表面张力或离心力原理加以分离。

潜艇不必携带氮气。对于航天器，氮气和其他气体(组成空间住所大气)逐渐地向空间真空环境泄漏，必须要有氧源和氮源补充这种泄漏，而潜艇很少有气体泄漏问题，因为它周围水

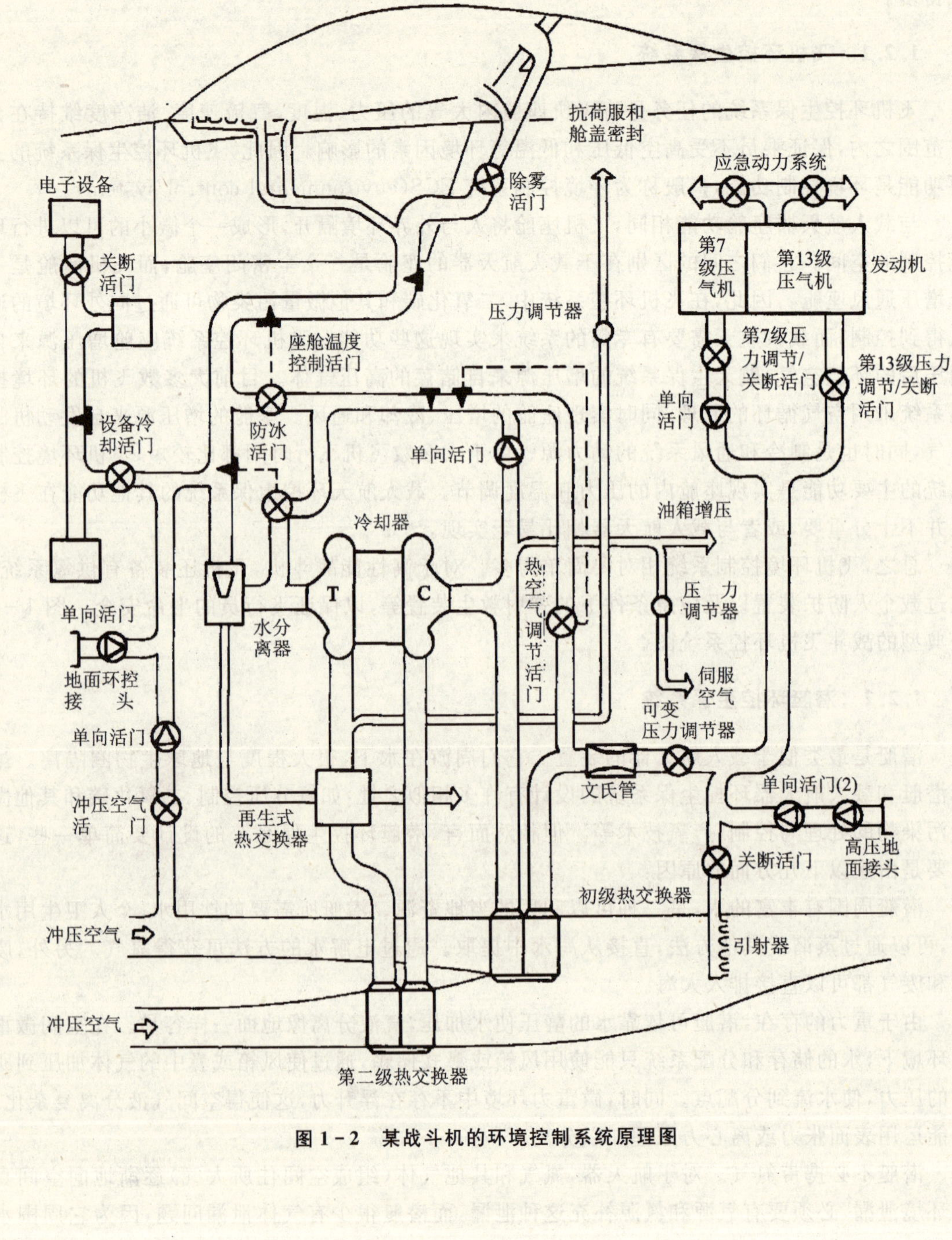

图 1-2 某战斗机的环境控制系统原理图

的静压比内部大气压要高。另外,潜艇特别是核潜艇往往有充足的动力,在环控生保系统设计时,系统功耗不成为约束条件。

对于潜艇来说,对生命保障可靠性和安全性要求较低。如果生命保障系统出现故障,潜艇可以很快地回到水面或返回港口维修。潜艇消耗品的供应也较航天器简单。

图1-3给出了典型的潜艇环控生保系统原理图。

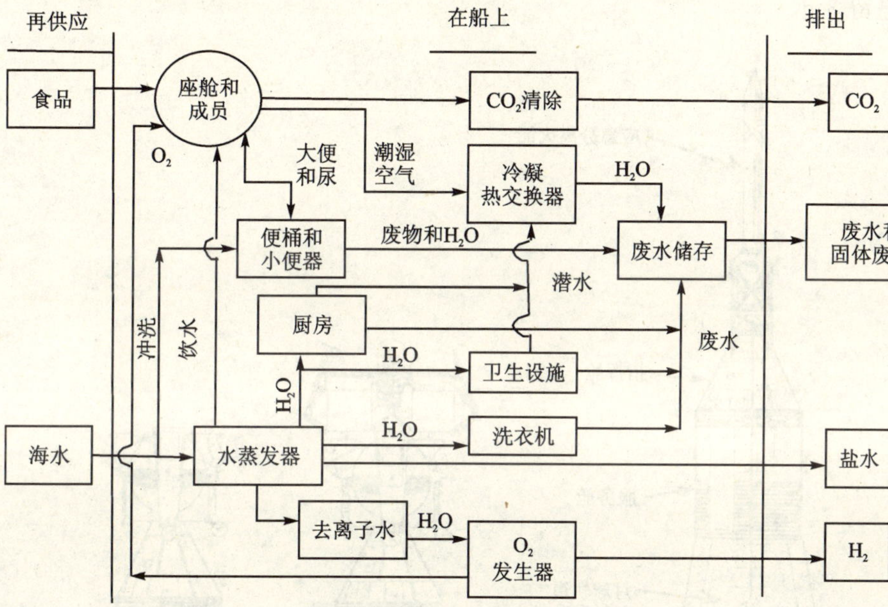

图1-3 潜艇环控生保系统的原理图

1.2.3 阿波罗飞船的环控生保系统

迄今为止,已有三个国家发射了载人航天器,即美国、俄罗斯(原苏联)和中国。欧洲和日本由于参加国际空间站的建设具有环控生保系统设计的经验。大多数环控生保技术是由美国和俄罗斯在20世纪50年代发展起来的。我国环控生保技术研究和系统研制已有三十多年的历史。

在水星号(1961～1963年)和双子星(1965～1966年)计划中,美国成功进行了16次载人航天发射。之后,美国航空航天局(NASA)启动阿波罗计划,并在1967年11月成功进行了首次无人飞行,继而实现了人类登上月球的梦想。水星号、双子星以及阿波罗载人飞船的环控生保系统实质上是相同的,下面仅以阿波罗飞船为例介绍其环控生保系统的组成。

阿波罗飞船(1969～1975年)包括一个指挥舱和一个登月舱。指挥舱和登月舱都具有独立的环控生保系统。阿波罗的指挥舱是一个圆锥形的加压舱,可容纳3名航天员。航天员的可居容积为 5.9 m^3。服务舱在指挥舱的底部。在阿波罗登月舱登月时，有两名航天员进入加压的登月舱内，该舱可居空间为 4.5 m^3。第三名航天员仍留在指挥舱内，那时指挥舱在绕月轨道上飞行，等待登月舱从月球返回。阿波罗计划共进行了 11 次载人飞行，包括 6 次登月飞行任务。阿波罗 13 号飞行时间最短，为 5 d 22 h 55 min。由于储氧箱破裂而不得不终止飞行任务提前返回。阿波罗 17 号飞行时间最长，达 12 d 13 h 52 min，其中包括在月球表面停留 3 d。

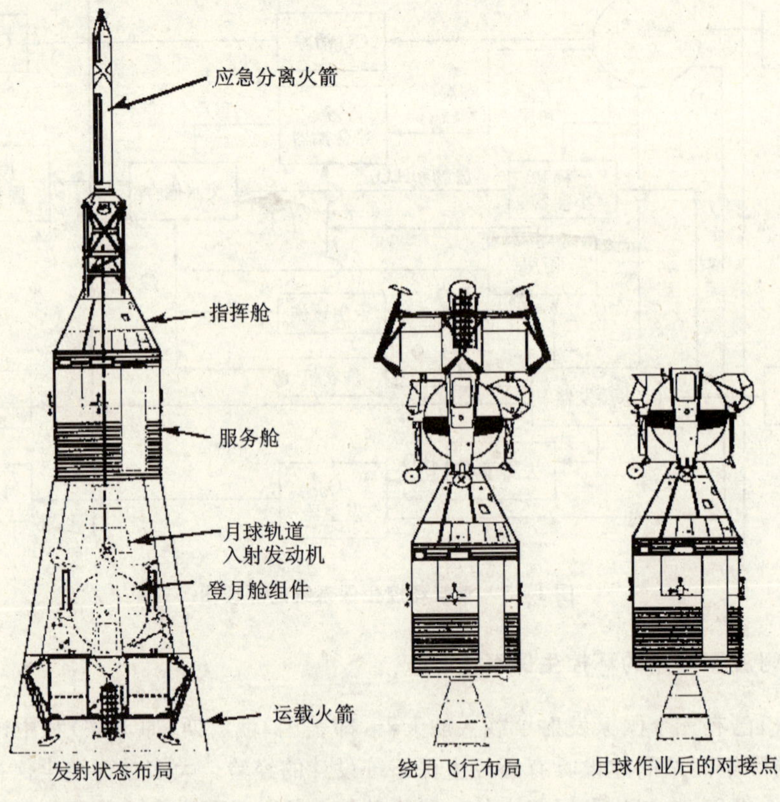

图 1-4 阿波罗指挥服务及登月舱布置图

1. 指挥舱环控生保系统

指挥舱的环控生保系统具有通风、温湿度控制、饮用水供应、污染物及二氧化碳净化、火情抑制与灭火、压力调节等功能。指挥舱的环控生保系统在舱内所占的空间为 0.25 m^3，能连续工作 14 d。

压力制度：压力为 34.48 kPa 的纯氧环境。在 1967 年 1 月 27 日的一次模拟发射准备过程中，由于纯氧气体燃烧，使 3 名航天员遇难。为了增加发射的安全性，在发射前和发射时舱内大气组成为氧气 60 %、氮气 40 %，舱压为 101.3 kPa。当飞船进入轨道后，舱内压力下降并逐步过渡到纯氧环境。

正常情况下，舱压控制在(34.48±1.38) kPa，通过冷凝式换热器将相对湿度控制在 40 %～70 %之间，座舱大气温度控制在 21.1～26.7 ℃之间。

航天服通风回路：由两个并联的风机向航天服通风。正常情况下只有一个风机工作，通风流量为 0.99 m^3/min。应急通风流量为 0.95 m^3/min，最大供氧量为 0.3 kg/min。

指挥舱内的通风：由两个风机实行。两个氧调器将座舱最大供氧量控制在 0.59 kg/h，而手动控制阀允许的最大供氧量为 3.27 kg/min。每个通风风机消耗 19 W 的交流电。正常情况下，两个风机同时工作，但航天员也可以关闭或打开其中任何一个。两个风机在发射和正常情况下的通风流量为 4.84 m^3/min，在应急情况下风机停止工作。着陆后的通风是由着陆风机使舱内外气体循环而实行的。着陆风机为直流电驱动，用于指挥舱着陆后和回收阶段的通风。风机设有高、低和关闭三档供航天员选择。当大气压为 101.3 kPa 时，风机的最大和最小通风量分别为 4.25 m^3/min 和 2.83 m^3/min。在低压条件下，风机可以在更高的电压和转速下工作，通风量约为 4.81 m^3/min。

热量传递：热量传递由主回路和辅助回路组成。辅助回路是主回路的备份，在主回路出现故障时使用。循环液体为乙二醇水溶液。主回路为电池、电子设备和液冷服提供冷却。当乙二醇水溶液流经航天服换热器、座舱换热器以及电子设备的冷板时吸收热量。升温后的乙二醇水溶液在流经位于服务舱的辐射器时，热量由辐射器辐射到太空中。两个辐射器位于服务舱相对的两侧，每个辐射器的面积为 2.79 m^2，均有两套独立的冷却液通道。作为辐射器的补充和备份，冷却回路中还设有水升华器，用于航天服通风气体的冷却和乙二醇溶液的冷却(辐射器冷却能力不足时)。

用于电子设备冷却的冷板有两个独立的冷却液回路，次回路仅在主回路无法工作时为冷板提供冷却液。

污染物控制：二氧化碳和微量污染物的净化由位于航天服通风回路中的两个净化罐完成。每个净化罐装有足量的氢氧化锂和活性炭，当乘员人数为 3 人时，可以工作 12 h，将舱内二氧化碳分压控制在 1.01 kPa 以下。色谱仪能对座舱和航天服中的大气取样并监测出 28 种气体成分。

2. 登月舱环控生保系统

登月舱由上升段和下降段组成，垂直高度为 6.99 m。上升段由乘员舱、中舱和仪器舱组成。乘员舱和中舱为增压舱，为航天员在月球表面提供生存空间。下降段带有氧气、水等消耗物质、月球车和其他仪器设备。登月舱的设计仅能在真空环境中飞行，因此不能重返地球大气层。

压力制度：纯氧环境，氧分压设计值(33.1±1.38) kPa。允许的最低氧分压为 21.37 kPa。二氧化碳的最大允许浓度为 1.01 kPa。座舱相对湿度控制在 40 %～80 %。

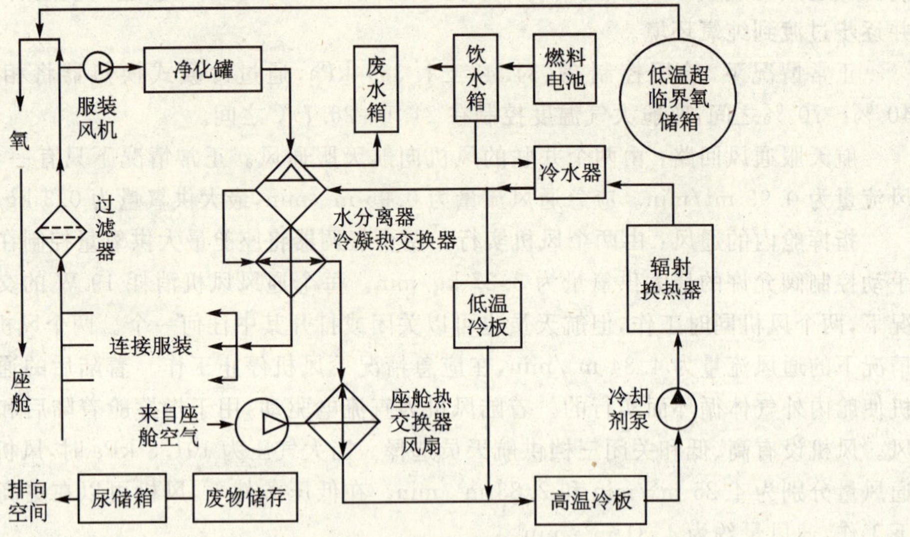

图 1-5　阿波罗指挥舱生保系统原理示意图

当座舱风机的转速为 1 300 r/min 时，其通风流量约为 2.27 kg/min。当航天服压力分别为 33.1 kPa 和 26.2 kPa 时，航天服通风风机的设计最小通风流量分别为 16.33 kg/h 和 12.88 kg/h。航天服通风回路有两个风机，通常情况下只有一个风机工作，航天员可以选择其中任何一个。风机马达为 28 V 直流无刷电机，平均功耗为 35 W。在地球大气环境中，为了防止电机烧坏，座舱和航天服通风风机的工作电压必须减到 12～15 V。另外，当座舱大气压力降到 20.69 kPa 时，风机必须停止运行，否则会损坏。

热控分系统：由主回路和辅助回路两个乙二醇冷却回路组成。主回路为电池、需要主动热控的电子设备、液冷服、用于关键电子设备冷却的冷板提供冷却，并加热来自低温液氧储存器的氧气。辅助回路仅仅用于当主回路出现故障时关键电子设备冷板的冷却。冷却回路的热量由主水升华器和辅助水升华器带走。

污染物净化：用氢氧化锂吸收二氧化碳，活性炭除去异味。污染物检测和分析表明，系统能有效除去粒径小于 5 μm 的颗粒。要特别注意的是防止月球上的灰尘进入座舱。

阿波罗登月舱环控生保系统的不同之处在于：从储水箱供饮用水，而不是燃料电池；在月球表面，尿不向舱外排放；用碘杀菌剂代替氯杀菌剂，以避免氯气与登月舱中烧结的镍升华器板之间发生腐蚀问题。阿波罗登月舱内部没有座椅。如图 1-6 所示为阿波罗登月舱环控生保系统的简图。

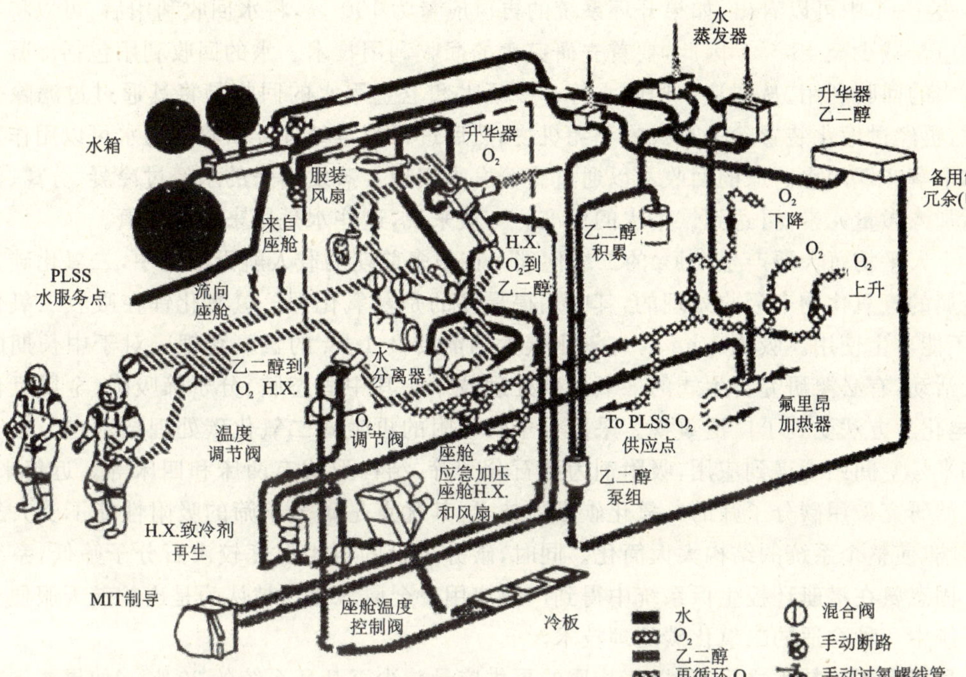

图 1-6 阿波罗登月舱环控生保系统简图

1.2.4 载人航天生保系统发展展望

在早期的载人航天活动中，由于任务时间比较短，采用了非再生式环控生保系统，食品、水和氧气等物质是同航天器一起发射并携带到太空中去的。座舱内二氧化碳的处理采用不可再生的氢氧化锂吸收，人体生理废物经过简单的处理之后，压实包装好带回地面。因此，该系统是一个完全的开环系统。随着载人航天技术的发展，任务持续的时间越来越长。为了满足中长期载人航天计划的需求，应尽可能实现物质的回收利用，以减少物质的再供应。如表 1-1 所列为物质回收利用后再供应的相对质量。

表 1-1 物质回收与再供应

方 法	相对再供应质量	方 法	相对再供应质量
开放系统	100%	从二氧化碳中回收氧气	20%
水回收利用	45%	从废物中生产食品	10%
再生式二氧化碳处理	30%	防止泄漏	5%

从表1-1中可以看出，如果开环系统的再供应量为100 %，将水回收利用后，可以将物质的再供应量减少至45 %。因此，要首先研究水的回收利用技术。水的回收利用包括冷凝水和卫生用水的回收利用、从尿液中回收水等。冷凝水和卫生用水的回收是将其通过过滤除去固体物质，再经过净化装置除去有机物和无机物，然后进行消毒处理。回收后的水可以用作卫生用水和电解产氧用水。尿的回收可以通过膜蒸发来实现。蒸发出来的水经过冷凝、分离、消毒净化后加入微量元素，可达到饮用水的标准。一般来说，这些水是用来电解产氧。

一个人平均每天要产生1 kg的二氧化碳。在很多前期的载人航天活动中，二氧化碳是通过碱金属的氢氧化物来吸收处理的，其中用得最多的是氢氧化锂。氢氧化锂在吸收二氧化碳之后，不能再生使用。吸收1 kg的二氧化碳大约需要2.1 kg的氢氧化锂。对于中长期的载人航天活动，有必要研究再生式的二氧化碳处理技术。其中固态胺、分子筛吸附、金属氧化物吸收、电化学方法受到了广泛重视。采用分子筛吸附的再生式二氧化碳处理技术在天空实验室和和平号空间站中得到应用，吸附剂为沸石分子筛，结构形式有两床和四床等。近年来，美国又开始研究采用碳分子筛的二氧化碳吸附技术，其优点是碳分子筛的吸附性能不受大气湿度的影响，使整个系统的结构大大简化。同时，碳分子筛的再生温度较沸石分子筛低，系统能耗小。固态氨在潜艇环控生保系统中得到广泛应用。金属氧化物被认为是出舱航天服便携式生保系统中一种合适的二氧化碳处理技术。

采用以上两项技术之后，可以将物质的再供应量减少至开环系统的30 %。如果要进一步减少物质的再供应，必须研究从二氧化碳中回收氧气的技术，即二氧化碳的还原技术。正在研究的二氧化碳还原技术包括Bosch和Sabatier反应。二氧化碳的还原技术至今还没有在载人航天器上得到应用。

上面介绍的物质回收利用技术属物理/化学的方法，非常有效。但是，物理/化学的方法不能实现食品的再生，不能从废弃物中生产食品，而这一功能对于诸如载人星际探索这样的航天计划是十分必要的。要实现食品的再生，必须采用生物方法，也就是要研究生物再生的环控生保系统，要在航天器内营造一个类似地球生物圈的小生物圈。美国和俄罗斯在受控生态环控生保技术的研究方面进行了大量的工作。近40年来，美国在确定环境受控条件下对植物，尤其是农作物产生最多氧气、食物和水的环境因子、生长效率、长期稳定性等方面进行了研究。在大量地面实验的基础上，NASA为国际空间站上应用生物再生生保技术做了许多准备：第一步是研制一台色拉机，为航天员生产部分新鲜蔬菜；第二步是研制一台再生水的生物装置，利用生物技术实现水的回收利用；第三步是研制满足航天员大部分食品要求的植物栽培装置。苏联/俄罗斯在受控生态生保技术的研究方面一直处于世界领先地位。早在20世纪60年代，苏联科学院西伯利亚生物物理研究所实施了“BIOS”计划，进行长期密闭生态系统实验。“BIOS-1”只有12 m^3，到70年代，建成“BIOS-3”，其种植面积为63 m^3，有人工气候室、乘员住所和控制间。这个系统与外界隔绝，空气和水实现全封闭循环，营养品实现部分闭路循环。完成了“人—藻类”密闭系统实验、“人—高等植物—微藻”密闭生态系统实验，连续实验6个月。

实验结果表明，该系统内部资源能满足乘员对氧气、食品和水等平均需求量的95 %，只有人需要的动物食品、食盐、植物营养素以及个人卫生用品要在实验前放入。除了在地面进行模拟实验外，还在生物卫星、礼炮号和和平号空间站上进行了大量空间飞行实验。

随着载人航天事业的发展，航天生命保障技术已从初期的开环生保系统，发展到几乎密闭的生保系统。再生氧气和再生水技术的发展，将减少对地球再供应的依赖性，增加了远离地球进行长期太空探索的可能性。完全密闭的生物再生生命保障系统将为人类定居于火星或更远星球铺平道路。生命保障技术的发展将使人类更深入探索太空的梦想变成现实。

思考题

1. ECLSS 的主要功能有哪些?
2. 载人航天生命保障系统由哪些分系统组成？试简述各分系统的功能。
3. 载人航天生命保障系统分为哪几类?
4. 试说明载人航天生命保障系统与潜艇生命保障系统的异同。
5. 试述载人航天生保系统减少相对再供应质量的措施及发展过程。
6. 查阅国际空间站环控生保系统的相关资料，并写一篇读书报告。

第2章　空间环境

通常把地球大气层以外的领域称为宇宙空间，也称外层空间或太空，一般指离地球表面160 km以上的范围。太阳系以内的宇宙空间，可分为行星空间和行星际空间。行星空间是指行星引力的作用范围。地球引力(相对于太阳)作用边界以内的区域称为地球空间，是一个以地球为中心，半径达9.3×10^5 km(约150个地球半径)的球体。月球到地球的距离为3.84×10^5 km，月球相对于地球有自身的作用空间，其半径为6.6×10^4 km。

一般将距地球等于或大于地月距离的空间称为深空；将地球静止轨道高度35 786 km及其以下空间称为近地空间，通常情况下将近地空间的最低高度取为距地面100 km，也有人认为近地空间是距地面90 km到6.5×10^4 km(约10个地球半径)的地球空间。实际上，近地空间可以是航天器环绕地球做轨道运动的整个空间范围。大多数航天器，如各种卫星、飞船、航天飞机、空间站等都运行在近地空间，载人飞船的运行轨道高度通常为200～400 km。

在近地空间范围内，主要空间环境因素是地球高层大气、空间辐射、引力场和磁场等。外层空间环境与大气层内环境有很大的差别，如真空、失重、强辐射等。了解载人航天器所处的空间环境因素对于航天器及其生保系统的设计是十分必要的。

2.1　近地空间大气环境

2.1.1　地球大气的结构

地球大气按照温度的垂直分布特性可分为5层：

1. 对流层(troposphere)0～11 km

这是最接近海平面的一层，其厚度随纬度与季节等因素而变化，在地球的南北极约为海拔7～8 km，在赤道上约为海拔13～16 km，在中纬度和高纬度约为海拔8～12 km。这层的空气质量，几乎占地球大气全部质量的3/4，层内的风速、风向、压强、密度、温度和湿度等经常变化，风、雨、雷、雹等气象变化均发生在这一层。

2. 平流层(stratosphere)11～50 km

从对流层顶端到海拔约50 km之间，大气无上、下对流，只有水平方向的流动，称为平流层，这一层的空气质量约占地球大气全部质量的1/4。海拔20 km以下，层内气温一般保持在216.6 K；海拔20～32 km之间，气温随高度而上升。平流层内的另一特点是水蒸气很少。

3. 中间层(mesosphere)50～80 km

从平流层顶端到海拔约 80 km 之间为中间层。该层空气质量仅占地球大气全部质量的 1/3 000。在海拔 50～53 km 之间,气温随高度而上升,到海拔 53 km 处温度最高,可达 282.66 K。高度继续增加时气温反而下降,到 80 km 处降为 196.86 K。

4. 热层(thermosphere)80～800 km

海拔 80 km 以上,大气温度又急剧上升;到海拔 150 km 左右,可达 1 000 K;400 km 左右可达 1 500～1 600 K,故称为热层。

5. 外层 800～1 600 km

海拔 800～1 600 km 之间为外层。层内空气质量仅占地球大气全部质量的 10^{-11}。据测量数据推算,大气边界约位于海拔 2 000～3 000 km 处。

2.1.2　地球大气的物理特性

在海平面上,大气是由 78.08 %的氮气、20.95 %的氧气、0.93 %的氩气、0.03 %的二氧化碳以及少量的其他气体组成,此外还包括微量污染物、灰尘和烟粒子等。从海平面到海拔大约 80km 高空. 大气中各种气体的比例大致是恒定的。空气的平均相对分子质量为 28.96。其中,海拔 20～50 km 之间,因大气中臭氧的含量最大,故称为臭氧层;海拔 120 km 以上,大气中某些成分开始分解,部分氧分子离解成氧原子;海拔 300 km 以下,大气的主要成分是氧原子、氧分子和氮分子;海拔 600～700 km,主要成分是氦。不同海拔高度上大气密度的变化如表 2－1 所列。

表 2－1　不同海拔高度的大气密度

海拔高度/km	大气密度	海拔高度/km	大气密度
0	$\rho_0 = 1.225\ \mathrm{kg/m^3}$	165	$10^{-9}\times\rho_0$
18	$10^{-1}\times\rho_0$	245	$10^{-10}\times\rho_0$
33	$10^{-2}\times\rho_0$	370	$10^{-11}\times\rho_0$
49	$10^{-3}\times\rho_0$	540	$10^{-12}\times\rho_0$
67	$10^{-4}\times\rho_0$	730	$10^{-13}\times\rho_0$
82	$10^{-5}\times\rho_0$	980	$10^{-14}\times\rho_0$
96	$10^{-6}\times\rho_0$	1 600	$10^{-15}\times\rho_0$
110	$10^{-7}\times\rho_0$	2 750	$10^{-16}\times\rho_0$
125	$10^{-8}\times\rho_0$		

大气压是由大气本身的质量引起的。海平面的标准大气压为 101.3 kPa。大气压随离地表高度的增加而下降，从海平面到 11 km 高度的范围内，大气压计算式如下：

$$p = p_0\left(1-\frac{0.006\,5H}{288\ \text{km}}\right)^{5.225} \tag{2.1}$$

式中，H 为距海平面的高度，单位为 km，p_0 为海平面标准大气压力。

不同高度时的压力如表 2-2 所列，表中是中纬度、春秋时节及在中等太阳活动情况下的平均值。

由表 2-2 可知，在海拔 120 km 以下，平均每升高 16 km，大气压降低一个数量级。大气压力不仅与高度有关，而且随着纬度、季节及太阳的活动情况变化而有所不同。

表 2-2　不同海拔高度的大气压力

海拔高度/km	大气压力	海拔高度/km	大气压力
0	$\rho_0=1.013\,25\times10^5$ Pa	135	$\rho_0\times10^{-8}$
16	$\rho_0\times10^{-1}$	220	$\rho_0\times10^{-9}$
31	$\rho_0\times10^{-2}$	350	$\rho_0\times10^{-10}$
48	$\rho_0\times10^{-3}$	520	$\rho_0\times10^{-11}$
65	$\rho_0\times10^{-4}$	730	$\rho_0\times10^{-12}$
80	$\rho_0\times10^{-5}$	1 100	$\rho_0\times10^{-13}$
92	$\rho_0\times10^{-6}$	2 100	$\rho_0\times10^{-14}$
108	$\rho_0\times10^{-7}$		

海拔 0～300 km 之间的温度与海拔高度的关系，如图 2-1 所示。

必须指出，上面提到的空间大气温度（如在高空为 2 000 K）仅仅是大气温度，不是物体在空间的热平衡温度。2 000 K 的气体温度意味着气体分子具有很大的动能，但是由于宇宙空间气体密度极为稀薄，仅为海平面的$\frac{1}{10^{16}}$～$\frac{1}{10^{15}}$，所以空间物体在单位时间内所碰撞到的气体数目寥寥无几，远不足以引起物体的热效应。

实际分析研究表明，不考虑太阳与行星的辐射，宇宙空间的能量密度在任何方向和任意时间都约为 10^{-5} W/m^2，这相当于温度为 3 K 的黑体发出的热量。此外，在太空中，航天器表面发出的所有热辐射全被太空所吸收，没有二次反射，所以太空可以被看做理想黑体。上述环境称为空间冷黑环境，又称热沉。冷黑空间环境是航天器在轨道飞行中经历的主要环境之一。绕地运行的航天器与空间环境的热量交换主要依靠辐射进行，朝向太阳的表面温度可能达到 100 ℃以上，而背向太阳的表面则面对 3 K 的冷环境。

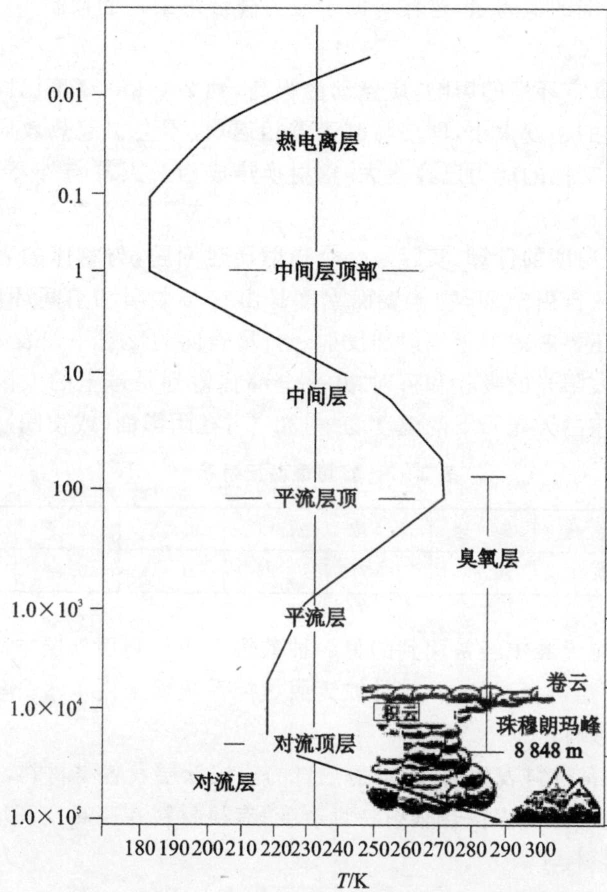

图 2-1 不同海拔高度的大气温度

2.1.3 真空环境的影响

由表 2-1 可知，随着海拔高度的增加，大气密度越来越低，大气变得越来越稀薄。外层空间是一个近似真空的环境。真空环境对载人航天器及其环控生保系统设计影响很大。

1. 密闭座舱与增压源

为了防止缺氧以及由低压所引起的体液沸腾、气胀和减压病等，航天器中需要有一个密闭的增压座舱，形成一个可以进行调节的微小环境，为航天员的生存提供必要的大气环境条件。不同于飞机环境控制系统，对于航天器而言，由于处于真空环境中，没有环境物质可以利用，航天器必须携带高压气源，作为增压座舱的增压源。增压座舱对于保障航天员的生命安全是十分重要的。在空间环境中，如果发生爆炸性减压，人仅仅能生存 15 s。另外，为了减少物质的再供应，航天飞行器增压座舱的泄露应尽可能降低。俄罗斯的航天器一般设计为零泄露，而美国的航天器则允许有一定的泄露量,这样有助于舱内微量污染物的控制。

2. 热量交换

在外层空间,由于真空环境的影响,质点动温很高,到 200 km 高度已高达 1 000 ℃以上;但是由于这些空间质点的密度太小,即使与航天器相遇,也不会引起热效应。也就是说,通过传导和对流方式进行热交换的能力已经丧失,辐射换热成为航天器与外环境唯一的热量交换方式。

外层空间物体表面温度的计算,实际是一个辐射换热问题,与物体的表面特性(颜色和光洁度等)有密切关系。在自由空间,物体表面温度是由它与太阳和空间环境的辐射换热确定的。在绕行星飞行时,还要考虑行星辐射和反射。行星表面的反射率如表 2-3 所列。在月球上,由于没有大气层对太阳光的吸收和折射,几乎全部辐射到月球上的太阳能都被月球吸收。据实际测定,月球表面在白天光照下的温度为+130 ℃;在阴影面(或夜间)为-160 ℃。

表 2-3 行星表面反射率

行 星	水 星	金 星	地 球	月 球	火 星	木 星	土 星	天王星	海王星
反射率	0.096	0.76	0.39	0.07	0.25	0.51	0.42	0.66	0.62

除辐射换热外,在航天器中经常用到的另一种散热方法是利用外层空间的真空特性,通过物质的蒸发或升华而带走热量。例如,舱外航天服热控系统就采用了水升华器作为热沉。

3. 高真空的不良影响

(1) 材料蒸发。依靠材料表面吸收、辐射热量的温控涂层及各类材料,长期处于真空环境中,它们的表面加速蒸发,致使表面热辐射特性改变;有机材料在高真空环境中会产生挥发物,污染光学表面及电子器材。

(2) 出现干摩擦和冷焊。

(3) 热阻加大,温差增加。真空度提高后,传热表面之间仅存在于固体的点接触,传热通路减少,热阻加大,引起交界面温差加大。

(4) 电极间放电使材料受损。

2.2 辐射环境

在长期载人航天活动中,影响航天员生理健康的因素有长期微重力环境所引起的生理失调、空间环境中宇宙辐射的生物效应、长期飞行中产生的心理和行为障碍。宇宙空间辐射是仅次于微重力的环境危险因素。ICRP(1990)、UNSCVEAR(1993)均将航天员受到的空间电离辐射的照射视为来自天然辐射源的职业照射。

2.2.1　基本概念

辐射通常是指波动(电磁波或机械波)或大量微观粒子(如质子或α粒子等)从它们的发射体发出到空间或介质中并向各个方向传播的过程,也可指波动能量或微观粒子本身。例如,电磁辐射既可指电磁场能量以波的形式向外发射的过程,也可指所发射的电磁波。根据辐射的构成,可分为电磁辐射和粒子辐射。根据其能量大小,又可分为电离辐射和非电离辐射。

电磁辐射是在空间传播着的交变电磁场。由辐射源发射出的粒子,称"粒子辐射",可分为带电粒子和不带电粒子两类。电离辐射是指能够通过直接或间接过程使作用物质产生电离的辐射,如各种带电粒子(质子、电子、α粒子等)能够直接使作用物质电离,而中性粒子(如中子、X射线和γ射线)可间接地使作用物质电离。这些粒子辐射都称为电离辐射。不能导致作用物质产生电离作用的辐射称为非电离辐射。注量和注量率是描述辐射强弱的两个物理量。

注量:穿过单位面积的粒子数目,单位是 m^{-2}。

注量率:单位时间内穿过单位面积的粒子数,单位是 $m^{-2}\cdot s^{-1}$。

2.2.2　空间电离辐射源

空间电离辐射源主要有银河宇宙辐射 GCR、地磁捕获辐射(Van Allen 辐射带)和太阳质子事件 SPE。

1. 银河宇宙辐射

银河宇宙辐射 GCR 也称为银河宇宙线,它来自银河系的高能带电粒子流。在航天器外未曾与航天器材料发生核作用的银河宇宙辐射称为初级宇宙辐射,与航天器材料发生核作用后产生的次级粒子成分称为次级宇宙辐射。银河宇宙辐射的基本组成是 85 %的质子(即氢原子核)、13 %的α粒子(氦原子核)和电荷数大于 2 的其他原子核(约 2 %)。银河宇宙辐射的粒子能量很高,最高可达 10^{20} eV,注量率较大的粒子能量范围在 $10^2\sim10^5$ MeV,穿透能力极强,超过地球上任何射线,对人体的危害极大。

银河宇宙辐射的强度与太阳活动的周期有关。当太阳活动最强时,星际间的磁场最强,宇宙线粒子被散射,强度最弱。反之,当太阳活动最低时,宇宙线强度最强。银河宇宙辐射在远离地球的外层空间基本上是各向同性的。在近地轨道,由于地球大气层和地磁的过滤与屏蔽作用,银河宇宙线的强度明显减弱。由于受地磁场的作用,出现注量率随地球纬度而变化的纬度效应。纬度越高,粒子注量率也越高,赤道上空最低。

在低轨道飞行时,宇宙线的强度与轨道倾角有关。高度小于 400 km,倾角为 65°,具有 3 g/cm^2 防护厚度的飞行器平均日剂量为 $(9\pm2)10^{-5}$ Gy。

2. 地磁捕获辐射

地球磁场捕获了大量的高能粒子,形成大约 6～7 个地球半径大小的粒子辐射区域,称为地磁捕获辐射带(Earth radiation belts 或 Van Allen radiation belts),如图 2-2 所示。该辐射带是美国 Jan Van Allen 博士 1958 年发现的，故又称为 Van Allen 辐射带。根据其结构和空间分布，地球辐射带分为内辐射带和外辐射带，内、外带之间是一个低辐射强度区域。辐射带中电子能量为 0.04～7 MeV，质子能量为 0.1～400 MeV。由于地球辐射带高能带电粒子强度高，会对中、低轨道航天器造成较严重的辐射效应，是航天器设计重点考虑的空间环境因素之一。

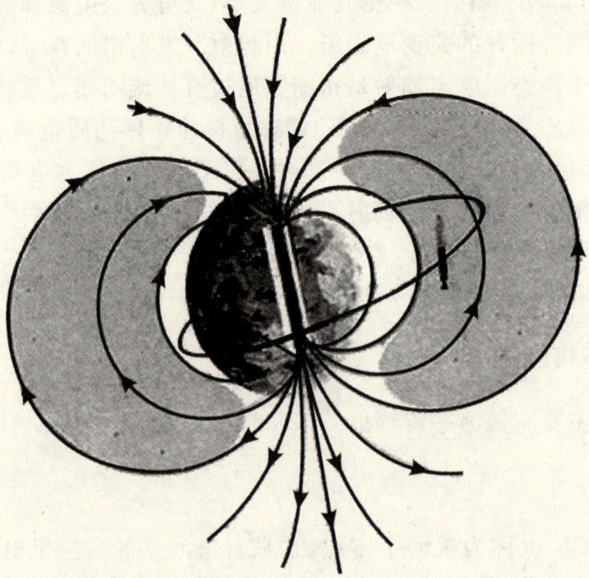

图 2-2　地磁捕获辐射带

内辐射带是距地球最近的捕获带电粒子区域，主要由质子和电子组成，也有少量重离子存在。内辐射带在赤道平面上空约 600～10^4 km，南北纬度边界为 45°。由于地球磁场的作用，东西半球辐射带不对称。在西半球内，辐射层的下边缘距地球的高度为 500～600 km；在东半球，其下边缘距地球的高度为 1 600 km，其上边缘可延伸到 7000～10 000 km 高度上。西经 0°～160°，南纬 20°～50°的南大西洋（非洲和北美洲之间）上空是负磁异常区，内带下边界降至 300 km。这一区域称为南大西洋异常区（SAA），是近地球轨道载人飞行遇到的主要辐射环境之一。内辐射带质子的能量范围是 10^{-1}～10^3 MeV。

外辐射带分布于赤道上空 10^4～6×10^4 km 范围内的广大空间，但在 55°～70°的高纬度区域，外辐射带的下边界降至 300 km 高度。外辐射带主要由电子和低能质子组成，外带电子基本是各向同性的。能量高于 0.2 keV 的电子注量率约为 $4\times10^7/(cm^2\cdot s)$。电子的能谱随能量的增加而迅速下降，且由于低能电子的穿透能力较差，因而对载人航天的威胁不大。

南大西洋磁异常（South Atlantic magnetic anomaly）是位于南美洲东侧南大西洋的地磁异常区域，较相邻近区域的磁场强度弱，约是同纬度正常区磁场强度的一半大小，故属负磁异

常区 。由于南大西洋磁异常区是负磁异常区，使得空间高能带电粒子环境分布改变，尤其是内辐射带在该区的高度明显降低，其最低高度可降到 200 km 左右，造成辐射带的南大西洋异常区。南大西洋异常区是引起低轨道航天器辐射危害严重的区域，是带电粒子诱发的异常或故障的高发区，如图 2-3 所示，图中 B 为磁感应强度，L 指磁壳在赤道面的地心距离，一般表示为地球半径的倍数。

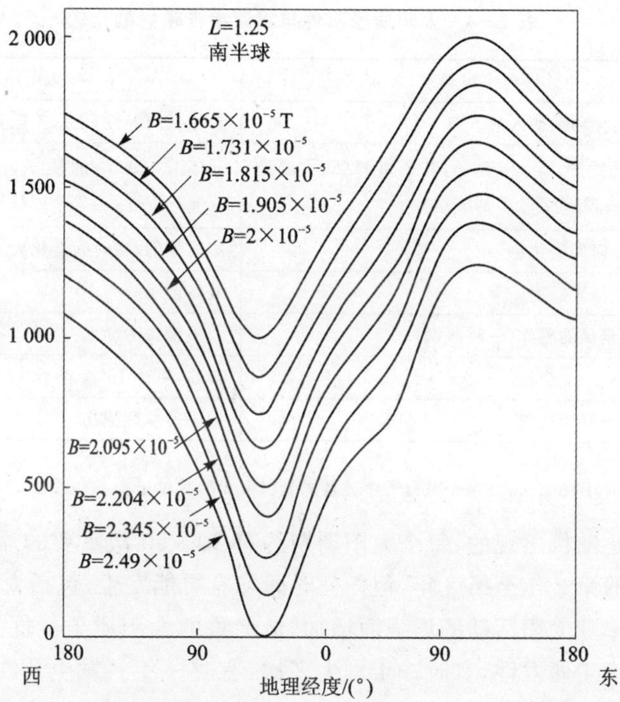

图 2-3　南大西洋磁异常区附近不同高度的磁场强度随经度变化

SAA 是近地轨道的一个重要电离辐射环境，对于同样的高度，这里的辐射强度比其他区域高得多。30°及以上倾角的轨道，每天要穿过 SAA 4～6 次，航天员受到的辐射几乎都是 SAA 造成的。SAA 的质子谱和强度十分依赖轨道高度，轨道高度越高，穿过 SAA 时间越长，受到的辐射越多。除高度外，还与轨道倾角有关。低倾角不穿过 SAA 最强的辐射区。虽然高倾角穿过 SAA 的最强区域，但由于时间短，因而对于给定高度接受的 SAA 辐射比低倾角小一些。

3. 太阳质子事件

太阳宇宙辐射分为平常期和异常期。在平常期，太阳宇宙辐射也称为太阳风，是从太阳表面产生的质子和电子气体。太阳风的形成是由于太阳日冕的温度很高（2×10^6 K），表面物质不断被蒸发。太阳风与地磁相作用，其中的电子和质子被捕获，形成了 Van Allen 辐射带。在异常期，太阳色球层有时发生局部区域的短暂增亮现象，称为太阳耀斑。太阳耀斑一般持续仅30～50 min，并伴随有大量高能带电粒子和电磁波发射，这种现象称为太阳质子事件。不同的太阳质子事件在粒子组成、能量光谱和粒子通量等方面存在差异。太阳发射的高能粒子辐射主要是质子，其次是α粒子，Z＞2 的粒子较少，所以称为太阳质子事件，其与银河宇宙辐射的比较如表 2－4 所列。

表 2－4　太阳质子事件与银河宇宙辐射的比较

特　性	银河宇宙辐射	太阳质子事件
空间分布	各向同性，无明确的入射方向	初始各向异性，之后扩散到整个太阳系
组成成分	约 84 %的质子，14 %α 粒子，其余为 HZE，主要是 Z≤26 的核，30≤Z≤92 的核很少	96 %～99 %的质子，1 %～4 %的 α 粒子，≤0.1 %的 Z≤26 的 HZE 粒子
时间特性	较恒定，随时间变化小	短时辐射，随时间变化大
能量特性	可达到 10^{17} eV 以上	最高记录约为 10^{10} eV
起　源	银河系超新星的爆炸（一种假说）	太阳耀斑活动区
注量率	相当低，约 2～4 个粒子/(cm^2·s)	很高，可达 10^6 个粒子/(cm^2·s)
生物效应	主要是导致突变效应	主要是急性损伤

注：Z—质子数；HZE—(High Z and Energy)原子序数及能量都很大的重粒子。

太阳质子事件是随机出现的，每个太阳周期约有 30～50 次重要的质子事件，而大多数发生在太阳活动周期的第 2 年至第 8 年，但任何时间均有可能发生，包括太阳活动极小年。太阳质子事件发生的概率随太阳活动的增强而增加，最严重的太阳质子事件一般出现在太阳活动高峰后的几个月。由于偶发性，有时一年发生多次，有时一年只发生几次。如 1989 年共发生太阳质子事件 23 次，而 1987 年仅 1 次。太阳质子事件的出现基本上是不可预测的，预警的时间只有几分钟到几个小时。

每次太阳质子事件发生的强度和能谱是不同的，能量低于 0.5 GeV 的事件称为非相对论事件，高于 0.5GeV 的事件称为相对论事件。

4. 电磁辐射

近地空间环境，电磁辐射主要来自太阳。一般来说，太阳辐射的强度与距太阳的距离的平方成反比。太阳系中其他行星及月球上的太阳辐射强度与地球大气层外的太阳辐射强度的相对值如表 2－5 所列。太阳的表面温度近 6 000 K，由它发射出来的太阳辐射是连续的光能，并具有广阔的辐射线谱。电磁辐射包括波长最短的 X 射线和 γ 射线、紫外线、可见光和红外线。地球周围的大气层对太阳辐射起着过滤作用。由于大气中臭氧、水蒸气、二氧化碳和尘埃的屏蔽作用，使能够到达地面的太阳辐射能量比大气层外减弱约 30 %。在地面上测得的辐射能约为 975 W/m^2，大气层外则为 1 393 W/m^2。由于地球磁场的屏蔽作用，大部分粒子辐射不能到达地球表面。

表 2-5　太阳系中太阳辐射强度相对值

行　星	水　星	金　星	地　球	月　球	火　星	木　星	土　星	天王星	海王星
辐射强度	666	191	1	1	43 %	4 %	1 %	0.3 %	0.1 %

2.2.3　空间辐射与轨道的关系

1. 小倾角近地轨道(28.5°,450 km)

轨道辐射环境主要是南大西洋异常区的捕获辐射(SAA)和银河宇宙辐射,异常区的捕获辐射占主要地位,银河宇宙辐射的贡献较小。由于地球磁场的屏蔽作用,几乎不受太阳质子事件粒子辐射的影响。

2. 中倾角近地轨道(51°,450 km)

轨道辐射环境主要是银河宇宙辐射和南大西洋异常区的捕获辐射(SAA),每天穿过异常区暴露的捕获辐射和较高纬度暴露的辐射占主要地位。由于地球磁场的屏蔽作用,太阳质子事件粒子辐射的影响比低倾角大一些,但不会构成威胁。

3. 大倾角近地轨道(＞60°,450 km)

银河宇宙辐射的影响增大,SAA 的捕获辐射的影响比小倾角小一些。由于高纬度地区地球磁场屏蔽作用的减弱,太阳质子事件粒子辐射的影响增强,成为载人航天最重要的辐射危险源。

4. 地球同步轨道(0°,35 790 km)

轨道辐射环境主要是银河宇宙辐射、外带电子辐射以及太阳质子事件粒子辐射。银河宇宙辐射是稳定的辐射源,比近地轨道的影响增强;捕获电子辐射的能量较低,对载人航天的威胁不大。太阳质子事件粒子辐射成为载人航天的主要威胁。

5. 登月轨道

轨道穿过辐射带的时间较短,捕获辐射的影响不大。由于没有地磁场的屏蔽,银河宇宙辐射的影响增大,尤其是其中重离子和次级粒子的贡献不可忽视。太阳质子事件粒子辐射成为影响航天安全的主要危险源。

6. 火星飞行轨道

飞向火星来回要持续两年以上的时间,由于没有地球磁场的保护,银河宇宙辐射(尤其是重离子)和太阳质子事件粒子辐射构成主要辐射威胁源。由于持续飞行时间长,遇到大的太阳质子事件的概率增加。

2.2.4　空间辐射剂量

电离辐射与物质包括生物体发生作用,引起物理性质、化学性质和生物学的变化。这些变化在很大程度上取决于辐射能量在物质中沉积的数量与分布。空间辐射剂量学是研究空间电离辐射能量在物质中的转移和沉积规律的科学。为了对电离辐射引起的健康危害进行评价，首先要了解空间辐射剂量学的一些概念。

1. 辐射剂量

(1) 照射量

照射量(exposure)是用来描述 X 射线、γ 射线在空气中电离能力的物理剂量。定义为：在单位质量的纯净干燥空气中产生 1 C 电量的电离辐射量，用 X 表示。照射量在国际单位制的单位是 C/kg。曾用单位 R(伦[琴])。

$$1\text{R} = 2.58 \times 10^{-4}\ \text{C/kg}$$

照射量仅适合 X 射线或 γ 射线以及空气介质。

(2) 吸收剂量

受到电离辐射作用时单位质量被照射物体所吸收的能量，称为吸收剂量(absorbed dose)，用 D 表示。吸收剂量是辐射剂量学和辐射防护领域的一个非常重要的量。不同于照射量，吸收剂量适用于任何类型的电离辐射、任何被辐射照射的物质，也适合于内、外辐射。在国际单位制中，表示吸收剂量的单位是 Gy(戈[瑞])。1 Gy 表示 1 kg 的物质吸收 1 J 的辐射能。吸收剂量曾用单位 rad(拉[德])。

$$1\ \text{Gy} = 100\ \text{rad}$$

单位时间的吸收剂量叫做吸收剂量率。

(3) 剂量当量(dose equivalent)

吸收剂量仅仅表示了物体吸收辐射能的多少，而不涉及辐射源的类型。在辐射防护中最关心的是受照射后人体的生物效应。吸收剂量相同，由于辐射源类型不同或照射条件不同所产生的生物效应是不同的。例如：在吸收剂量相同的情况下，α 粒子的生物效应大于质子，而质子又大于电子。仅仅用辐射剂量还不足以表示辐射对生物体的影响，因此提出了剂量当量的概念。剂量当量就是用适当的修正因数对吸收剂量进行修正，从而使修正后的剂量能更好地反映辐射对机体的危害程度。这种经过修正的吸收剂量称为剂量当量。剂量当量的定义：吸收剂量与品质因子及其他修正因子的乘积，用 H 表示，计算公式为

$$H = D \times Q \times N$$

式中，Q——品质因子；N——其他修正因子。

在国际单位制中，剂量当量的单位是 Sv(希[沃特])，1 Sv=1 J/kg。剂量当量的另外一个单位是 Rem(雷[姆])，1 Sv=100 Rem。

单位时间内的剂量当量称为剂量当量率。

品质因子是传能线密度 LET(linear energy transfer)的函数，所谓传能线密度是指直接电离粒子在单位长度径迹上所消耗的平均能量，单位是 keV/μm。X 射线、γ 射线和中子为间接电离粒子，但它们的电离作用仍是通过与物质作用的过程中形成的中间电离粒子产生的，故

LET 的概念对 X 射线、γ 射线和中子也是适用的。LET 由粒子类型和能量确定，表示不同性质的离子辐射所产生的电离密度。具有不同 LET 的辐射将导致不同的生物效应和破坏。一般来说，LET 越大，其生物学效应也越大。品质因子实际上是在一定程度上反映不同类型和能量的辐射对机体的不同作用，如表 2－6 所列。

表 2－6　不同类型辐射的品质因子

辐射类型	X 射线	γ 射线	β 粒子	α 粒子	热中子	快中子	质　子
品质因子	1	1	1	20	3	10	10

其他修正因子：在外照射条件下，$N=1$；内照射条件下，$N=5$。

2. 辐射的生物效应

(1) 分　类

辐射生物效应按出现的范围可分为躯体效应与遗传效应。躯体效应是指受照者本身的效应；遗传效应指影响受照者后代的效应。按出现的时间可分为近期效应与远期效应；近期效应又分为急性效应与慢性效应；远期效应一般发生在受辐射后几年到几十年之间，如辐射所致肿瘤、白内障以及辐射遗传效应等。按效应发生的规律可分为随机效应与非随机效应。随机效应是指效应的发生几率与受照射的剂量大小相关，而效应的严重程度与剂量大小无关的一类辐射效应，一般认为它不存在剂量的阈值，但接受的剂量越低，发生该效应的几率也越小，如辐射遗传效应和辐射致癌效应；非随机效应是指效应的程度与剂量大小相关的效应，它存在剂量阈值，受照射量在阈值剂量以下时，效应不会出现，如辐射致白内障、辐射致不孕症和皮肤发射损伤。

(2) 电离辐射的生物效应

电离辐射的损伤作用机理包括直接作用和间接作用。直接作用指辐射直接作用于具有生物活性的大分子，如核酸、蛋白质等，使其发生激发、电离和化学键断裂而造成分子结构和性质的改变，从而导致组织细胞发生一系列的生理功能障碍，进而导致机体正常功能与代谢作用的障碍。间接作用是指辐射作用于体液中的水分子，引起水分子的电离与激发，形成化学性质非常活泼的一系列产物，如自由基和水化电子，然后再通过这些产物间接造成生物分子损伤。

全身急性辐射暴露的一般效应如表 2－7 所列，所述临床症状表现存在个体差异，轻度损伤时差异更明显。

人体受电离辐射后，可发生急性与慢性放射病或受到远期的影响。急性放射病是短期内大剂量辐射所致。慢性放射病是由于较长时间内多次受到超过允许剂量的照射所致，表现有局部与全身性损害。局部损害最为常见，有皮肤发红、萎缩、毛发脱落甚至导致恶性肿瘤。全身性损害主要表现为神经系统机能与器质性的改变，如反射机能减退、感觉障碍及神经衰弱等症状。远期影响主要表现为致癌作用和对遗传的影响。

表 2-7 人体急性全身辐射暴露的一般效应

吸收剂量/Gy	临床表现
0～0.25	一般觉察不到临床症状，可能有迟发的效应
0.25～1	一般性淋巴细胞及中性白细胞减少，一般无失能症状，可能发生继发反应，但不严重
1～2	恶心及疲劳，在 1.25 Gy 以上可能有呕吐，淋巴细胞、红细胞及中性白细胞减少并恢复缓慢
2～3	开始数小时内即发生恶心、呕吐及疲劳，严重的骨髓功能降低，发热，无食欲，咽喉发炎，有出血点，除非并发感染或体质虚弱，一般 3 个月内可恢复
3～5	开始数小时内发生恶心、呕吐及腹泻和肠绞痛，潜伏期可达 1 周，第二周有脱发、无食欲及发烧，第三周则有严重且难于恢复的骨髓功能降低、出血、口腔及咽喉发炎，腹泻及消瘦，2～6 周有可能死亡，存活者有继发症
＞5	开始数小时内发生恶心、呕吐及腹泻，第一周末出现脱发、无食欲、发烧、口腔及咽喉发炎、出血，表现出明显的中枢神经损伤、严重的造血功能降低，第二周发生迅速消瘦及死亡，死亡率达 100 %

电离辐射对机体的作用不仅取决于总剂量，也取决于吸收剂量率以及身体暴露部位和范围。身体的不同部位对电离辐射的敏感性也不同，而且有个体差异。一般来说，对电离辐射最敏感的有淋巴组织、骨髓、脾脏、生殖器官及胃肠道。中等敏感的有皮肤、肺和肝脏，而肌肉、神经和成人骨骼最不敏感。

电离辐射作用于人体可发生一些确定性效应，如白细胞减少、产生白内障、造血机能低下、胃肠道反应等。这一类效应发生的严重程度随接受剂量增大而加重。表 2-8 给出了症状发生的概率与剂量的关系。表 2-9 列出了一些确定性症状的剂量阈值。

表 2-8 辐射症状发生概率与剂量的关系

症状	不同发生概率的剂量值/Gy		
	10 %	50 %	90 %
食欲减退	0.4	1.0	2.4
恶心	0.5	1.7	3.2
呕吐	0.6	2.2	3.8

表 2-9 一些辐射效应的剂量当量阈值 Sv

组织和效应		单次短时间照射	分次或迁延照射
睾丸	暂时不育	0.15	
	永久不育	3.5～6.0	
卵巢	不育	2.5～6.0	6.0
眼晶体	浑浊	0.5～2.0	5.0
	视力障碍	5.0	＞8.0
骨髓	造血机能降低	0.5	

对于随机性效应，把单位剂量引起某种随机性效应发生的几率称为危险度，而个体受到一定剂量照射后发生某种随机性效应的几率称为危险率。表 2-10 给出了各组织的随机性危险度和权重因子的数值，权重因子为该组织的相对危险度。

表 2-10 各组织的随机性危险度和权重因子

组织 T	效 应	危险度 r_T/Sv^{-1}	权重因子 W_T
性 腺	严重遗传疾患	4×10^{-3}	0.25
乳 腺	因癌致死	2.5×10^{-3}	0.15
红骨髓	因白血病致死	2×10^{-3}	0.12
肺	因癌致死	2×10^{-3}	0.12
甲状腺	因癌致死	5×10^{-4}	0.03
骨表面	因癌致死	5×10^{-4}	0.03
其余组织	因癌致死	5×10^{-3}	0.30
全身均匀照射		1.65×10^{-2}	1.0

注：其余组织指不含手、前臂、足、踝、皮肤和眼睛在内的其余接受剂量当量最大的5个器官或组织，其余各个的 $r_T=1\times10^{-3}\ Sv^{-1}$，$W_T=0.06$。当肠胃受照时，胃、小肠、上段大肠和下段大肠当作4个独立的器官。

(3) 非电离辐射的生物效应

载人航天中较重要的非电离辐射是紫外线和射频辐射，它们作用于人体会产生不同程度的损伤作用。紫外线来源于太阳辐射，射频辐射来源于飞行器的通信和遥测设备。

紫外线能够引起原子价态的改变，产生光化学反应和生物损伤。紫外辐射能使细胞和病毒失活。紫外辐射在人体组织中的贯穿能力很低，外部辐射引起的生物效应局限于皮肤和眼睛。红斑是最经常观察到的紫外照射的皮肤效应，长期紫外照射会加速皮肤老化。过量的紫外照射会引起角膜炎。

射频辐射主要包括微波、超短波和短波等。在载人航天器中，有很多射频辐射源。频率高、波长短是射频辐射的重要特性。当射频电磁波照射人体时，一部分能量被反射，一部分穿透组织被吸收。吸收能量的多少与射频电磁场的频率和组织的含水量有关。含水量高的组织如肌肉、大脑、皮肤和内脏吸收能量较多，含水量低的组织如脂肪、骨髓吸收能量较少。射频辐射对人体组织的穿透能力与其波长有关，波长越短，穿透能力越小，波长越长，穿透越深。射频辐射对人体健康的影响是多方面的，有些甚至比较严重，但在安全限值以下时不会产生有害影响。很多学者指出，射频辐射对人体健康所造成的影响，特别是所谓热效应，一般认为是可逆的或是可恢复的。

2.2.5 空间辐射防护

地球上生活的人每年接受的辐射剂量大约为1.7 mSv，而每一次穿越大西洋的旅行大约要增加0.04 mSv的辐射剂量。航天飞行中航天员主要受小剂量空间辐射的照射。美国辐射防护与测量委员会(NCRP)曾对小轨道倾角、中轨道倾角、大轨道倾角、地球同步轨道和月球飞行等 5 种航天飞行给定航期情况下航天员造血器官的受照射剂量做过估算，为 70～110 mSv。舱外活动会使受照剂量增加，如在 500 km/28.5°空间站舱外活动 6 h，骨髓受照剂量约为 30 mGy。而 1、2、3 和 4 级太阳质子事件时，在 3.5 g/cm^2 屏蔽层后人员得到受照剂量分别达 30 mSv、140 mSv、200 mSv 和 340 mSv。1960 年后最大的一次太阳质子事件(1972 年 8 月 4 日)在 12～18 h 内位于 2 g/cm^2 屏蔽体后的航天员皮肤、眼晶体和骨髓的受照当量剂量估算值分别为 11 Sv、9.1 Sv 和 1.2 Sv。迄今为止，根据已有的监测资料航天员受照最大剂量为 180 mGy，他们绝大多数是在 450 km 高度以下未遇到太阳质子事件的近地轨道飞行中获得的。

1. 载人航天辐射安全限值

在载人航天中，除失重之外，宇宙辐射是影响航天员健康和生命安全的主要因素之一，因此必须采取相应的防护措施。首先要制订航天员对宇宙辐射的暴露限值。1983 年，美国辐射防护和测量理事会成立了专门的科学委员会，负责对空间站上的辐射危害进行评估和制订新的防护标准，1987 年公布了新的标准(见表 2-11)。苏联为保证载人航天的辐射安全，制定了国家标准，提出了飞行时间持续 3 年的安全标准(见表 2-12)。该标准还规定航天员从事航天事业的总限值为 4 Sv，一次暴露的剂量当量不应超过 0.5 Sv。

表 2-11 美国载人航天员的剂量当量限值

限 值	造血器官(5 cm)	眼晶体(0.3 cm)	皮肤(0.01 cm)
一个月最大剂量/Sv	0.25	1.0	1.5
一年最大剂量/Sv	0.5	3.0	2.0
从事航天事业的总限值/Sv	1～4	4.0	6.0

表 2-12 苏联载人航天安全限值

飞行时间/月	危险($\times 10^{-4}$)	剂量当量限值/Sv	剂量当量率/$mSV \cdot h^{-1}$
1	0.6	0.105	0.146
3	1.8	0.215	0.100
6	3.6	0.370	0.085
12	7.2	0.665	0.076
18	10.8	0.735	0.071
24	14.4	1.185	0.068
30	18.0	1.405	0.065
36	21.5	1.625	0.062

我国规定的近地轨道短期飞行的航天员剂量限值如下：3 d、7 d 和 1 个月飞行的皮肤当量剂量限值分别为 0.15 Sv、0.20 Sv、0.40 Sv。

航天中空间辐射的主要成分是高能粒子，航天员身体器官接受的剂量随深度有所不同。计算表明，造血器官的剂量一般是皮肤剂量的 1/2 左右。据此估计，按照我国航天员剂量限值规定，1 个月飞行造血器官的剂量限值为 0.2 Sv，低于美国规定的限值而高于俄罗斯的一般限值。但俄罗斯的一般限值中未包括太阳质子事件的照射。总的看来，我国航天剂量限值较美国和俄罗斯的限值低些。

2. 空间辐射防护的方法

航天飞行的两个主要辐射源是太阳耀斑和银河宇宙线。航天员在空间站接受的辐射剂量取决于多种因素，主要有座舱辐射屏蔽层的厚度、空间站的轨道高度和航天员在轨道上的停留时间，以及地磁变化和太阳活动的情况等。

辐射防护有被动防护和主动防护。带电粒子穿过物质的过程中，逐渐损失能量，当物质的厚度大于带电粒子在该物质中的射程时，粒子将不能通过而被阻止在物质中。利用物质的质量厚度(如飞船舱壁物质等)进行空间辐射防护称为被动防护，是载人航天中普遍采用的辐射防护方法。为了可靠地防护太阳宇宙线和 Van Allen 辐射带的辐射，被动防护层的平均厚度应为 10 g/cm^2。按这种标准的一个容积为 20～25 m^3 的座舱，其防护层的最小质量为 10 000 kg，因此载人飞船或空间站仅仅靠防护层防护辐射是不现实的。更为合理的防护方案是利用航天器舱内各种仪器、设备、燃料等物质科学地进行布局，使各个方向的质量屏蔽厚度大致均匀。由于各方面条件的限制，一般很难使各个方向的屏蔽厚度保持均匀。例如，美国“阿波罗”号飞船的指挥舱，主要结构是铝合金、不锈钢和环氧树脂。防护层的平均厚度为 7.5 g/cm^2。舱的前方较薄，仅 1.75 g/cm^2，后方有服务舱、防热层和重型设备，防护层厚度达212 g/cm^2。

质量防护存在的另一个问题是初级空间辐射与屏蔽材料相互作用可产生次级辐射，如反冲质子、次级中子和韧致辐射等。随着质量屏蔽厚度的增加，次级辐射的剂量厚度也逐渐增大。

为了克服被动防护的缺点，辐射的主动防护技术的研究得到重视。主动防护就是在航天器的周围形成人工磁场或静电场。人工磁场是在飞船周围形成一定强度的磁场，使辐射微粒不能进入舱内。人工静电场的作用是使带电粒子偏离座舱，使辐射强度减弱。主动防护的优点是质量轻，且不会产生次级辐射。主动电磁防护目前只是一种设想，有很多理论和技术有待解决，在短期内不可能实际应用。

由于宇宙辐射强度随时间和高度变化，因此适当计划载人航天的时间和轨道高度也能有效地防护宇宙辐射的危害。在近地轨道，轨道越高，Van Allen 辐射带的辐射通量也越大。另外，当航天器在小倾角的近地轨道飞行时，必然要穿越南大西洋异常区。在航天员进行舱外活动时，一定要避开南大西洋异常区，监测太阳质子事件，一旦遇到大的太阳质子事件，应取消舱外活动计划或中止舱外活动。当载人航天器在地球同步轨道和地极轨道上飞行时，容易遇到太阳宇宙辐射和银河宇宙辐射。

辐射防护的另外一种防护方法是采用化学药物防护。从有了原子弹以来，人们就开始寻找能预防辐射损伤的物质。研究发现，一些化学物质确实具有辐射防护作用。动物实验表明，能预防急性辐射损伤的物质大概可以分为两类：一类是对机体有明显生理作用的物质，如某些生物制剂和激素等。另一类是化学物质，其中主要是氨硫基类化合物、四环素、核糖核酸、脱氧核糖核酸等。

2.3 失重环境

2.3.1 失重的物理原理

宇宙中任何物体之间都存在万有引力。地球表面的物体受到地球引力的作用，表现为重力。物体的质量就是它所受重力的大小。在地球表面，重力加速度 $g_0=9.81\ m/s^2$。根据牛顿万有引力定律，引力与质量成正比，与距离的平方成反比。对于一个飞行高度为 h 的航天器，其所受到的地球引力加速度为

$$g=\left(\frac{r_0}{r_0+h}\right)^2 g_0 \tag{2.2}$$

式中，r_0为地球的平均半径，$r_0=6\ 371\ km$。当 $h=1\ 600\ km$ ，$g/g_0\approx 0.64$。

失重出现在所有自由落体和空间飞行器中。空间飞行器处于失重状态，不仅仅是因为它们离地球的距离远，更重要的是由于它们的自由落体性质。Galileo 首先定义了失重，他认为人们之所以感受到一个物体的质量，是因为试图阻止它下落。如果以同样的速度和所支撑的物体一起向下运动，就感受不到物体的质量，物体即表现出失重状态。所有绕地球轨道飞行的航天器都处于失重状态。当一个航天器被发射到一个预定轨道并以轨道速度飞行时，离心力与引力相平衡，这时发动机不工作，不提供任何推动力，航天器处于自由落体状态，航天器内的所有物体也处于自由落体状态，对于支撑，不施加任何作用力，处于零重力状态。

真正的失重环境，或称零重力环境是很难实现的。零重力环境必须满足下列条件：物体处于航天器的质心上；航天器和物体处于自由落体状态。在载人航天活动中，航天员在舱内的行走会改变航天器质心的位置、太阳的辐射角和空间环境的阻力作用在航天器上，因此物体并不是处于完全意义的失重状态，则用微重力来描述这种环境。

微重力环境对载人航天具有重要的影响。人类已经习惯了地球的重力环境。当在空间轨道上飞行或在其他行星上时，人类处于没有重力或失重状态。失重对人体的生理、心理和生保系统的设计都会产生重要的影响。

2.3.2 失重生理效应

人体这个极其复杂的有机体是在地球重力作用下长期进化形成的，所以失重对生理功能将产生广泛影响。

1. 空间运动病

在失重环境下飞行的最初几天，航天员有较大可能发生眩晕、恶心、呕吐或空间定向障碍等类似地面运动病的症状，称为空间运动病或空间适应综合症，严重影响航天员的健康和工作效率。空间运动病的特点是发病快。最早在发射后 15 min 便出现症状，高峰期是在 24～48 h，以后症状逐渐消失，不再重复出现。表 2－13 给出了美国航天飞机航天员运动病症状发生率。

表 2－13 美国航天飞机航天员运动病症状发生率

症 状	发生率/(%)	症 状	发生率/(%)
呕 吐	86	嗜 睡	51
厌 食	78	恶 心	50
头 痛	64	困 倦	22
胃感觉不适	58	失平衡	19

关于空间运动病的起因，主要有三种看法：

(1) 感觉矛盾冲突理论：认为在失重条件下，人的各感受器系统，即前庭感受器（耳石和半规管）、视觉感受器和本体感受器相互作用紊乱，或感受矛盾冲突，诱发运动病；

(2) 前庭速路不对称或耳石不对称理论：认为左、右耳石得到重力存在着细微的差异，传入中枢神经的信息也有差别。在重力作用下，中枢系统起补偿作用，使前庭功能保持稳定。在失重条件下，由于耳石所受重力及其差异消失，使中枢神经系统的补偿作用出现不适应，引起旋转错觉、眼运动和姿态不平衡，诱发运动病；

(3) 体液重新分配理论：认为失重引起体液和血液流向头、胸部，改变了颅内压，可能引起迷路水肿，影响前庭功能，从而诱发运动病。

2. 循环系统的失重效应

失重条件下，循环功能的改变是最明显的。由于血液丧失了重量，从而流体静压消失，在地球上存在的下肢血液回流难和头向射血难的现象亦消失，身体各部位的血压也不同于在地面上，如表 2－14 所列。人体大动脉根部与脑底约有 30 cm 的距离，在地球上为了克服这段重力效应，最大血压损失了 3.333 kPa(25 mmHg)。在失重状态下，这种现象已消失，脑底部最大血压仍保持大动脉根部最大血压的初始水平。航天实践证明，人体的循环系统调节功能对于失重具有良好的适应性。尽管在功能上发生各种适应性改变，仍能保证整个循环系统在新的条件下维持正常的活动。

表 2-14 不同重力状态下人体血压

重力	血压/kPa		
	脑	脑底	大动脉根
地球 1 g	8.8/3.47	12.67/7.47	15.6/10.67
月球 0.17 g	11.47/6.133	15.47/10.13	15.6/10.67
轨道航行 0 g	12/6.67	15.6/10.67	15.6/10.67

注：最大血压/最小血压。

3. 骨骼和肌肉系统的失重效应

肌肉萎缩和骨矿物质脱失是长期飞行需要解决的重要问题。人体的肌肉和骨骼长期在重力条件下工作。在失重状态下，肌肉发生萎缩，下身肌肉质量减少，特别是小腿肌肉的质量减少，肌肉的强度降低，肌肉收缩力及肌肉硬度下降。引起肌肉萎缩的主要原因是肌肉微循环和肌肉结构发生变化。在失重状态下，下身的血液量减少，肌肉纤维得不到足够的氧气，肌肉的细胞组织和神经受到较大的损害。失重还会引起骨骼中的钙丢失，导致骨骼收缩，主要发生在保持姿态和运动的骨骼中。骨骼的变化主要是由于代谢和功能负荷水平的改变而引起的。

4. 免疫功能和内分泌系统的失重效应

航天飞行的实验结果表明淋巴细胞的活性降低。随着飞行时间的加长，航天员的免疫功能下降。在失重条件下，内分泌系统也发生变化，如甲状腺素、血管紧张素、性激素分泌等均有明显改变。目前，失重状态下免疫功能和内分泌系统变化的原因还不清楚。

2.3.3 微重力环境对环控生保系统工作的影响

在环控生保系统中，受重力影响最为突出的是液体的蒸发、冷凝及其过程中的热交换、物质的迁移、气/液相分离、水的储存和供给、废物的收集和处理、航天食品的复水、配制、供给和饮食方式，洗漱以及睡眠方式等。

由于在微重力条件下，气体或液体的密度差不能形成对流的起因，自然对流作用基本消失，由自然对流引起的对流换热和物质迁移（交换）也不复存在。因此，在失重条件下，必须采用风机、泵或压力能强迫驱使气体和液体流动，使舱内气体的温度、湿度和气体成分均匀一致。

温湿度控制、空气再生与净化、废物收集与处理、洗漱以及睡眠设备等都必须配备专门的风机（或泵），使气体（或液体）沿着规定的方向流动，实现气体降温除湿、空气净化和再生、废物收集和洗漱的顺利进行，确保航天员面部区域气体迅速进行物质和能量交换。

气体/液体分离是环控生保系统中普遍存在的技术问题。微重力环境给气/液分离带来相当大的困难。在载人航天环控生保系统中，常用的气/液分离技术有膜分离技术、离心力分离技术和涡流分离器技术等。

2.4　其他环境因素

2.4.1　磁　场

地磁是指地球所具有的磁场，其两极处于地球两极附近。磁场强度随时间和空间位置不同，随距地球距离的平方而下降。

虽然地球磁场的存在对近地空间环境没有直接影响，但它对于地球上生物的生存至关重要。地球磁场屏蔽了来自外层空间的离子辐射。

2.4.2　流星与微流尘

在宇宙空间有大量的大小不等的流星和陨石，其直径为$\frac{1}{10^6}$ m 到数百米。陨石以 11～72 km/s的高速度冲入地球周围的大气层，由于与大气分子摩擦生热，多在 120～140 km 高度上燃烧灰化，仅体积过大来不及灰化的陨石落到地面上。毫无疑问，概率极低，据统计，百年飞行中可能遇到一次。飞船若遇到这样大的陨石，必被撞得粉碎。

在近地球空间飞行，常遇到的是微流尘（10^{-6}～10^{-7} g），其平均速度为 30 km/s。这些满天飞的微流尘将飞船舱体表面打得斑斑点点，但还不会穿透船舱壁。在距离地球远的高度上将会遇到流星群。苏联火星一号在距地球 640 000 km 高度上曾遇到微流星群。在 1 m^2 面积上平均每 2 min 遇到一次冲击，但还不能够穿透舱壁。诸如此类的以 50～70 km/s 高速飞行的流星粒子可穿透 8～20 倍于自身直径的金属板，如直径为 1 mm 的粒子可穿透厚度为 20 mm的舱壁，故飞船座舱必须有足够的厚度。

在月球上由于没有大气层的屏蔽，易受到流星和陨石的轰击，有时可能遇到速度已减少到 1～1.5 km/s 的流星碎片（二次流星），但仍具有一定的破坏能力，故登月服的外套层必须采用特殊的防护材料。

2.4.3　原子氧

原子氧是空间站和空间平台高度上高层大气的主要组分。原子氧是活性很强的氧化剂，尽管高层大气非常稀薄，在空间站或空间平台遇到的氧原子却足以腐蚀易损材料。直到航天飞机重返地面带回的样品展示出显著的原子氧损伤，人们才认识到该现象的严重性。现在认识到，过去发生的若干起低轨道航天器未能解释的故障，实际上是原子氧损伤造成的。

原子氧效应与其粒子数密度成正比，此密度随高度和太阳活动而变化。大气分子和原子以约 7 700 m/s 的相对轨道速度与航天器碰撞。气体粒子直线飞行与航天器表面直接碰撞，然后缓慢离开，碰撞几乎是完全非弹性的。原子氧的腐蚀作用依赖于腐蚀过程的效率，亦即在与靶碰撞的氧原子中究竟有多大比例与靶表面产生反应，带走1个或1个以上的靶材料原子。

2.5 月球与火星环境

星球探索是载人航天的一项重要任务。在其他行星上，有丰富的资源有待人类去开发利用。要进行星球探索，必须了解这些星球的环境。人类对月球大气的物理化学特性已有确切的资料，对距地球较近的其他天体，迄今了解甚少，只有一些间接的推测。下面主要介绍月球和火星的环境情况。

2.5.1 月　球

1. 基本参数

月球基本参数见表2-15和表2-16。

月球表面的土壤由氧(42 %)、硅(21 %)、铁(13 %)、钙、铝和镁组成。

表2-15　月球基本参数

质量/kg	平均密度/($kg \cdot m^{-3}$)	半径/km	重力加速度/($m \cdot s^{-2}$)	逃逸速度/($km \cdot s^{-1}$)	反射率
7.359×10^{22}	3 340	1 738	1.62	2.38	0.07

表2-16　月球表面土壤的基本参数

密度/($kg \cdot m^{-3}$)	比热/($J \cdot kg^{-1} \cdot K^{-1}$)	热传导系数/($W \cdot m^{-1} \cdot K^{-1}$)
500～3 000	755～1007	2.14×10^{-3}～1.13

2. 环境参数

大气环境：月球基本没有大气存在，压力小于10^{-8} Pa。主要原因是月球的引力很小，不能保持氢原子和氧原子。

温度：在赤道昼夜温度变化为80～390 K。温度变化的速度主要与热惯性有关。在离月球表面1 m以下，温度可以认为230 K保持不变。在高纬度区，NASA推荐用下面的式子计算：

$$T = T_{\text{equator}} \cos^{1/4} \beta$$

在两极的温度基本上是未知的，在一些长期阴影区，据估计温度低于40 K。

电磁辐射和光照条件：月球表面的太阳辐射和地球大气层外的相同，即1 390 W/m^2。除靠近两极的地区外，昼夜循环周期为14 d，在两极，昼夜循环周期为半年。

紫外辐射：月球表面的紫外辐射大约为地球表面的2倍，因此一些材料，如橡胶可能被破坏，一些植物需要有防护措施。

离子辐射：虽然月球没有大气，但月球本身就是离子辐射的屏蔽，因为离子辐射并不是像在自由空间一样从各个方向辐射到月球表面。在太阳活动最弱时，月球表面的离子辐射为：太阳风每年 0.5 Sv，银河宇宙线每年 0.2 Sv。每次太阳耀斑时，月球表面的离子辐射为 1～50 Sv。因此，在月球表面需要有辐射防护措施。

流星与微流尘土：对于月球环境，NASA 用下面的模型计算每年流星与微流尘积累的量：

$$\log N_t = 14.587 - 1.213\log m \qquad (10^{-6} < m < 1)$$

$$\log N_t = -14.566 - 1.584\log m - 0.063\log m^2 \qquad (10^{-12} < m < 10^{-6})$$

式中，N_t——单位时间、单位面积质量≥m 的粒子的数量。

磁场：月球的磁场可以忽略。

2.5.2　火　星

火星是九大行星之一，按离太阳由近及远的次序为第四颗。它温和的环境成为人类长期载人探索的首要目标。火星赤道半径为 3 395 km，是地球的一半，体积不到地球的 1/6，质量仅为地球的 1/10。肉眼看去，火星是一颗引人注目的火红色星球。火星的红色曾一度困扰人类，通过对火星土壤的分析才知道，火星表面土壤中含有大量的氧化铁，由于长期受紫外线的照射，铁就生成了一层红色和黄色的氧化物。火星的外壳由包含着大量的硅和铝以及少量镁的较轻岩石组成，厚度为 50 km。火星的自转和地球十分相似，自转一周为 24 h 37 min 22.6 s。火星的公转轨道是椭圆形，轨道面与赤道面的夹角为 23°59′，轨道半径约为 1.524 个天文单位。火星公转一周约为 687 d。由于公转轨道的偏心率较大，火星距太阳的远近相差很大，最远和最近时相差 4 200 km。距地球的距离也是这样，最近时距地球只有 5×10^7 km 左右。

由于火星距太阳较远，所接受到的太阳辐射能只有地球的 43 %，因此，地面平均温度比地球低 30 多摄氏度，昼夜温差可达上百摄氏度。在火星赤道附近，最高温度可达 20 ℃左右。

火星也存在大气，主要成分是二氧化碳，约占 95 %。和地球一样，火星的大气中也漂浮着云彩。由于昼夜温差大，火星上经常刮起尘暴。大规模的尘暴是火星独特的大气现象，其风速高达 180 m/s。

1. 基本参数

火星的基本参数见表 2-17 和表 2-18。

表 2-17　火星基本参数

质量/kg	平均密度/(kg·m^{-3})	半径/km	重力加速度/(m·s^{-2})	逃逸速度/(km·s^{-1})	反射率
6.418×10^{23}	3 933	3 397	3.72	5.04	0.25

表 2-18　火星表面土壤基本参数

密度/$(kg \cdot m^{-3})$	比热/$(J \cdot kg^{-1} \cdot k^{-1})$	热传导系数/$(W \cdot m^{-1} \cdot k^{-1})$
3 933	625～800	$8.5\times10^{-3}\sim85\times10^{-3}$

2. 环境参数

大气环境：火星标准大气压是 700 Pa。火星大气主要由二氧化碳组成，具体成分如表 2-19 所列。火星表面平均水平风速为 2～9 m/s，最高风速为 60～80 m/s。

表 2-19　火星的大气成分

气　体	CO_2	N_2	Ar	O_2	CO	H_2O	Ne	Kr	Xe
摩尔成分	95.3 %	2.7 %	0.16 %	0.13 %	0.07 %	0.03 %	2.5×10^{-4}%	3×10^{-5}%	8×10^{-6}%

温度：火星表面温差较大，正常温度为 215 K。温度变化范围为 130～300 K。气温的巨大季节性变化和昼夜变化，会使气压急剧下降，因而在火星大气中造成强烈的风。

电磁辐射：火星表面的太阳辐射的平均值为 615 W/m^2。在近日点，太阳辐射的最大值为 718 W/m^2；在远日点，最小值为 493 W/m^2。

紫外辐射：正常紫外辐射的通量为 10 $J/(m^2 \cdot s)$。

离子辐射：火星表面受到太阳风和银河宇宙线的辐射，离子辐射随太阳质子事件而加强。由于火星没有一个强的磁场，几乎所有的离子辐射都能到达火星大气层。火星大气层对离子辐射有一定的防护作用。当大气压力较低时(590 Pa)，大气层在垂直方向提供了 16 g/cm^2 的防护作用；当大气压力较高时(780 Pa)，防护作用为 22 g/cm^2。

磁场：火星的磁场二极矩小于 10^{22} g/cm^3。

思考题

1. 空间环境主要包括哪些影响因素？
2. 真空环境对载人航天器及其生保系统的设计有哪些影响？
3. 空间辐射环境的分类及空间电离辐射的来源。
4. 地球捕获辐射的形成、分布及特点。
5. 空间辐射剂量的概念包括哪些，各自反映辐射的哪些特征？
6. 空间辐射的生物效应主要表现在哪些方面？在载人航天生保系统中如何进行防护？
7. 失重的生理效应主要包括哪些？

第 3 章　载人航天生命保障系统的设计基础

在航天器内创造一个适合人生存的环境条件，并提供维持生命的物质和处理新陈代谢的产物是载人航天生命保障系统的基本任务。维持生命的基本物质是水、食品和氧气。除了这些物质条件外，还要考虑环境的适居性。环境的适居性包括大气条件（压力、温度、湿度、气体成分等）、振动、噪声、辐射和重力等物理因素，除此之外，还包括一些人文因素。

本章将首先从人的需求出发，介绍人同环境的物质、能量交换以及适居的环境条件，以便能够了解载人航天环控生保系统的设计要求和设计目标。失重是载人航天生保系统设计中的一个难题，本章简要介绍了失重条件下的气液分离问题。最后，还对载人航天环控生保系统设计的一般方法进行简要介绍。

3.1　人同环境的物质和能量交换

人作为生物体是一个开放的系统，为了维持人体正常的生理活动，要不断和环境进行物质和能量交换。维持生命的基本物质是水、食品和氧气。人如果没有食品最多可以生存一个月左右，没有水可能活几天，没有氧气则只能生存几分钟。人在正常的生理活动中，消耗氧气、食品，产生二氧化碳以及其他一些垃圾。生保系统要保障生命必需品的供应，并负责处理人所产生的废物。在地球上这一任务是由地球生物圈来完成的。通过研究人体同环境之间的质量和能量交换，才可能确定生保系统的具体任务和构成。

3.1.1　人的物质需求

人的生存需要氧气、水和食品。食物中的营养物质：蛋白质、脂肪和碳水化合物在机体的生化反应中发生氧化作用释放出人生命活动所需要的能量，用于内部器官（心、肺）的工作和肌肉的机械性工作，将大部分能量最终转化为热量，由机体排放至周围环境中。

1. 航天员的能量消耗

人所消耗和排出的物质数量与机体的能量消耗有直接的关系。航天员在航天器舱内工作时，其能耗标准量平均约为 140～150 W。表 3－1 给出了不同活动状态下人体所消耗的能量值。

2. 氧气的需求

从表 3-1 中所列举的实验数据可以看出，人体耗氧量与负荷成正比。

表 3-1　不同活动状态下人的能耗与耗氧量

体力状态或活动形式	能耗/W	氧气消耗量/($L\cdot h^{-1}$)
安　静	85～100	15～18
极轻工作	100～175	18～30
轻松工作	175～350	30～60
中等强度工作	350～520	60～90
重体力工作	520～700	90～100

3. 食品和营养需求

航天员食品包括有碳水化合物、脂肪和蛋白质，其比例大约为 4∶1∶1。在机体的生化反应中，食物发生氧化作用，提供人生命活动所需的能量。

例如，葡萄糖($C_6H_{12}O_6$)，一种最简单的碳水化合物的氧化反应式为

$$C_6H_{12}O_6+6O_2\rightarrow 6CO_2+6H_2O+17.22\ kJ/g \tag{3.1}$$

标准脂肪(甘油三油酸脂)的氧化反应式为

$$C_{57}H_{104}O_6+80O_2\rightarrow 57CO_2+52H_2O+39.06\ kJ/g \tag{3.2}$$

蛋白质的典型成分(丙氨酸)的氧化反应式为

$$2C_3H_5ON+6O_2\rightarrow 5CO_2+3H_2O+CO(NH_2)_2+17.22\ kJ/g \tag{3.3}$$

由式(3.1)至式(3.3)可以看出，1 g 碳水化合物和 1 g 蛋白质氧化反应将产生 17.22 kJ 的能量，而 1 g 脂肪氧化反应产生的能量为 39.06 kJ。因此，从提供能量的角度，1 g 碳水化合物或蛋白质相当于 0.44 g 脂肪。

氧化反应的产物是二氧化碳和水。丙氨酸蛋白氧化时，还会由于氧化不足而产生有机物尿素 $CO(NH_2)_2$，其他蛋白质氧化产生的有机物是磷酸盐和硫酸盐，这些物质称为渣质。氧化过程中产生的水称为代谢水，因此，人体排泄的水的量多于人体摄入水的量。

在氧化反应中，产生的二氧化碳与消耗的氧气的摩尔数之比定义为呼吸商(R)。

$$R=\frac{\text{产生的二氧化碳的摩尔数}}{\text{所消耗的氧气的摩尔数}}$$

呼吸商是人体代谢的重要参数，不同种类食物的呼吸商及能量如表 3-2 所列。表 3-3 所列为美国和俄罗斯推荐的航天员营养结构。

表 3-2　食品的呼吸商、能量和日需求量

食品类型	R	能量/(kJ·g^{-1})	每天平均需求量/(g·d^{-1})
碳水化合物	1.0	17.22	300～600
蛋白质	0.8	17.22	50～300
脂　肪	0.7	39.06	50～150

表 3-3　航天员推荐营养结构

营　养	俄罗斯	美　国
能量/J	13 400	9 600～12 950
每 kg 人的体重所吸收蛋白质/(g·kg^{-1})	1.5	0.8
每 kg 人的体重所吸收指肪/(g·kg^{-1})	1.4	1.3
每 kg 人的体重所吸收碳水化合物/(g·kg^{-1})	4.5	4.8
磷/g	1.7	0.8
钠/g	4.5	3.5
铁/g	50	18
钙/g	—	0.8
镁/g	—	0.35
钾/g	—	2.7

4. 水的需求

水对人体的新陈代谢来说是非常重要的，一个成年男子身体的 61 %～65 %是由水组成的。脱水会产生严重的生理影响，1 %的脱水会影响一些器官的功能，10 %的脱水会导致严重的生理代谢问题，20 %～22 %的脱水会导致死亡。维持人体内水的平衡所需水的量与环境参数、代谢产热及饮食有关。轻体力劳动在适宜的环境中，一天需要 2.2～2.8 L 的水，其中饮用水平均 1.5 L，食物中含的水 0.6～1.0 L，代谢产生的水 0.3～0.4 L。人体摄入的水通过尿液、出汗、呼吸和其他排泄物排出体外，其中尿液中水的含量为 1.2～1.5 L，出汗排出的水的量为 0.44～0.7 L，通过呼吸和非显性蒸发损失的水的量为 0.35～0.4 L，另外还有 0.1～0.15 L 的水通过大便排出。如果劳动强度或产热增加，呼吸和非显性的水损失上升。在这种情况下如果不增加水的摄取量，尿的浓度将升高。在空间环境中，人体所需水的量与座舱微气候环境、重力环境、物理活动、饮食和生理功能有关。除了饮用水外，还需要一定量的卫生用水。表 3-4 给出了美国航天飞机和国际空间站用水量的设计指标。

表 3-4 用水量设计标准 kg·人$^{-1}$·d^{-1}

类别	航天飞机用水量设计标准			国际空间站用水量设计标准		
	最小	额定	最大	最小	额定	最大
饮用水	0.27	1.70	3.57	0.21	1.62	1.77
食品准备	0.73	0.89	1.22	0.4	0.79	0.91
淋浴				1.82	2.72	2.72
洗手				3.63	4.09	4.54
口腔卫生				0.00	0.40	0.40
洗衣				不详	12.5	12.5
大小便冲洗				0.00	0.49	0.73

3.1.2 人体生理代谢产物

人体每天都要产生一定的代谢产物。人体摄取物质的氧化反应的所有产物，以及人所消耗的来自外界的水，完全由机体排放到周围环境中：

① 呼吸时向大气中排出二氧化碳；

② 渣质同粪便和尿一起排泄出去；

③ 部分水通过蒸发从皮肤和呼吸系统排到大气中。

空间站上航天员的代谢产物量如表 3-5 所列。

表 3-5 国际空间站废物处理设计参数

种类	每人每天平均值/kg	种类	每人每天平均值/kg
二氧化碳	1.00	卫生用水	12.58
水蒸气(出汗、呼吸)	2.28	卫生用水中的固体物质	0.01
尿(固态物质)	0.06	食品准备产生的水蒸气	0.04
尿(液态物质)	1.50	试验产生的水蒸气	0.454
汗中固体物质	0.02	洗衣产生的水蒸气	0.06
大便中的固体物质	0.03	洗衣用水	11.9
大便中的水分	0.09	洗衣固体物质	0.08
代谢产生的水	0.354	活性炭	0.059
冲小便池用水	0.5	食品包装	0.454
卫生用水产生的水蒸气	0.43	废物	0.817

3.1.3 人体与环境的物质和能量交换

从上面的讨论可以看出，人体与环境的物质和能量交换与人体负荷、体重、食物结构和性别有密切关系。图 3-1 表示当人体负荷为 145.8 W 时，人体(每人每天)与环境进行物质和能量交换的一种情况。关于人体与环境进行物质和能量的交换有相关的数学模型进行详细的分析计算。

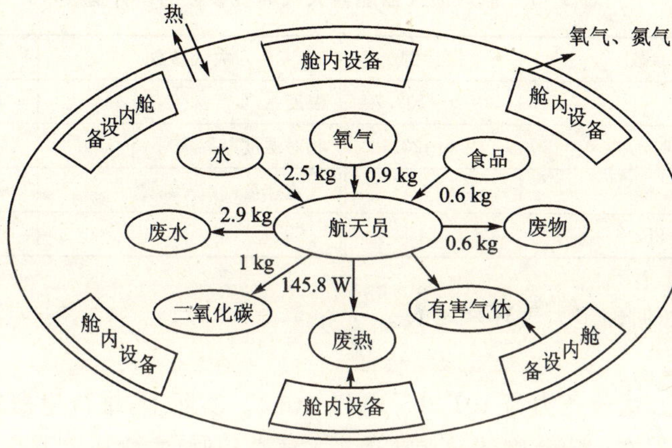

图 3-1 人体与环境之间的物质和能量交换

3.2 适居的环境条件

除了维持生命的必需品之外，人的生存还需要有适居的环境条件，这对于保证航天员工作和生活的舒适性，维持健康的心理状态是十分重要的。对于短期的载人航天任务，适居的环境条件主要指大气条件、噪声、振动、辐射和卫生条件等。对于较长期的载人航天任务而言，适居的环境条件所包含的含义更广泛，涉及人际关系、隐私权等。表 3-6 给出了描述适居性的一些指标。

表 3-6 适居性指标

基本的适居性指标		长期的适居性指标	
气 候	气 味	乘员组组成	隐 私
照 明	噪 声	人际关系	心 理
色 彩	振 动	矛盾处理	娱 乐
装 饰	加速度	工作动力	
辐 射	内部空间	人际交流	
污染控制	卫生条件	进食周期	
	食 品		

3.2.1 大气条件

环境大气条件是适居性的重要指标，对于保证乘员的舒适性和安全性都具有重要意义。环境大气参数主要包括大气成分、压力、温度、湿度、微量污染物等。某航天器大气环境参数的设计值如表 3－7 所列。

表 3－7 载人航天器舱内大气环境参数的设计值

大气参数	设计值	大气参数	设计值
总压/kPa	99.9～102.7	温度/(℃)	18.3～26.7
氧气分压/kPa	19.5～23.1	相对湿度/(%)	25～70
氮气分压/kPa	79	气流速度/($m \cdot s^{-1}$)	0.076～0.203
二氧化碳分压/kPa	0.4		

下面分别讨论如何确定大气环境参数。

1. 气　压

在地球海平面上，大气压力为 101 325 Pa(1 atm)。实际上，维持生命最重要的是氧气分压，总的大气压力可以在一定范围波动。在选择大气总压时，主要从以下几方面进行考虑：

(1) 合适的氧分压；

(2) 合适的气体成分，减小材料的可燃性；

(3) 合适的气体密度，满足电子设备冷却的需求；

(4) 舱内气压与航天服压力比值要适当，降低出舱活动发生减压病的可能性；

(5) 舱体结构强度及密封性的要求。

气体压力、成分的选择与航天任务有关，特别是涉及到出舱活动时，应综合考虑上述因素，选择适宜的折中方案。

除了保证舱内大气压力外，大气压力变化的速率也要控制在人体生理所能承受的范围之内。从生理学角度来看，大气压力变化可能导致气压性创伤、爆炸减压综合症和高空减压病。当受到外部气压变化的影响，游离气体瞬时进入组织或体腔内时，可能发生气压性创伤。体腔壁两边产生的压差可能引起疼痛和组织损伤。外部压力下降得过快，使肺内和其他充满气体的腔内瞬时产生过大的压力差，于是就发生了爆炸减压。当环境压力低到 11.03 kPa 时，肺就可能破裂。如果在这种情况下发生肺组织撕裂，则血管也将发生严重的问题，肺内正压将迫使气体进入血流，产生可能致命的气栓。当溶解在组织中的气体分压超过了这些气体的环境分压力时，就会发生减压病。当大气中的稀释气体(一般为氮气)的初始分压不超过最终减压压力(大于 8.27～6.89 kPa)时，正常减压是没有问题的。如果超过了这些限值，在减压前必须减少组织中溶解的惰性气体(进行吸氧排氮冲洗)，以避免产生减压病的危险。

通过限制压力变化的速率可以避免发生气压性创伤。标准规定座舱增压率最高限值应小于0.66 kPa/s(5.0 mmHg/s)，最佳增压率为0.024 kPa/s(0.18 mmHg/s)；座舱减压率最高限值为1.33 kPa/s(10 mmHg/s)，允许值为0.033 kPa/s(0.25 mmHg/s)，飞船座舱压力变化应控制在此范围内。例如，在美国航天飞机上，出舱活动之前，只将舱内压力从正常的101.3 kPa降到70.3 kPa，然后再在气闸舱内调节到航天服的压力水平。在规定的减压和再加压程序中，压力变化的最大速率为0.69 kPa/s；在应急再加压期间，压力增加的速率限制到6.89 kPa/s。

2. 大气成分

(1) 氧　气

对航天员生理需要来说，氧气是最重要的大气成分。在地球上，海平面的氧分压为21.19 kPa。当空气被吸入到肺中时，由于二氧化碳和水蒸气量的增加，氧气被稀释了。因此在肺泡内，氧分压为13.86 kPa。在大气层内，总压和氧分压随着高度不同而变化。高度一直到1 830 m，肺泡内氧分压为10.34 kPa，都几乎可以及时地习服(重体力劳动，需要最大的氧摄入量除外)。在3 660 m高度，肺泡内氧分压为7.24 kPa，虽然人可以持续生活，但需要极大地生理习服这种条件，生活在这样高度的人不可能与生活在海平面的人同样生活。

在海平面，对不习服的人，肺泡氧分压为11.38 kPa时，就有明显的缺氧症状。视觉的某些方面，如低照明的色觉阈值，开始受到影响。当肺泡内氧分压在9.17～10.82 kPa时，某些类型的精神效能(如学习新任务)开始受到影响。当肺泡氧分压为4.62 kPa时，意识开始受到影响。

除了潜水员、某些航空人员及用氧进行治疗的病人之外，正常情况下，人肺泡内氧分压不会超过13.86 kPa。当氧分压过高时，将会引起高氧反应，即氧中毒。

肺泡氧分压计算式如下：

$$P_{O_2}^{a} = F_{O_2}^{i}(P_B - 6\ 266.134\ \text{Pa}) - P_{CO_2}^{a}\left[F_{O_2}^{i} - \frac{1 - F_{O_2}^{i}}{R}\right] \tag{3.4}$$

式中，$P_{O_2}^{a}$、$P_{CO_2}^{a}$——分别为肺泡氧分压和肺泡二氧化碳分压，Pa；

$F_{O_2}^{i}$——呼入气体的氧的质量分数度；

P_B——大气压力，Pa；

R——呼吸商。

由式(3.4)，可以确定大气压力、大气成分和肺泡氧分压之间的关系。

航天飞机环境控制系统维持氧分压在(22.06±1.72) kPa，位于海平面氧分压的正常范围以内。飞行任务要求规定，当氧分压降到16.13 kPa以下时，应当戴上氧气面罩。

(2) 二氧化碳

在地球上正常情况下，户外二氧化碳质量分数接近于0.04 %。在室内由于呼吸产生二氧化碳，当人多而通风不好时，二氧化碳质量分数就会增加。故在航天器舱内和航天服中，二氧化碳的积累是一个问题，需要环境控制系统进行清除。在美国航天飞机上，用氢氧化锂清除。对于长期的星际航行，可以用植物吸收二氧化碳，同时还产生氧气和食物。

大气中二氧化碳分压增加时，对生理的影响取决于其质量分数和暴露时间。对二氧化碳质量分数增加的急性反应为潮气量、呼吸率和每分钟通气量增加。二氧化碳对机体的慢性作用，除与急性反应大致相同外，还可能干扰身体的酸碱平衡。

正常的航天飞机飞行期间，二氧化碳分压限值为 1.03 kPa。当二氧化碳分压超过 2.07 kPa时，航天员应当戴氧气面罩。在航天服内，代谢率一直到 469 W，二氧化碳分压的限值为 1.03 kPa，对于更高代谢率，二氧化碳分压的限值可以提高到 1.38 kPa。

(3) 水蒸气(湿度)

地球大气中水蒸气分压是大气暴露于自由水面情况和温度的函数。相对湿度是指空气中水蒸气分压力与相同温度下的饱和空气的水蒸气分压的比值。高的相对湿度有时与冷凝有关，可能导致微生物和真菌生长。绝对湿度，或实际水蒸气分压，是湿度重要的生理度量值。低湿度引起眼睛、皮肤、鼻喉黏膜干燥和嘴唇皲裂，保护呼吸道的纤毛失去活性，导致呼吸器官感染的发病率增加。除直接的生理影响外，湿度还影响热散失和热平衡。1.31 kPa 的水蒸气分压是适居的最佳值。美国航天飞机环境的水蒸气压力控制在 0.83～1.86 kPa 范围内。

(4) 其他气体

航天器舱内大气中还存在许多其他物质。尽管航天器内部及有效载荷的材料是经过仔细选择的，在飞行前经过了大量试验，但构成材料会产生某些脱气产物还是不可避免的。释放的化学物质包括聚合物产生的单分子物质、来自制冷剂管道和推进剂系统的气体、由烹调和准备食品产生的物质以及与再生式生命保障系统有关的物质，包括一氧化碳、某些藻类产生的其他有害物质、植物分解产生的甲烷和硫化氢等。

此外，航天员的生理代谢产物的污染成分也十分复杂。

“水星”飞船座舱大气中的污染物有 46 种。“天空实验室”、“阿波罗”飞船和“和平”号空间站中污染气体多达 300 多种。航天飞机有 152 种污染气体。

为了满足航天员的生理需要，环控生保系统必须针对不同类型的污染物采取不同的控制措施。表 3-8 是“神舟”号飞船舱内有害气体控制的允许浓度。对于长期飞行任务，舱内微量有害气体的浓度限制更加严格。

3. 温　度

大气温度是维持航天员体内热平衡的重要因素。人体内温度受生理结构及感觉行为反应的调节。由于热量获得和散失的暂时不平衡而发生体温变化，因而身体热量存在相当大的波动。生理热调节控制反应包括：寒冷时颤抖和血管收缩，炎热时出汗和血管舒张。太冷和太热的环境都会产生不舒服的感觉，会影响工作效能。热舒适对维持最佳工作效能是一个关键因素。如图 3-2 所示，将温度环境分为舒适区、代偿区和不能代偿区。舒适区是指人体能够在其中长时间停留，并维持热舒适性状态。理想的舒适性条件是以最小的蒸发、辐射、对流换

表 3－8　“神舟号”舱内主要有害气体的允许浓度

有害气体名称	允许浓度/(mg·m^{-3})	有害气体名称	允许浓度/(mg·m^{-3})
一氧化碳	25	乙　酸	5
氨	10	甲　醇	25
甲　胺	1	乙二醇	100
硫化氢	1	醛	0.5
甲硫醇	0.5	乙　醛	20
吲　哚	1	苯　酚	2.5
3-甲基吲哚	0.5	苯	5
丙　酮	240	甲　苯	50
乙　醇	200	二氯甲烷	85

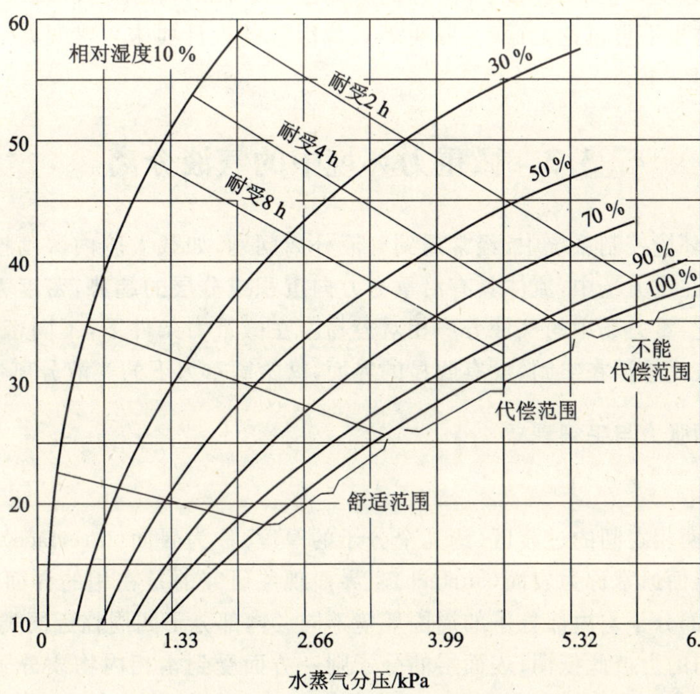

图 3－2　人体的热舒适性范围

热量就能维持人体的热平衡，而且不出现出汗、寒战等体温调节生理反应。代偿区是指人体通过一系列的生理调节机制，可以完全和部分维持热平衡的温度环境。根据其对人体的影响，又可分为不同的耐受限区，如能耐受 8 h 以上的温度环境，人在这样的条件下能够保持热平衡和进行日常工作。不能代偿区是指机体即使充分发挥其生理调节机能也难以维持热平衡的温度环境。该区域为人体对极端温度环境的耐受限度。

4. 气流速度

在载人航天飞行中，由于自然对流和扩散的消失，座舱内必须用强制手段保证有一定的气流速度。这样一方面有利于座舱内大气成分的均匀和微量污染物的扩散，另一方面对于保证人体的热舒适性也有一定的帮助。乘员活动区的风速一般为 0.2～0.5 m/s。

3.2.2 其他物理因素

对于一个适居的环境，还必须考虑辐射、失重、振动、噪声、照明、色彩等其他物理因素对人生理和心理的影响。失重对人体生理的影响还不是十分清楚。一般来说，航天员在失重环境中生活的时间不超过一年。在空间站上工作的航天员要定期轮换。如果时间过长，就要采用人工重力等方法减少失重环境对人体生理的影响。关于辐射，在空间环境一章已经进行了较为详细的说明，这里不再讨论。振动、照明等其他因素的设计要求可参见《人—机—环境系统工程生理学基础》一书。

3.3 微重力环境中的气液分离

在载人航天环境控制系统中，经常遇到气液分离问题，如载人舱内湿度控制、水和尿液的再生过程等等。在重力场中，流体具有沿重力方向沉积或分层的趋势，密度大的在下面，密度小的在上边，因此，重力场中的气液分离相对容易。在微重力条件下，不同密度的介质将不再相对沉淀，而是彼此悬浮在空间，没有明显的界面，这给微重力下的气液分离带来很多问题。

3.3.1 表面张力与毛细现象

1. 表面张力

密切接触的两相之间的过渡区（约几个分子的厚度）称为界面（interface）。如果其中的一相为气体，这种界面通常称为表面（surface）。界面现象研究的是在相的界面上发生的一些行为。物质表面层的分子与内部分子的周围环境不同。内部分子四周临近同类分子的作用力是对称的，各个方向的力彼此抵消；表面层的分子则一方面受到本相内物质分子的作用，另一方面又受到性质不同的另一相中物质分子的作用，因此表面层的性质与内部不同。比如说一个气液界面，对于一个位于或接近界面的液体分子，它所受到的其他分子的作用力不平衡，而是有一个指向液相的合力。由于这样一种界面现象的存在，液体趋向于具有最小表面积的形状，在真空中一个自由下落的液滴的形状将成球形。为了增加液相的表面积,就必须对液体做功,因为要将一定的液体分子从液体内部移到界面。这部分功最终转化为液体的能量,把与这部分功相关的能量称为表面能。

任何系统当它达到平衡状态时也就是具有最小能量的状态。液体在平衡条件下具有最小的表面积。存在一种阻止表面积增加的力,这种力的方向与液体表面相切,其作用趋势是缩小表面积,这种力就是表面张力。如果液面是平面,表面张力就在这个平面内,而且作用在任何一部分液面上的表面张力,总是跟这部分液面的分界线垂直。表面张力 f 的大小与分界线长度 l 成正比,因此可以写成

$$\frac{f}{l} = \sigma \tag{3.5}$$

比值 σ 叫做液体的表面张力系数或表面张力,在数值上等于在液体表面的单位长度的分界线上所受的表面张力,单位通常用 dyn/cm(达因/厘米)。其大小决定于液体的种类和温度。表 3-9 所列出的是几种液体的表面张力系数。

表 3-9　几种液体的表面张力系数

液　体	温度/(℃)	σ/(dyn·cm^{-1})	液　体	温度/(℃)	σ/(dyn·cm^{-1})
水	0	75.6	乙　醚	20	17
水	50	67.9	酒　精	20	22
水	100	58.8	水　银	15	487
肥皂溶液	20	40	液态的铁	1 267	963

图 3-3 是一种测量表面张力的实验。把金属丝弯成 U 形框架,另一根金属丝可在框架上滑动。把框架放在肥皂液中,然后取出。框架上就有了一层肥皂膜。由于表面张力的作用,会把滑动的金属丝拉上去,一直到框架顶部。若在金属丝下面吊一重物,如果重物与滑动金属丝的重量之和与向上的表面张力平衡,金属丝就保持不再滑动。由于肥皂膜有两个界面,因此表面张力作用在长度为 $2l$ 的边界上

$$f = 2\sigma \cdot l$$

设想在上述装置中,用一个与液膜表面张力大小相等的外力 F 拉金属丝的下边,使之移动距离 Δx,则此力所做的功为

$$W = F\Delta x = 2\sigma/\Delta x = \sigma\Delta S$$

由上式得:

$$\Delta S = 2l\Delta x \tag{3.6}$$

外力所做的功转化为液膜的表面能

$$\Delta E_{表面} = \sigma\Delta S \tag{3.7}$$

因此,表面张力系数或表面张力也可看作是单位面积所具

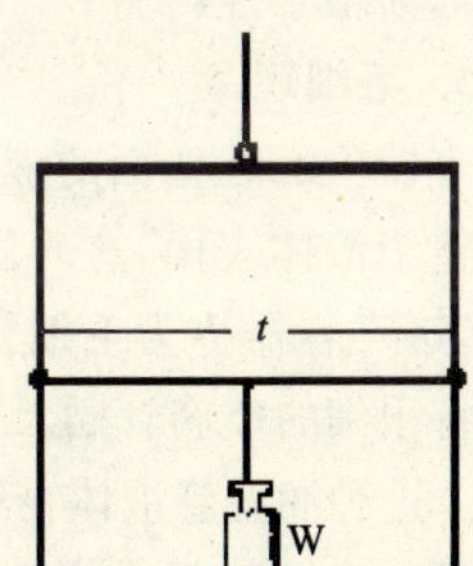

图 3-3　表面张力实验

有的表面能。

2. 接触角

当液体和固体接触时，也存在表面张力，此时液体表面的形状取决于作用在液面上的三种力，即液体、气体和固体三种介质中任意两相界面上的表面张力。由经验可知，不同种类的液体与固体表面接触时，其表面形状是不同的。比如说，将水银液滴放在玻璃板上时，水银呈现一个椭圆球的形状；若液滴为水，则成为一个凸透镜的形状。对于前者称水银不能浸润玻璃，而后者则称水能浸润玻璃。与固体壁面及液体表面相切的两条切线之间的夹角称为接触角(如图 3-4 所示)。用接触角可以区分以上两种情况。

令液体、固体和气体的三相分界点为 O，在点 O 处有三种表面张力：固体与气体界面的表面张力 $\sigma_{v,s}$、固体与液体界面的表面张力 $\sigma_{s,l}$、液体与气体界面的表面张力 $\sigma_{l,v}$。当系统处于平衡状态时，沿壁面的合力应等于零，即：$\sigma_{s,l}+\sigma_{l,v}\cos\theta=\sigma_{v,s}$

得

$$\cos\theta=(\sigma_{v,s}-\sigma_{s,l})/\sigma_{l,v} \tag{3.8}$$

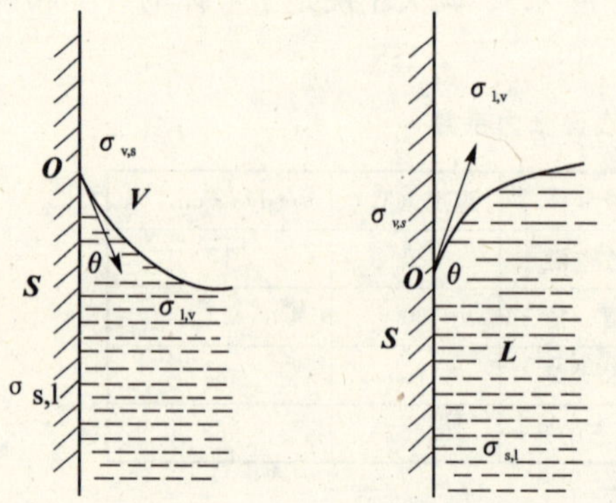

(a) $\theta<\frac{\pi}{2}$　(b) $\theta<\frac{\pi}{2}$

图 3-4　液体的弯月面形状与接触角

接触角仅仅与三种接触介质的性质有关。若 $\sigma_{v,s}>\sigma_{s,l}$，即气体与固体介质之间的表面张力大于固体与液体之间的表面张力，则接触角为锐角($\theta<\pi/2$)，液体表面为凹形弯月面，如图 3-4(a)所示，表示液体能浸润固体表面；反之，若 $\sigma_{v,s}<\sigma_{s,l}$，接触角为钝角($\theta>\pi/2$)，则如图 3-4(b)所示，表示液体不能浸润固体表面；当 $\theta=0$ 时，则液体能完全浸润固体表面；当 $\theta=\pi$ 时，则称液体完全不浸润固体表面。水几乎能完全润湿干净的玻璃表面，但不能润湿石蜡；水银不能润湿玻璃，但能润湿干净的铜、铁等。凡能被水所浸润的材料，称为亲水性材料，否则称为憎水性材料。

3. 毛细现象

容器中靠近壁面的液体表面呈弯曲面，当液体的自由表面不大时，固体壁面的影响可以扩展到整个液体表面，这时固体之间的距离与液体表面的曲率半径可比拟，使整个自由表面呈弯月形，这类容器称为毛细管。

将很细的玻璃管插入水中时，管中的液面会升高；但若把玻璃管插入水银中，管中的液面却下降。这种润湿管液体在细管中升高，不润湿管壁的液体在细管中下降的现象，叫做毛细现象。

毛细现象的最大特点是毛细管的抽吸作用，毛细现象是由毛细压差引起的。由于表面张力的存在，当液面弯曲时会造成液面两边的压力差，这一压差称为毛细压差。对于一个半径为 R 的液滴，其内外表面的压差为

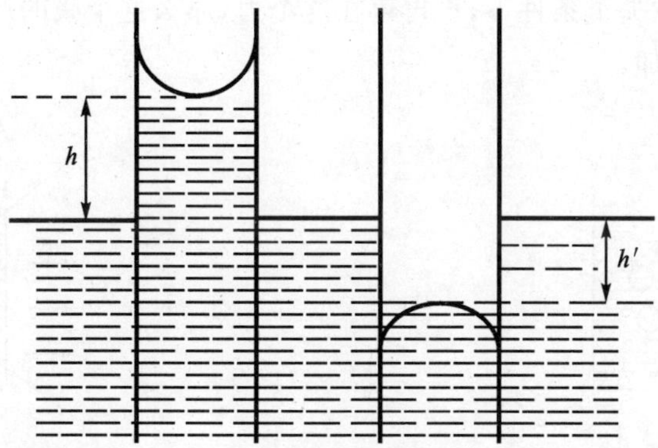

图 3-5　毛细管现象

$$\Delta p = p_{内} - p_{外} = \frac{2\sigma}{R} \tag{3.9}$$

液滴越小,内外压差越大。

在毛细管中,液体弯月面的曲率半径与接触角直接相关,液体达到平衡位置时,其曲率半径最小

$$R_{\min} = r_c / \cos\theta \tag{3.10}$$

式中,r_c 为毛细管管径。

与此相对应的弯月面两侧的压差,即毛细压力为最大:

$$\Delta p_{c,\max} = \frac{2\sigma}{R_{\min}} = \frac{2\sigma\cos\theta}{r_c} \tag{3.11}$$

3.3.2　失重状态下的气液分离

1. 利用毛细现象进行气液分离

由于微重力的出现,阿基米德浮力几乎消失到可以忽略不计。因此,在地面条件下由于密度差引起的气液分离机制失效,而且在很微小的干扰力作用下就能遭到破坏,因此就导致了在某些物理、化学、电化学过程中的气液分离表面上的重大变化。例如:在地面条件下液体蒸发时所发生的散热过程,如图 3-6 所示,在加热表面 1 上出现蒸发现象。

当气泡达到一定大小,由于浮力的作用开始上升并脱离加热表面而浮动到外表面,而后离开液体跑到大气中。而在失重条件下,由于浮力的消失,气泡不是上升,而是逐渐累积在加热表面上,这时,蒸气相将使加热壁与液体分开,使热量不能传到液体上而使加热壁过热,致使热传递过程终止。在容器中,这一蒸气相的累积还会导致液体从蒸发器中溢出来。如果蒸气 4 在温度较低的表面 5 上发生冷凝时,则在表面 5 上形成冷凝膜 6,它在重力的作用下向下流动(如图 3-7 所示)。当冷凝膜积累到一定程度时,由于重力的作用会自行使膜保持一定的厚度，不再继续增加。而在失重条件下，不再存在这个力，那么这个膜的厚度就会逐渐加厚，使热传导过程的导热热阻增加。

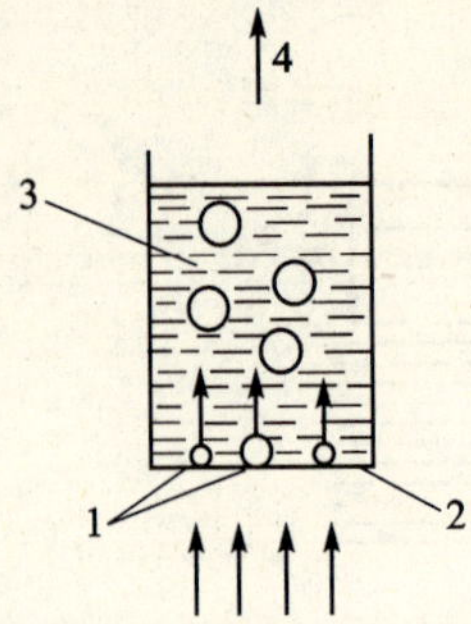

图 3-6　液体蒸发过程

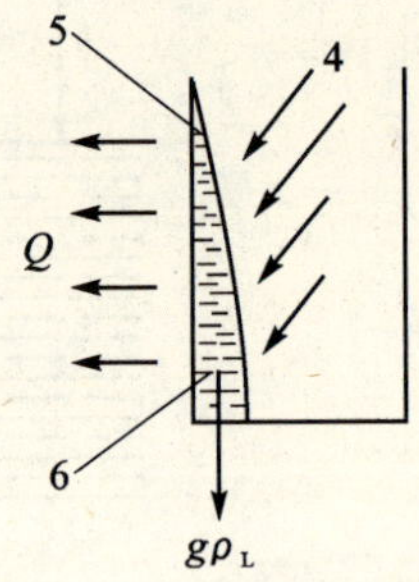

图 3-7　蒸气冷凝过程

基于上述原因，失重条件下，气液相分离多采用表面力和多孔毛细管原理。如图 3-8(a)所示，亲水性多孔材料两侧分别存在有气体和液体，液体（如水）进入毛细孔中，在两边介质的压力下建立如下平衡关系：

$$\Delta P = P_g - P_L = 2\sigma\cos\theta/r \tag{3.12}$$

在这种情况下，只要 ΔP 小于 $2\sigma\cos\theta/r$，则液体就可以通过毛细孔，而气体则不能通过，以达到气-液分离的目的。如果多孔材料是憎水性，如图 3-8(b) 所示，只要压差小于毛细压差，则液滴不能穿过毛细孔，而气体能通过。总之，亲水性材料允许液体通过，不允许气体通过；而憎水性材料允许气体通过，不允许液体通过。利用这一原理可以达到气-液分离，也可以用来保持气液交界面的稳定性。

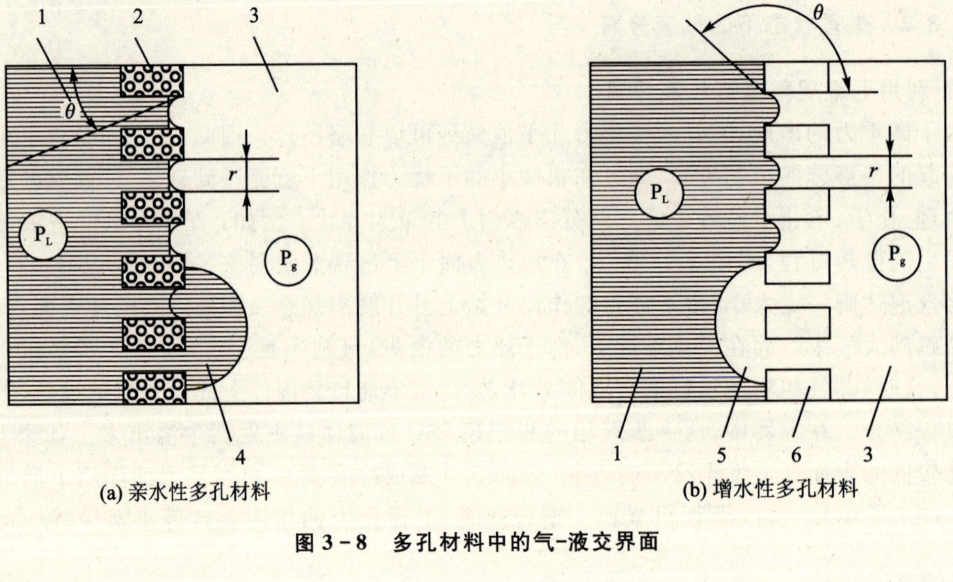

图 3-8　多孔材料中的气-液交界面

图 3-9 是气液混合流体在流动中实现气液分离过程的示意图。图 3-10 是利用上述原理的相变过程的气液分离器。在图 3-10(a)中,3 为循环流动的冷却介质,潮湿的空气 1 在亲水性多孔材料表面 2 上被冷凝,当温度降至露点以下时则从潮湿空气中冷凝出水滴,然后被泵 5 抽到冷凝液收集腔 4 中,再通过泵 5 形成的一定压差 ΔP 输送到预定地点进行储存或处理。在图 3-10(b)中,气体通过多孔材料 10 可以实现液体的蒸发和沸腾。憎水材料距离加热表面 8 有一定的间隙 9。当液体在这一间隙 9 中沸腾时,气泡 7 逐渐增大以至与憎水材料接触,然后穿过憎水材料 10 进入腔 11。最大允许压差决定于多孔材料的结构和性能。因此,对它的孔隙率、孔的均匀性,有些特殊要求。

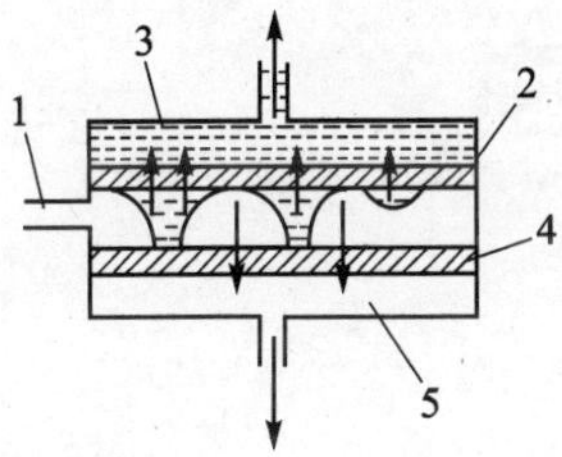

1—气液混合流体入口； 2—亲水性多孔材料；
3—5— 液体和气体收集腔； 4—憎水性多孔材料

图 3-9　气液分离过程示意图

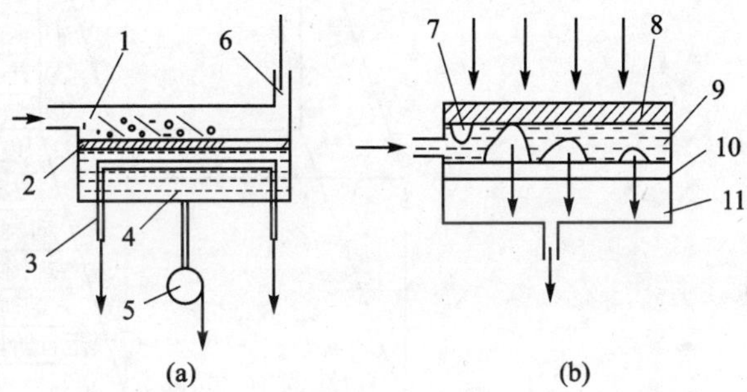

1—湿空气； 2—亲水材料； 3—冷却介质； 4—冷凝液收集腔；
5—泵； 6—干空气出口； 7—气泡； 8—加热表面；
9—间隙; 10—憎水性多孔材料； 11—蒸气腔

图 3-10　液体的蒸发与冷凝

2. 利用离心力的气液分离

失重条件下,气液相分离的另一种方法是利用离心力的原理。在重力场中,物体做圆周运动时所受到的离心力为

$$F = mv^2/R \tag{3.13}$$

式中,m——物体的质量;

v——物体作圆周运动的线速度;

R——物体做圆周运动的半径。

如果气液混合物同时作圆周运动,则因两者的质量不同而使所受到的离心力不同,也可以把不同密度的物质分开。利用上述离心力原理,则可形成各种形式的气液分离器。

3.4　载人航天环控生保系统设计方法

3.4.1　应用系统工程学的方法论进行环控生保系统设计

所谓系统工程学的方法论,是指在更高层次上,指导人们正确地应用系统工程的思想、方

法和各种准则去处理问题。在系统工程学方法论中，具有代表性的方法是霍尔（A·D·Hill）1969年提出来的三维结构法。霍尔的三维结构体系由时间维、逻辑维和知识维构成，其结构图如图3－11所示。时间维反映了系统实现的过程；逻辑维表示用系统工程方法解决问题的步骤；知识维反映了系统所涉及到的各种专业技术知识。

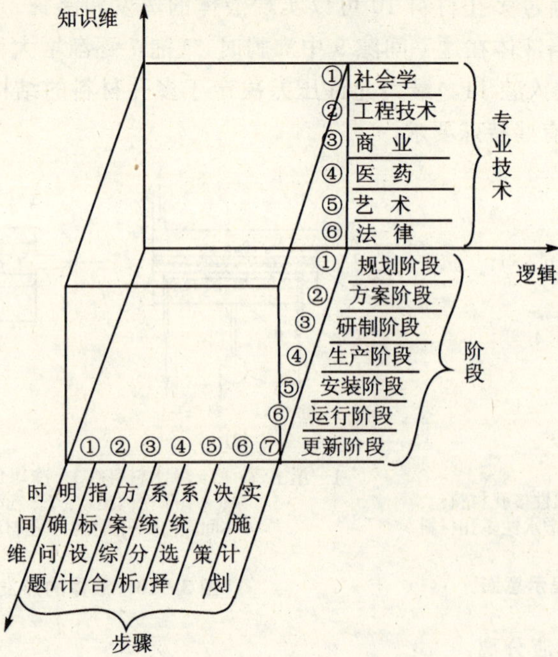

图3－11　三维结构图

我国在三十多年的航天技术发展过程中形成了一套完整的型号管理办法，这就是航天工程管理的方法学。它把时间维和逻辑维合二而一，成为型号研制阶段，每个阶段既有时间概念又有明确的步骤和技术节点（即目标）。结合环控生保系统的实际，将这7个阶段分述如下：

（1）概念论证阶段：与载人航天器总体设计部门一起提出环控生保系统功能任务目标；

（2）可行性论证阶段：按照系统的任务和功能目标制定系统初步方案，进行系统可行性方案论证；

（3）方案设计阶段：进行系统方案设计，确定系统结构、性能参数、内外部技术接口关系和接口参数；

（4）模样研制阶段：设计方案验证，设计制造性能试验件，进行方案验证试验，验证方案的可行性、技术接口的协调性；

（5）初样研制阶段：全面进行系统产品设计、制造、性能试验、环境试验、参加载人航天器大系统试验，检验系统性能指标，适应环境条件的能力，验证各系统间技术接口的协调性；

(6) 正样研制及飞行试验阶段：在初样产品研制的基础上进行正样或上天产品研制，并进行飞行试验，检验系统在空间飞行过程中的性能是否符合系统设计目标，进行改进设计；

(7) 定型装备阶段：在多次飞行试验的基础上，确定提供用户进行装备的系统技术状态，进行定型生产、检验(及试验)，交付使用与服务。

ISO9001 质量管理体系是系统科学和系统工程学的理论方法在工程系统从策划、研究、设计、制造、试验、运行到售后服务全过程中进行质量控制的最全面地体现。环控生保系统作为载人航天器大系统中的一个重要而复杂的系统，确保环控生保系统的高质量、高可靠性和高安全性，就是确保航天员的生命安全，只有全面自觉地执行以 ISO9001 中各个控制要素为基础的质量管理体系文件，才能实现环控生保系统的高质量、高可靠性和高安全性。

3.4.2 利用最优化设计技术进行环控生保系统设计

1. 最优化设计概述

在系统设计或部件设计时，总希望从许多可行的方案中选出一个最优的方案，这就是最优化问题。

最优化技术就是用于研究和解决最优化问题的一门科学。它研究和解决如何从一切可能的方案中寻求最优的方案。最优化技术首先研究如何把最优化问题表示成数学模型，然后根据数学模型的类型，尽快求出其最优解。

最优化问题的数学模型包括约束函数(约束条件)和最优化目标函数等。目标函数和约束函数均为线性函数的最优化问题称为线性规划；目标函数和约束函数为非线性函数的最优化问题为非线性规划。解决线性规划问题的主要方法是单纯形法，此外有匈牙利法和稳枚举法等。解决非线性规划问题的主要方法有单变量函数寻优(变量轮换法、一阶梯度法、共轭梯度法、单纯形加速法)；等式约束条件下多变量函数的寻优(拉格朗日法、罚函数法等)；不等式约束条件下多变量函数的寻优(拉格朗日乘子法、罚函数法、可行方向法等)。

在生产实践和科学实验过程中，往往要按照预定的任务完成某种受控过程，在条件允许的范围内选择最优的措施来控制过程的发展，以期达到最好的目标，这就是过程最优化。动态规划就是与过程最优化问题紧密相连的最优化技术。

动态规划是基于“最优化原理”的一种方法。它把一个有 N 个阶段的过程最优化转化成为一系列 N 个单阶段优化(决策)的过程，也就是化为逐一做出决策的 N 个最优化子问题。

最优化技术已经较为普遍地用于机械、化工、电子、航空和航天领域，在科学实验中更是得到较为广泛地应用。在环控生保系统研究中也有一些应用实例。

2. 环控生保系统中的最优化目标

环控生保系统设计最优化是在载人航天器总体和航天医学总体对环控生保系统的功能任务、性能技术指标等要求(即约束条件)下，从多个可行的系统方案中选择出最优的方案。选择最优方案，首先应明确什么是环控生保系统的最优方案，要确定最优化的目标。在最优化技术中，描述最优化目标的数学表达式，即为最优化目标函数，用优化方法求解最优化目标函数，求出最优解，这个最优解就是最优方案。进行环控生保系统最优化方案设计，首先是建立环控生保系统的最优化目标函数。

对于载人航天器来说（环控生保系统也不例外），系统质量、能量（电能）和占用空间（体积）是突出的三大矛盾，其中能量和体积也可利用折合系数将它们转化成代价质量。因此，在规定的功能任务和性能技术要求下，系统质量大小是衡量一个系统（载人航天器或者一个系统、一个设备）优劣的综合评价目标。环控生保系统最优化目标函数表达式：

$$T = G_S + G_W + G_V \tag{3.14}$$

式中，T——目标值(kg)；

G_S——系统的质量(kg)；

G_W——系统的能耗（电能消耗）代价质量(kg)；

G_V——系统的体积代价质量(kg)。

$$G_S = G_{S0} + G_{S1} \tag{3.15}$$

式中，G_{S0}——系统的结构质量(kg)；

G_{S1}——系统的消耗性物质的质量(kg)。

$$G_W = K_W \cdot W \tag{3.16}$$

式中，K_W——电能代价因子($kg \cdot W^{-1} \cdot h^{-1}$)；

W——系统电能消耗($W \cdot h$)。

$$G_V = K_V \cdot V \tag{3.17}$$

式中，K_V——体积代价因子(kg/m^3)；

V——系统体积(m^3)。

环控生保系统最优化目标函数表达式也可以采取另外的表述方式。例如，使用加权因子将系统的质量、能耗和体积等目标函数转化成系统综合目标函数的分量叠加。

$$T = K_g \cdot G_S + K_W \cdot W + K_V \cdot V \tag{3.18}$$

式中，K_g、K_W、KV 分别为系统质量、能耗和体积的加权因子，按照质量、能耗和体积在综合目标中的重要程度和设计约束由设计师主观选定对它们的限制程度。

3. 环控生保系统最优化设计数学模型

数学模型是描述一个功能部件、一个子系统、一个分系统和一个系统的主要性能的数学公式，是进行最优化设计和数学模拟所必需的素材。环控生保系统优化设计数学模型构成如图 3-12 所示。

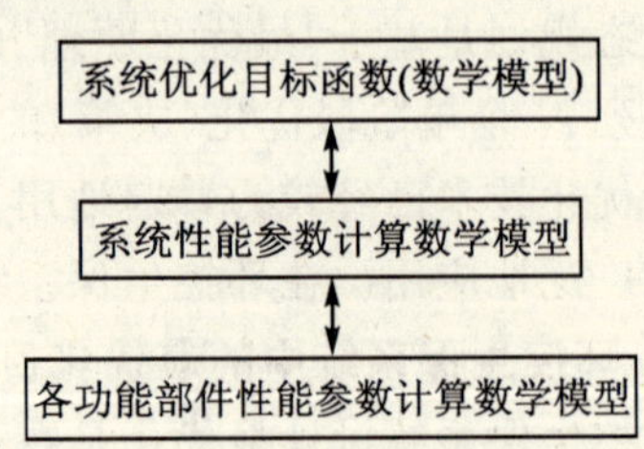

图 3-12 优化设计主要数学模型构成图

在进行环控生保系统优化设计之前，首先要进行系统分析、确定什么是系统优化的目标，影响目标的变量是什么，变量与目标值之间有什么关系，根据这种分析，写出表达变量与目标值之间关系的数学表达式，即建立目标函数。

目标函数或系统决策数学模型中的变量是由系统各主要性能参数的数学模型计算出来的，这些性能参数计算公式及数学模型又与各功能部组件性能参数计算公式有关系。

在建立目标函数时，需要对目标函数中各变量如质量、能耗、体积、可靠性、安全性、经济性等进行必要的数学处理，因为这些变量在量纲、量级大小以及优化方向(即寻求最大，还是最小)上差别很大。就量纲而言，处理的方法是，对各个候选方案(系统方案)的同类变量(如质量、能量、体积等)进行比较，以最小的变量去除各系统的同类变量，得到一个量纲为1的量。经这样的处理，不仅将所有的变量都变成了量纲为1的量，而且在其数值大小上也比较接近了。进行优化时，系统质量、能耗、体积及经费等数值越小，系统越优，而可靠性、安全性越高，目标值越大，系统越优。这与质量、能耗和体积等正相反，必须进行数学处理才能将它们归纳到同一个目标函数中去。

系统的可靠性、安全性越高，它们的不可靠性(失效率)、不安全风险度越低，它们之间有个换算关系，就是：

可靠性 $R_i=1-F_i$ F_i——某系统的不可靠性(失效率)；

安全性 $S_i=1-D_i$ D_i——某系统的不安全性(风险度)。

3.4.3 环控生保系统的计算机仿真技术

为了弄清一个复杂系统的规律，一个最有成效的方法就是以相似理论为基础的数学模拟。数学模拟有利于集中信息资源，用概括的、对广泛现象进行组合都能适用的方式来表述信息，模拟系统的各种功能及特性，为物理模拟和设计提供理论根据。过去，由于缺少有用的理论和计算工具，在进行环控生保系统方案选择时，必须花费相当多的钱和时间进行实物试验，验证系统方案的可行性和合理性。而今，在方案选择、样机制造和进行费钱的系统试验之前，可以利用计算机和数学模型进行模拟，验证方案或所选技术的可行性和对环控生保系统技术要求的适宜性。

用数学公式描述环控生保系统或其功能部组件的主要性能，这种数学公式就是环控生保系统或其部组件的数学模型。依据所要解决的任务的性质，环控生保系统数学模型的形式有多种。

(1) 按相似性研究对象分类

系统运行过程模型；结构模型；质量交换模型；能量交换模型；质量模型；体积模型；可靠性模型(可靠性保障)；安全性模型(安全保障)。

(2) 按应用阶段分类

设计模型；研制阶段模型(生产经济特性)；乘员维修系统模型(乘员工作量)；固定和过渡状态模型(过程发展时间)。

(3) 按模型用途分类

最优化模型;预测模型(预测系统特性随时间的变化)。

(4) 按环控生保系统类型分类

消耗性系统模型;物理/化学再生式系统模型;受控生态生保系统模型。

为了较为全面地了解环控生保系统的数学模拟任务,特列举一些数学模拟方法应用的基本情况:

(1) 环控生保系统设计过程中模型的应用

· 载人飞船环控生保系统内的质量交换和能量交换模型;
· 部组件、分系统和系统的质量模型;
· 进行系统分析比较时用的系统和总体的结构模型;
· 分析可靠性时用的各部组件的运行模型;
· 乘员安全保障模型;
· 乘员进行系统维修时用的维修模型;
· 分系统设计加工中的工艺技术流程和设计构图模型;
· 在制定模拟计划时用的模拟过程模型等。

(2) 环控生保系统模拟试验条件下,为了缩短分析和查明故障发生的原因和时间,使用数学模拟的方法具有明显优势。这种数学模型反映试验状态条件下单元件的特性。为此,可以使用环控生保系统运行的通用模型(即模拟系统在试验过程中的运行状态),这种模型应全面地反映试验过程中的所有特性。

(3) 描述环控生保系统运行过程的数学模型,不仅在系统设计和试验过程中是有用的,而且在系统使用过程中也是非常有益的。尤其是在乘员参与系统工作的情况下,利用这种数学模型,可以帮助乘员采取更可靠的操作。环控生保系统的运行模型应该尽量接近标准系统并反映飞行计划、乘员工作强度和各个单元的设计技术特点。

(4) 在环控生保系统设计前的研究阶段和系统研制的所有阶段,可以应用近似的和理论的环控生保系统模型,尽管这些模型反映的只是某些个别关系,但它仍有助于对系统参数进行理论分析计算,以便对所用数据做出预测和评价。

在环控生保系统测控分系统设计、环控生保系统功能和可靠性分析以及系统试验过程中,应用结构、技术流程参数、设计参数、输出特性的确定值和过渡值等方面相似的系统模型,是相当有效的,因为这些模型反映的关系说明了系统在各种条件和各种工作制度下的运行情况。因此,可以把它们称为环控生保系统的运行模型。

3.4.4 环控生保系统安全性和可靠性设计准则

可靠性和安全性既有联系又有区别,可靠性是安全性的基础。如果对实现功能任务,和保障人员生命安全起重要作用的系统或设备的可靠性很低,就无安全性可言。但可靠的设备,不一定是安全的。例如一台电动切割机，其使用寿命足够长，长期运行均能保障切割功能无故障，但是它缺少安全防护措施，易于伤及操作人员的手臂，这种设备的可靠性虽然高，但是安全性却非常低。

通常采用的可靠性定义是：产品在规定的条件下和规定的时间内完成规定功能的能力。如果用"概率"来度量这一"能力"，就是可靠度，用 $R(t)$ 表示。这一定义也适用于载人航天器和环控生保系统。安全性是保障载人航天器、飞行任务不出现灾难事件和航天员生命危险的概率。

1. 环控生保系统可靠性保障方法

保障一个系统的可靠性的方法一般有：

(1) 选用高可靠性的设备及元器件；

(2) 采取冗余设计；

(3) 提高系统的可维修性。

第 1 种方法是基本方法。但是，载人航天器飞行时间越来越长，环控生保系统非常复杂，设备部件多，系统可靠性要求高。因此，对每一个设备部件的可靠性要求更高，靠提高每个设备及部件的可靠性来满足系统可靠性的要求，就目前的工业技术水平是无法达到的，必须采取第 2 种办法，对系统中的关键设备、运动部件和可靠性较低的设备部件采取冗余设计。利用暂时无法达到可靠性要求的设备和部件设计制造出能够满足系统可靠性要求的环控生保系统。

冗余设计虽然能够明显提高系统的可靠性，但会使系统的质量和体积显著增大。这是一种用质量和体积的代价来换取系统可靠性的办法，所以应在质量和体积等约束条件许可的范围内实施。

提高系统的可维修性是提高系统可靠性的有效方法。美国航天飞机对环控生保系统可靠性要求很高，实现这么高的可靠性，一个很重要的办法是提高系统的可维修性，每次飞行后返回地面，都要进行维修。俄罗斯的和平号空间站上的环控生保系统的可靠性也主要是靠设备部件的可更换和可维修来保障的。

要提高系统的可维修性，特别是要求在系统运行过程中进行维修，技术难度是可想而知的。实现系统的可维修性，必须进行专门的系统可维修性设计，首先进行系统级和设备及部件级的故障模式、影响及致命度分析(FMECA)，进行故障检测和故障诊断及预报，根据 FMECA 确定系统的冗余设备和维修面及维修点，根据维修技术要求设计系统结构模式，提供维修工具和装备、维修场地、备用附件和器材等。此外，需要培养航天员(随船工程师)具有维修各相关设备的专门技能。

2. 环控生保系统的安全性保障方法

由于环控生保系统在保证航天员生命安全上的特殊重要性，环控生保系统的安全性保障设计是系统设计中的一个特别重要的方面。按照"航天安全指南"进行环控生保系统安全性设计和管理是提高该系统安全性的重要保证。从保证航天员安全和飞行安全的基本点出发，认真分析环控生保系统各个分系统及主要功能部件的安全性，确定安全性设计重点，进行切实的安全性保证措施设计。

座舱大气，特别是氧气，是航天员生存的第一要素，短时间座舱失压和缺氧就可能对航天员的生命造成威胁。所以，在环控生保系统设计时，要特别重视供气调压分系统的可靠性设计，采取多种互为备份的供气调压方案，确保座舱大气的总压和氧分压在正常的控制范围内。即使正常供气调压系统设计的可靠性足够，大量地面试验和飞行试验也证明了它确实具有了较高的可靠性，但是从安全性和尽量降低载人航天风险度的要求出发，必须设计专门的安全措施。

(1) 多舱制方案。尽可能把载人航天器设计成多舱系统，在每个舱内设置相对独立的供气调压系统，一旦有某个座舱压力失控，航天员立即转移到其他座舱，确保航天员安全和不致影响飞行任务完成。

(2) 应急供氧系统。应急供氧系统作为确保航天员安全的最有效的手段，不管是对多舱制还是对单舱制载人航天器，都是必不可少的救生设备。特别是在发射段、再入返回段、机动飞行和交会对接过程中，恶劣的力学环境条件，容易造成供气调压或舱体密封意外失效或失压等事故，设置自动应急供氧系统显得尤为重要，这也是在人类载人航天史上用生命换来的经验和教训。

(3) 环控生保系统，特别是水管理、食品管理和废物管理等分系统是航天员直接手动操作和使用的系统设备，安全性准则应作为系统和设备设计的重要指导。

3.4.5 环控生保系统试验技术

随着载人航天工程及其环控生保系统的建立和发展，环控生保系统的试验技术同时建立和发展起来。它是环控生保系统技术研究和产品研制的重要手段之一，也是环控生保系统研制的一个重要工作内容。它在探索环控生保系统特别是再生生保技术设计理论和方法，检验环控生保系统及其设备部件性能、环境适应性、工作可靠性和安全性、可操作性和可维修性等方面起着重要的作用。环控生保系统产品研制过程中的试验为改进系统和设备设计方案、结构、材料和工艺等提供依据，是提高系统可靠性的重要方法。

1. 环控生保系统试验类型

(1) 环控生保单项技术研究的实验技术

在进行诸如二氧化碳收集、浓缩和还原技术研究时离不开实验室实验技术条件；在进行尿和生活废水的收集处理再生技术研究时也离不开实验室的实验技术条件。完善的、先进的实验技术条件，是突破重大环控生保关键技术的必不可少的技术手段。

(2) 环控生保设备性能试验技术

作为环控生保系统各种功能构成单元的设备具有独立的技术性能和技术接口要求，考验设备的技术性能和接口参数是否达到设计要求，要靠设备(或部组件级)的性能试验设备系统进行实际的物理边界的模拟试验。如冷凝干燥组件是环控生保系统中进行温度和湿度控制的关键设备，在进行系统试验之前必须进行设备级的性能试验，检验它的降温、除湿能力是否满足技术指标要求。这就需要一套完善的温、湿度试验舱系统，提供封闭环境、制冷能力、热/湿负荷模拟和各项性能参数检测能力及相应的试验技术方法。

(3) 环控生保设备环境模拟试验技术

环控生保系统的各个设备(组件或部件)必须按照载人航天器设计总体部门规定的各种环境试验条件进行试验，考验设备承受环境应力的能力，包括振动、冲击、过载、热真空和高低温交变、空间辐射等试验条件和试验方法。

(4) 环控生保系统电性能联调试验技术

由于环控生保系统是一个非常复杂，自动化程度比较高的机电一体化产品，在进行整个系统的性能试验和人-机联合试验之前，先进行电性能联调试验。这个试验的重点在于系统的电性能检测，考核、测量和控制各单元以及软件的匹配性、电接口和信息接口的正确性等。这种试验可以在台面上进行，但必须配备一套检测、控制和各种电接口、信息接口模拟试验设备系统。

(5) 环控生保系统的人-机联合试验技术

在环控生保系统初样、正样阶段都要进行人和环控生保系统之间的联合运行试验，重点考验人与系统间的协调性，全过程模拟载人航天器及环控生保系统的运行程序。这是环控生保系统级产品交付前的第一个验收现场，只有人-机联试通过，才能进行系统级产品的初步交付验收。这种试验比环控生保系统性能试验技术复杂程度更高、规模更大。其特点是，有人参与系统试验，人的健康保障、人的生理信息采集、各种安全保障和应急措施，都必须在试验方案和试验大纲中规定，并有相应的技术保障措施。

(6) 环控生保系统性能综合试验技术

在环控生保系统方案设计阶段，需要验证系统方案的可行性，除了进行计算仿真验证和理论分析，与类似系统分析比较进行验证外，还要利用实物(系统设备试验件)进行方案原理性试验；在环控生保系统初样产品研制和正样产品研制阶段，要检验系统是否达到各项性能技术指标，检验系统内部各设备之间的技术参数的协调性，系统外部各种技术接口(电、机、热、信息等)的匹配性和合理性。这项试验的技术特点是要模拟环控生保系统运行的边界条件和各种负荷。因此试验规模比较大，设备多、技术复杂、试验组织和实施难度也很大，需要在环控生保系统方案设计的初期，有专门的试验队伍进行试验方法、试验技术和试验设备的研究和研制。

(7) 环控生保系统参与载人航天器总体试验的试验技术

这种试验是环控生保系统产品交付载人航天器总装厂总装以后，载人航天器总体部门抓总的整个载人航天器的一系列地面模拟试验和飞行前的地面综合检测等大型试验。在这些试验中，环控生保系统是重要的参与单位，负责有关环控生保系统检测、运行、故障处理等支持工作，提供环控生保系统运行状态的地面检测和控制系统，以及与整个航天器综合试验和测试系统配套的终端设备。

2. 环控生保系统主要试验设备

(1) 环控生保系统性能试验设备

① 试验舱系统。模拟载人航天器乘员生活、工作的居住舱的形状、容积尺寸、舱壁的密封性能和热性能(漏气率和漏热率),为环控生保系统性能试验提供物理边界。

② 环控生保系统负荷模拟器。模拟航天员与航天器居住舱内环境(环控生保系统)间的物质、能量交换条件(耗氧、产 CO_2、产湿、产热、乘员舱内其他工程系统设备给环控生保系统加入的热湿负荷和物质等)。

③ 冷源系统。模拟载人航天器舱体结构上的空间辐射器在轨飞行中为环控生保系统温湿度控制分系统提供的冷源。

④ 地面测量控制系统。对被试产品(环控生保系统或分系统及设备)的重要性能参数进行测量和处理,用于评价被试产品的自动检测数据的精度;模拟航天器内其他系统的信息接口(如遥测与通信、数管、仪表显示等系统)以及控制接口(如程控、遥控等给环控生保系统的控制指令)。

⑤ 地面供配电系统。模拟航天器上电源,为被试产品(环控生保系统及其设备)提供各种规格的电源供给;也为参试地面试验设备供配电。

⑥ 真空系统。模拟太空的真空环境,为环控生保系统及其功能部件(如排气泄压部件等)性能试验提供真空环境条件。

⑦ 其他设备。如有害气体分析仪器、水质检测仪器、充气设备、冷却液充装设备、配气和补气设备、声像设备、通话及指挥调度设备等。

(2) 环境试验设备

按照载人航天器总体设计部门规定的环境试验条件,配置如下环境试验设备:

振动和冲击试验设备,过载试验设备,高/低温交变试验设备,湿/热试验设备,热真空试验设备,烟雾试验设备,空间辐射试验设备,高压试验设备,噪声试验设备等。

思考题

1. 人和环境有哪些物质和能量的交换?
2. 适居的环境条件包括哪些要求?
3. 失重条件下气液分离的主要问题是什么?如何解决?
4. 如何进行环控生保系统的设计?

第4章　供气调压分系统

4.1　座舱压力制度

座舱压力制度是指载人航天器座舱内采用多大的大气总压和氧分压以及稀释气体的种类和分压力。座舱压力制度取决于生理学和工程技术两个方面，要均衡考虑。从生理学的角度，座舱压力制度的选择应使航天员不产生缺氧反应和高氧反应，无低压效应，减少减压病发生的几率。生理学要求是系统的设计依据，也是系统最后验证评定的重要标准。从工程技术方面，在总压选择时要考虑舱体结构强度及质量；在氧分压选择时要考虑材料的可燃性，避免火灾发生。

4.1.1　总压选择

对大气压力的适应性要求包括：适宜的座舱总压、适宜的氧分压、适宜的舱内总压与航天服压力比值等。

1. 1个大气压压力制度

苏联一开始采用的就是这种制度，如“东方”号、“联盟”号飞船。这种接近于海平面上的大气环境，总压力101.3 kPa(760 mmHg)，氧与氮的百分比为21 %和79 %。优点是发射前不需要吸氧排氮，最适应于人体生理医学要求，不产生缺氧、高氧反应和低压效应，目前广泛采用。缺点是对航天服系统要求高，航天服内总压必须达到50.7 kPa，才能防止减压病发生。穿着中低压航天服，则需要进行一定时间的吸氧排氮，才能防止减压病的发生。苏联/俄罗斯载人航天器和美国的航天飞机均采用了这种压力制度。我国“神舟”号飞船也采用了这种压力制度。

2. 1/3个大气压压力制度

早期的美国飞船采用这种压力制度。舱内大气总压为34.3 kPa，纯氧气体环境。优点是压力调节系统简单，泄漏量少，对航天服要求低；缺点是有轻度高氧反应，易发生火灾，阿波罗号飞船在模拟发射时就曾发生火灾。航天飞机是美国采用接近于海平面压力制度的载人航天的开始。

3. 1/2个大气压压力制度

该压力制度的舱内压力为50.7 kPa，氧与氮的百分比分别为42 %和58 %，优点是兼顾生理学与工程技术上的考虑，既不缺氧，也无高氧反应。起飞前虽需要进行吸氧排氮，但时间短。可采用低压力值的航天服。

4.1.2 稀释气体选择

为降低氧浓度，避免高氧效应，减少火灾，需充以一定比例的稀释气体。稀释气体不参加人体内部的物质代谢过程，仅起到提高呼吸压力，增加人体与大气间的能量交换的作用。目前一般选用氮气作为座舱中的稀释气体。

4.1.3 氧分压允许值

乘员耗氧指标是一项重要的医学要求。表 4-1 所列为不同高度(总压)环境下乘员的需氧量。

表 4-1 保障呼吸所需的氧气含量以及相当的大气环境

海拔高度/km	0	2	4	6	8	10
总压/kPa	101.3	79.5	60.9	46.6	35.2	26.1
氧分压/kPa	21.0	21.2	22.0	22.8	24.0	26.1
氧体积分数/(%)	21	27	36	49	68	100

氧分压过低，会引起各种缺氧反应，人的精神效能开始受影响；氧分压过高，也不能保证正常新陈代谢，人会出现中毒现象。因此，氧分压必须控制在合适的范围内。根据有关数据，乘员对氧分压的正常要求是 22 kPa，保证乘员正常生理活动的氧分压范围是 21～34.5 kPa，应急氧分压不低于 11 kPa。图 4-1 给出了在合适的总压范围内，生理上可接受的氧体积分数范围。

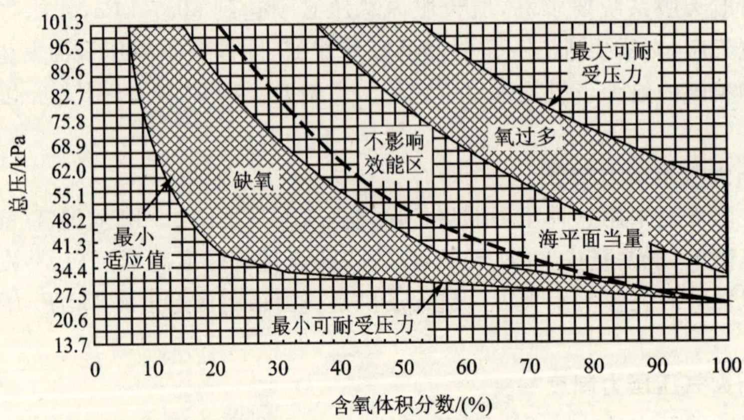

图 4-1 氧浓度的生理影响区

4.1.4 舱压变化速率要求

与大气压力变化有关的最重要的问题是：① 气压性创伤。指受到外部压力的影响，游离气体瞬时进入组织或体腔内造成的损伤；② 爆炸性减压综合症。若外部压力下降过快，如座舱应急泄压，使人体肺内和其他充满气体的内腔瞬时产生过大的压力差，当压差增到11.03 kPa时，肺就可能破裂；③ 减压病。当溶解在组织中的气体的分压超过了这些气体的环境压力时就会发生减压病。快速减压的后果取决于以下因素：压力变化速率、绝对压力变化值、减压前的绝对压力、起始压力和终止压力的比值、减压时的肺容积与最大肺活量之比、座舱小孔与座舱容积之比。应该通过控制压力变化速率避免以上损伤。

座舱压力变化对人体的不舒适感，首先起因于它对中耳的影响。当压力迅速变化时，使耳膜两边的压力不能立即平衡，耳膜两侧存在压差时，会使人感觉不适、疼痛直至耳膜破裂。从生理上讲，人体耐受压力降低速度的能力比耐受压力增加速度要大得多。

标准规定座舱增压率最高限值应小于0.66 kPa/s，最佳增压率为0.024 kPa/s；座舱减压率最高限值为1.33 kPa/s，允许值为0.033 kPa/s。在规定的加压和再减压过程中，压力变化的最大速率为0.69 kPa/s，在应急再加压期间，增压速率限制到6.89 kPa/s。

4.2 气体的储存

由于外层空间为真空环境，载人航天器的座舱增压源只能是储存的气体。这些气体不仅对座舱进行增压供气，补充气体泄漏，维持舱内的大气总压和氧分压，同时还为水管理分系统水箱提供增压气源等。气体的储存通常有三种方法：高压气态储存、低温液态储存和以化合物形式储存。苏联/俄罗斯常用质量比(φ)表示储存效率，定义为容器质量与所储存气体质量之比。

4.2.1 氧气的储存

在常温常压下，氧气是一种无色、无味的气体，比空气略重。在1标准大气压和0 ℃时密度为1.43 kg/m^3，20 ℃时为1.33 kg/m^3；当温度降到－183 ℃时，变成透明液体，密度为1.13 kg/L；当温度进一步降低到－218.7 ℃时，变为固体，密度为1.46 kg/L。1 kg的液氧在1标准大气压、20 ℃温度下，蒸发可以得到750 L的氧气。

氧气可以以高压气氧、低温液氧和化学方式储存，其中液氧储存有亚临界和超临界两种储存形式。

1. 气态储存

在常温下将氧气压缩到可耐受一定压力的容器内，将高压氧瓶带入空间作为氧源。容器形状常见的有球形、带球形封头的圆柱形。球形容器与圆柱形容器相比在储存同样质量氧的情况下，所占的体积小，质量轻。容器的最佳形状还要考虑飞行器中空间的有效利用。氧容器的材料必须与氧相容性好，以确保氧源系统的安全可靠，瓶体材料多为钢。近年来，在航天上开始采用复合材料气瓶，这可以大大减轻容器的质量。容器内气体压力的大小取决于用途和容器的强度，由几十个到几百个 atm。储存压力直接影响容器的容积和质量。一般来说，压力越高，在相同的容积内可以储存的气体越多；但压力增加对容器的强度要求也相应提高，因此增加了容器的质量。另外当压力增加到一定的程度后，氧气的可压缩性越来越小。从系统质量角度考虑，最佳储存压力为 200～220 atm；同时考虑质量和体积，最佳储存压力为 500～700 atm。储存压力的选择还需要考虑高压气氧的生产设备和地面试验设备是否配套。气态储存的 ψ 值大约为 2，氧气的密度不超过 300 kg/m³。图 4-2 给出了球形氧气瓶质量和体积随压力的变化曲线。

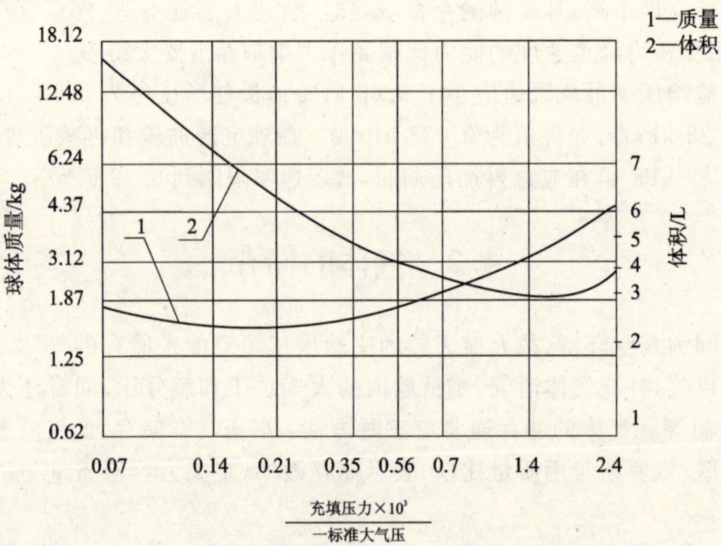

图 4-2　球形氧气瓶质量和体积随压力的变化关系

储气瓶内的高压氧气经减压器减到所需压力即可使用，系统简单。但是，当希望以大流量输送气体时，容器内趋于等熵过程。这时，绝热冷却可能引起部分气体液化，以致气瓶不能继续使用。

由于所储存气体的压力很高，不能按理想气体处理，在计算高压气瓶内氧气的质量时，必须使用实际气体状态方程：

$$m = \frac{1}{Z}\frac{pV}{RT} \tag{4.1}$$

式中，Z——氧气压缩因子；

　　p——氧气的储存压力；

R——气体常数。

m——氧气的质量。

2. 低温液态储存

当温度降至－183 ℃时，氧气变成了浅蓝色液体，其密度是标准状态下氧气的 800 倍，是高压氧气的 3.5 倍以上。因此，携带液氧会更节省体积和质量。氧的临界压力是 4.87 MPa。如果深冷液态储存容器的工作压力小于此压力，称为亚临界储存器；工作压力大于此压力则称为超临界储存，此时，容器内流体是在临界点之上的单相状态，在失重条件下，亦能正常工作。低温液氧储存的关键是要有良好的隔热措施和保证在失重状态的正常工作。由于内外温差很大，漏热导致液氧蒸发，很显然液氧蒸发的速率应该不超过所需的氧气流量，按此计算的结果是低温液氧储存允许的漏热值大约为每个航天员 2 W。如果液氧的蒸发速度超过所需的气量，一部分氧气就会浪费掉。

(1) 亚临界储存

低温亚临界储存压力低于临界压力，属气液两相流状态。亚临界储存的压焓图如图 4－3 所示。点 1 为加注时的状态，为加注时环境气压下饱和液体和饱和蒸气的混合物。加注后，系统从周围吸收热量，压力升高，达到点 2，容器全部为饱和液体。从点 2 到点 3，压力升至设定的工作压力(低于临界压力)。从点 3 开始，系统等压工作，吸收热量排放流体。从点 3 到点 4，流体呈两相状态。

亚临界储存的优点是，工作压力低，具有最小的系统质量，质量比可以达到 0.25；缺点是由于容器内气、液两相共存，给剩余流体量的确定带来困难，在微重力条件下必须采用气液分离装置。由于上述原因，亚临界储存并没有得到实际应用。

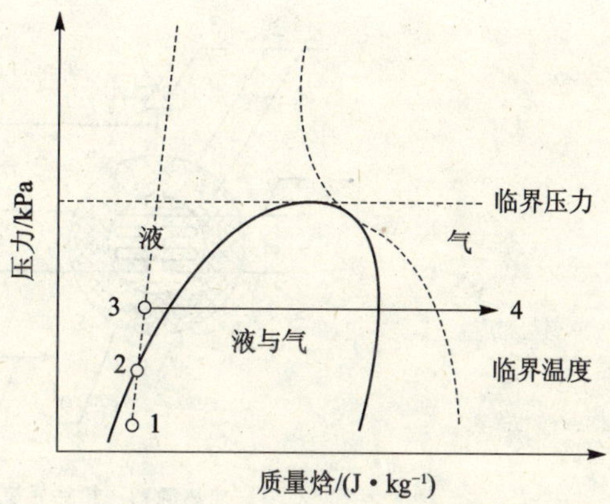

图 4－3　亚临界储存的压焓图

(2) 超临界储存

美、苏两国最先应用超临界储存技术。在美国的“双子星座”飞船中，采用低温超临界储存氢和氧。在后来的“阿波罗”计划、“天空实验室”、航天飞机、“联盟”号飞行中，美、苏两国都曾多次采用超临界储存法，技术上也日臻完善。我国从 20 世纪 60 年代末期开始研制超临界储存容器。超临界储存的质量比在 0.3～0.7 之间。质量比取决于注入氧气的原始密度。图 4－4 所示为超临界储存的压焓图。点 1 表示加注完成时的状态。它是常压下的饱和液、气的混合物。加注完成后，关闭加注阀、放空阀，周围的热量进入容器，液体压力升高。从点 1 到点 2，容器中气体冷凝为液体，到达点 2 时，容器中全部为饱和液体。随着热量不断输入，流体的压力增加、温度升高，达

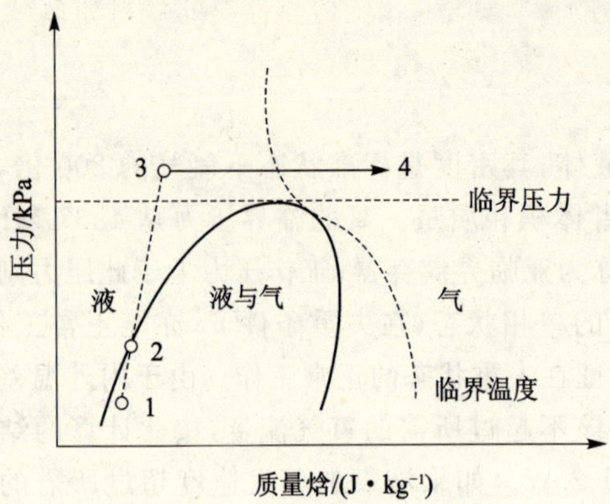

图 4-4　超临界储存的压焓图

到并超过临界压力到达设定的压力(点 3)。这时,容器完成了升压过程进入超临界工作状态。从点 3 开始从容器中排放流体。此时,不断对流体加热,维持其压力不变,温度逐渐升高,气体密度逐渐变小,到达点 4。在整个使用过程中流体都是匀质单相状态,直到密度太小,不能维持压力不变为止。

超临界储存容器结构类似杜瓦瓶,分内外两层。内壳需能承受设定的超临界压力,内外壳间为绝热层。容器和供给系统的工作情况(图 4-5)大致是这样:首先将深冷流体灌满容器,然后关闭容器加注和排放管路的管口。同时用装在容器内的电加热器加热,直到容器内的压力达到工作压力就可以排放使用。流体经过热交换器、压力调节器(即减压器)调整到所需的温度、压力,经系统关闭阀提供使用。使用期间,由压力调节开关自动控制电加热器的工作来维持容器内的压力不变。当密度减小、温度升高到一定程度时,由极限温度传感器控制电加热器完全停止工作,容器内压力开始衰减,使用过程停止。

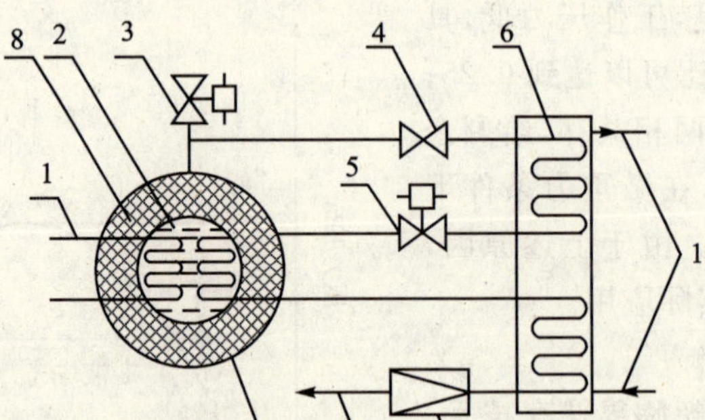

1—加热源;2—超临界氧;3—释压阀;4—截止阀;
5—热传递控制阀;6—热交换器;7—压力调节阀;8—真空绝热层;
9—内部热交换器;10—通向座舱的氧气;11—热控系统回路

图 4-5　超临界储存供氧示意图

超临界储存压力的确定应考虑结构质量和在失重环境下的稳定工作,一般 5.7 MPa 左右较合适。超临界储氧容器在储存期内(不需要供气时),由于存在自然漏热升温升压,引起自然升温泄漏。为了尽量减少自然升温泄漏,超临界储存容器需要采用最先进的多层绝热技术。

多层绝热是由反射率高的材料——如铝箔(或镀铝的聚酯薄膜)和低传热性能的材料如玻璃纤维纸(或布)组成交替层,并将绝热层抽成真空,这样才能达到高的绝热性能。

与高压气态储存相比,超临界储存可用较小的体积和质量储存相同的储存介质,图 4-6 所示给出了氧气以高压气体储存、超临界储存、亚临界储存时,储存系统总质量与储存介质质量的关系。高压气态储存系统简单,存放时间长。超临界储存系统复杂,要有很好的绝热措施,即使容器绝热性能极好,长期存放也会有非使用性排放。超临界容器等压工作期间,排放流量和容器内储量有关。开始使用和接近用完时流量较小。这样,当飞行中座舱发生爆炸减压时就不能满足大流量供氧的要求,而高压气态储存可满足此要求。因此,高压气态储存适于短期飞行,或者低消耗的长期飞行以及作为应急氧源使用。一般来说,对于飞行时间超过 20 d 的载人飞行任务使用超临界储存,其体积、质量比高压气态储存明显减少。例如,美国"水星"号飞船采用了两个压力为 51.6 MPa 的球形容器,各携带 1.82 kg 的氧气作为氧源。其充满气体后的系统总重与有效载荷的比为 3。超临界储存充满流体后系统总重与有效载荷的比最好可达 1.28。

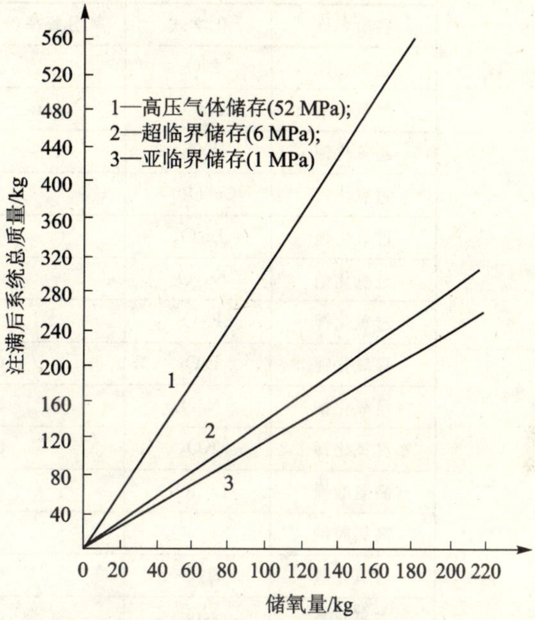

图 4-6 氧气不同储存方式的比较

3. 固态储存

固态储存纯氧需在−218 ℃以下的温度。实际使用时,一方面要很好解决绝热问题;另一方面还要准确地调节热量的供给以使其转化成气氧。目前这些问题尚难以解决,故未见实际应用。

4. 含氧物质的储存

借助含氧物质储存氧气的主要优点是结构简单,使用方便,可以长期储存。目前,含氧物质主要有三类:第一类是碱金属和碱土金属的过氧化物、超氧化物、臭氧化物;第二类是碱金属和碱土金属的氯酸盐和高氯酸盐;第三类是液态含氧物质,包括过氧化氢和水。表 4-2 所列为一些含氧物质的性能。

在航天技术中应用的主要是碱金属的超氧化物和臭氧化物,特别是超氧化钾(KO_2)。苏联的"东方"号、"上升"号及"联盟"号系列宇宙飞船就采用 KO_2 和人呼出的水蒸气、CO_2 气作用使空气再生的系统。反应分两个阶段进行,第一个阶段是超氧化钾与舱内大气中的水蒸气反应，放出氧气并生成氢氧化钾：

表 4-2 部分含氧物质的性能

物质名称	化学式	氧分解率(kg 氧气/kg 物质)	密度/(kg·m^{-3})
超氧化锂	LiO_2	0.610	
超氧化钠	NaO_2	0.436	
超氧化钾	KO_2	0.338	655
超氧化钙	$Ca(O_2)_2$	0.46	
过氧化锂	Li_2O_3	0.347	
过氧化钠	Na_2O_2	0.205	
过氧化钾	K_2O_2	0.145	
臭氧化锂	LiO_3	0.730	
臭氧化钠	NaO_3	0.563	
臭氧化钾	KO_3	0.460	
高氯酸锂	$LiClO_4$	0.601	2 430
高氯酸钠	$NaClO_3$	0.451	2 260
过氧化氢	H_2O_2	0.471	1 420
二氧化氮	NO_2	0.720	
水	H_2O	0.890	1 000

$$4KO_3 + 2H_2O \rightarrow 4KOH + 5O_2 \tag{4.2}$$

第二个阶段是吸收二氧化碳。生成的氢氧化钾是二氧化碳的有效吸收剂，化学反应方程式为

$$4KOH + 2CO_2 \rightarrow 2K_2CO_3 + 2H_2O \tag{4.3}$$

总的反应式为

$$2K_2CO_3 + 2H_2O + 2CO_2 \rightarrow 4KHCO_3 \tag{4.4}$$

图 4-7 所示是由超氧化钾供氧和吸收二氧化碳的原理图。含有二氧化碳和水蒸气的舱内空气由风机送入装有超氧化钾的吸收筒，吸收二氧化碳，放出氧气。反应区的温度能达到 200 ℃，因此在这一过程中还可以杀死细菌和破坏一些有毒物质。空气在进入座舱之前，经过活性炭进一步净化。氧气的释放是通过一个分配活门和空气干燥组件来调节的。如果舱内氧分压升高，分配活门就切断空气流入吸收筒的直接通路，使它先在干燥组件中干燥，然后再进入吸收筒。这时，二氧化碳的吸收继续进行，而氧气释放的速度减慢，直到氧的分压回到规定的值。

利用碱金属超氧化物储存，比高压气态储存和超临界储存可以节省质量和体积。而且这

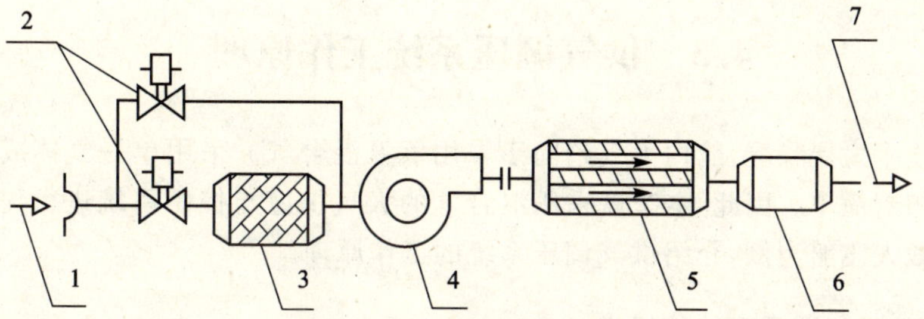

1—空气进口；2—切断阀；3—干燥器(LiC1)；4—风机；5—再生床；6—活性炭过滤器；7—气流出口

图 4-7　用超氧化钾供氧的示意图

种系统可在常温、常压下工作。经得起振动、冲击等恶劣的力学因素考验。系统简单，工作可靠。氯酸盐热分解，也可以获得氧气，如 $NaClO_3$ 在 700～800 ℃的温度下，可分解成 NaCl 和 O_2。美国一些民航或直升机上用这种装置作应急或备用氧源。俄罗斯/苏联把氯酸盐制成“氧烛”，用雷管引爆产生的火花或电打火装置将其点燃。氯酸盐中混合着铁粉，铁被氧化时放出热量，来维持氯酸盐分解反应所需的温度(1 000～1 100 ℃)。用氧烛给航天员供氧，每人每天需 2.5 kg 的氧烛。由于氧烛具有不可控性，仅能作为辅助供氧设备。如在空间站上临时增加了乘员，或氧的消耗量超出了正常供氧系统的供氧速率，座舱内氧分压偏低时，点燃一只氧烛，可以立即缓解正常供氧的紧缺状态。

在含氧物质中，过氧化氢占有重要地位。质量浓度 95 %的过氧化氢的密度为 1.42 g/cm^3，在－3 ℃左右变成冰，在大气压条件下温度为 430 K 时沸腾，但在这之前，温度高于 400 K 时，开始分解为氧和水。

4.2.2　氮气的储存

氮气主要以高压气态储存方式携带上天，用来补充座舱泄漏和恢复座舱压力。如美国的“天空实验室”和“航天飞机”均采用高压氮气瓶供氮。另外，氮气还可以液态肼(N_2H_4)的形式储存，需要时加催化分解。这种方法也被用来储存氢气。以肼的形式储存氮气，比以气态或低温液态形式储存同样量时所需容积要小。液态肼催化分解成氮气和氢气的混合气体，然后采用聚合物电化学分离器或者钯/银分离器将混合气体分离。分解反应为放热反应(1.57 MJ/kg)，反应式如下：

$$N_2H_4 \rightarrow \frac{1}{3}N_2 + \frac{4}{3}NH_3 \tag{4.5}$$

$$\frac{4}{3}NH_3 \rightarrow \frac{2}{3}N_2 + 2H_2 \tag{4.6}$$

总反应式为

$$N_2H_4 \rightarrow N_2 + 2H_2 + \text{热量} \tag{4.7}$$

4.3 供气调压系统工作原理

根据航天技术发展状况,舱内大气趋向于采用氧氮混合气。采用单一气体成分的座舱大气压控制技术相对简单。因此,本节就采用混合气的大气供应与控制系统进行讨论。下面以我国“神舟”号载人飞船为例,介绍供气调压系统的工作原理。

4.3.1 座舱供气调压系统的组成

供气调压系统主要由气源组件、减压组件、供气开关组件和排气组件等构成。气源组件包括氧源和氮源两种,它们由储气容器(高压气瓶或液氧容器等)、充气阀、容器压力传感器和温度传感器组成。减压组件由减压阀、安全阀和减压器出口压力传感器组成。供气开关组件一般由供气电磁阀或低压自锁阀、手动截止阀、手动供气阀以及相应的供气流量传感器组成。排气组件由排气调节器、手动开关、排气流量传感器等组成。

1. 气源组件

气源组件的任务是按照飞行任务要求,充装和储存足够的氧气,满足返回舱和轨道舱总压和氧分压控制及航天员呼吸用氧的气源需要。由充气阀、气瓶、压力传感器和温度传感器组成。图 4-8 给出了高压气体储存气源组件原理图。

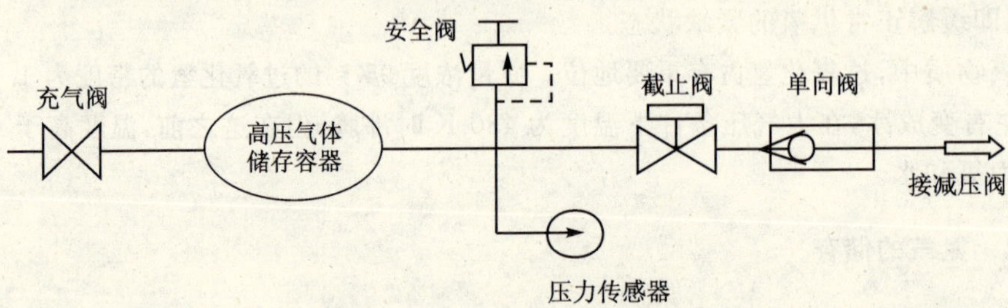

图 4-8 高压气体储存组件

氧瓶和氮瓶实现氧气和氮气的储存任务。钢制的小容积球形瓶质量效率比以铝合金为内胆的玻璃钢质量效率高,因此采用特种钢材的球形高压气瓶。高压氧瓶和氮瓶具有一定的危险性,环控生保系统研制中应作为关键性产品,提高气源的可靠性和安全性是气瓶研制的重点。其一是材料的选择,其二是提高安全系数。要通过强度试验、高低温试验、气密性试验以及满负载条件下的冲击、振动等环境试验,合格后才能装船进行飞行试验。

气瓶压力传感器和温度传感器是检测氧瓶和氮瓶储气压力和温度的敏感元件,用来计算瓶内气体的储量,在飞行过程中,随时监控氧瓶和氮瓶的储量,以确定是按计划飞行还是提前结束飞行任务。

2. 氧氮减压阀

将高压气体的压力调整到低于原来的压力，并将气体稳定在规定的低压范围内，且无论供气流量大小都保持出口压力恒定，具有上述性能的压力控制阀称为减压阀或调压阀。减压阀靠敏感元件（如膜片、弹簧等）改变阀瓣位置来实现减压，选用时一定要确定进口和出口压力，因为不同的进出口压力，所配的敏感元件也不同。主要形式有：定比减压阀，出口压力与入口压力保持一定的比率；定差减压阀，出口、入口压力保持一定差值；定值减压阀，如果入口压力高于额定值，出口压力保持恒定，如果入口压力低于额定值，出口压力和入口压力相等，也称为绝对压力减压阀。

在供气系统中，可根据气源压力和供气压力要求选择合适的减压阀减压比，利用一级或二级减压阀减压，图 4－9 为减压阀的工作原理。高压气入口接高压气源，低压气出口接供气组件。当供气阀门供气时，低压腔内的气体流出，压力降低，大弹簧使膜片下移，从而推动活门下移离开活门座，使活门开启度增加，高压腔内的高压气体经活门间隙进入低压腔，使低压腔压力上升，膜片上推，使活门上移，活门开启度减小。低压腔的压力达到设定的输出压力时，活门处于稳定的工作状态，高压腔的气体稳定地流入低压腔，然后输向供气阀门组件。当供气组件停止供气时，减压阀的活门关闭，低压腔内维持设定的输出压力。

减压阀的入口和氧、氮气瓶的出口通过高压导管相连接，减压阀出口设置压力传感器，用于检测减压效果，一旦出现减压压力严重超出上限，将采取紧急措施，防止高压气体进入返回舱和轨道舱，确保供气安全。

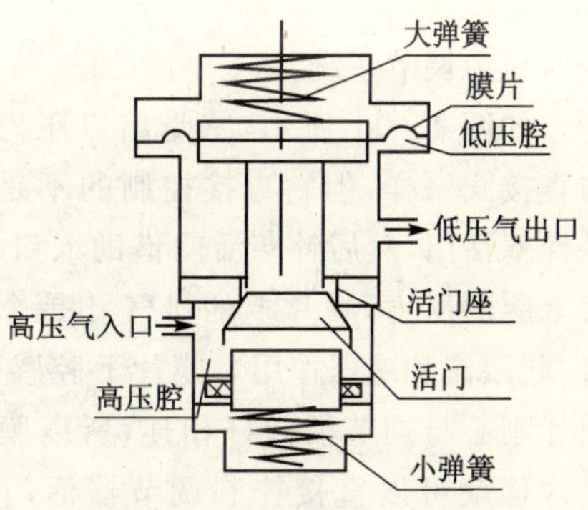

图 4－9　减压阀工作原理图

3. 单向阀与截止阀

截止阀实现各组气源减压之后彼此间的接通、隔离功能。单向阀又称止回阀，防止管道中介质倒流之用，它是靠介质压力自动开启或关闭的。

4. 供气开关组件

供气开关组件由氧流量传感器、氮流量传感器、供氧及供氮手动选择阀、供氧及供氮自锁阀、供气调节器、总压及氧分压传感器和供氧、供氮限流组器组成。

供气调节器也称压力调节器，是机械式自动供气装置，用于流体管路对下游压力（如管路压力、舱压、供氧气压力、出舱航天服压力等）按要求控制在一定范围的调节装置。供气调节器包含三个必需元件：限流元件、测量元件和加载元件。供气调节器的下流管路通常构成供气调节器的反馈机构。限流元件由活门座和活门组成，是供气调节器的控制环节；测量元件一般采用活塞、膜片、膜盒、波纹盒等敏感元件，构成供气调节器的比较环节；加载元件功能由弹簧和（或）管路中的介质压力来实现，分为可调式和固定式两种，它决定供气调节器整个控制系统的被控制参数。供气调节器按作动方式可分为直接式和间接式（敏感元件和给定元件通过放大机构控制调节机构）；按工作原理可分为自力式（分为弹簧加载型和加压型）和先导式（附加一个小型的辅助调节器将下游微小压力变化转化为大的压力信号施加于主调节器膜片上）。

直接式压力调节器是利用敏感元件和给定元件的作用来控制调节机构，使出口压力保持不变，两者之间直接用机械连接，如图 4-10 所示。

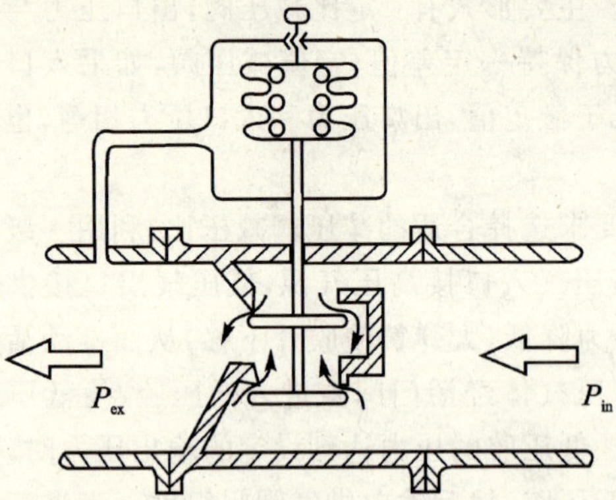

图 4-10　直接式绝对压力调节器

当系统不供气时，感压箱位置设计为活门开启状态，当出口压力由于某种原因增大并超过给定值时，作用在感压箱上的力增大，克服给定的弹簧力，从而压缩感压箱，带动调节活门上移，减小活门流通面积，直到调节器出口压力与弹簧力给定值大小平衡，调节活门稳定在某个位置。反之，出口压力减小时，感压箱运动相反。

间接式绝对压力调节器是指敏感元件和给定元件不直接控制调节机构，而通过放大机构，借助外界能源（气能或电能）间接进行控制。图 4-11 给出了一种类型的间接式绝对压力调节系统。

如图 4-11 所示，感受出口压力的敏感元件与直接式一样，但它直接控制的不是调节活门而是针塞活门，然后针塞活门借助入口气源，控制膜片上腔的压力，膜片上的排气孔是个不可调毛细管，起限流和减压作用。膜片下腔感受出口压力，膜片刚心与调节活门杆相连，所以膜片刚心的上下位移就可以直接控制调节器活门的流通面积大小。

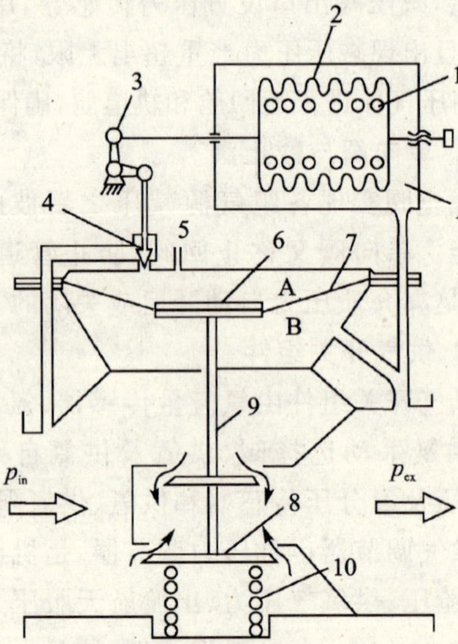

1—弹簧；2—波纹管；3—摇臂；4—针塞活门；
5—毛细管；6—膜片刚心；7—膜片；
8—调节活门；9—活门杆；10—活门弹簧；
(A)—膜片上腔；(B)—膜片下腔

图 4-11　间接式绝对压力调节器

5. 排气调压组件和排气泄压组件

排气调压组件安装于返回舱舱壁上，排气泄压组件安装于轨道舱舱壁上，两者在原理、结构和功能上基本相同。排气调压组件由泄压自锁阀、排气截止阀、泄压截止阀、排气流量传感器、排气调节器组成；泄压组件多一个泄压自锁阀，用于加大轨道舱泄压速率。两组件主要用于舱压上限的控制，实现排气泄压任务，出口通过舱壁开口对称通向舱外，以保证受力均匀。

图 4－12 给出了载人飞船排气泄压组件的原理图，它主要由过滤器、流量传感器、排气调节器、手动截止阀、泄压阀等组成。

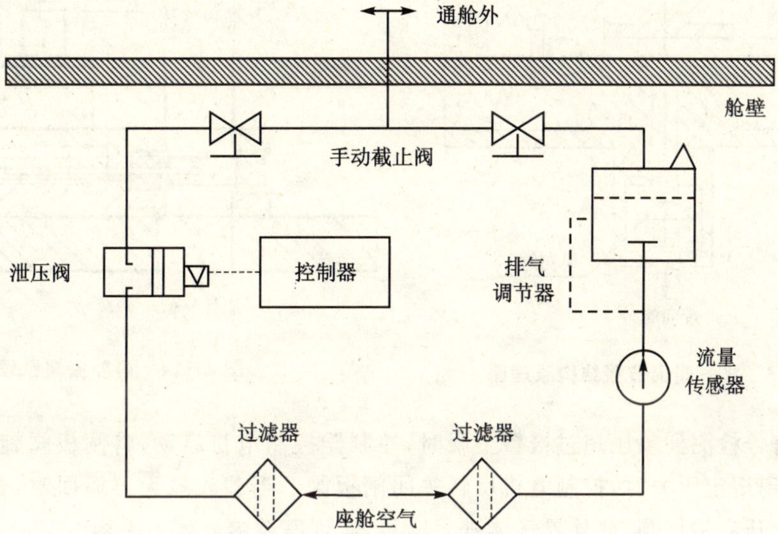

图 4－12　排气泄压组件原理图

排气调(泄)压组件设置手动排气截止阀和泄压截止阀是出于安全考虑。在飞船上升段和返回段，力学环境条件恶劣，为防止排气调节器或泄压自锁阀误开，造成返回舱或轨道舱突然失压，危及航天员的生命安全，两个手动排气截止阀在上升段和返回段处于可靠的关闭状态。飞船入轨并进入正常飞行状态后，航天员按操作要求打开返回舱和轨道舱排气泄压组件中的手动排气截止阀，仍保持手动泄压自锁阀处于可靠关闭状态。

图 4－13 是载人飞船座舱排气调节器组件的原理图。

它由壳体、活门座、活门和膜盒及单向阀组成，膜盒感受座舱总压，当总压超过报警上限时，膜盒受压带动活门离开活门座，舱内气体经活门和单向阀排向舱外。舱压回复正常后，膜盒复位关闭排气活门，单向阀也回到关闭状态。

泄压自锁阀与供氧(供氮)自锁阀的构造及原理相同，只是阀门口径比供气自锁阀大，因此排气流量也大，这是由座舱泄压速度的要求决定的。泄压阀是电动开关阀或双稳态自锁阀，受测控分系统的控制。当总压超过上限报警，航天员接到打开泄压截止阀的操作提示，打开手动阀泄压，截止阀使泄压自锁阀开启向舱外以较快的速度排气泄压。待舱压正常后控制器关闭泄压阀。如果返回舱与轨道舱(留轨舱)分离前需要使轨道舱泄压，由控制器打开泄压阀实施泄压任务。

图 4－14 为载人飞船内外流阀组件原理图，它由电动闸板阀和控制器组成。

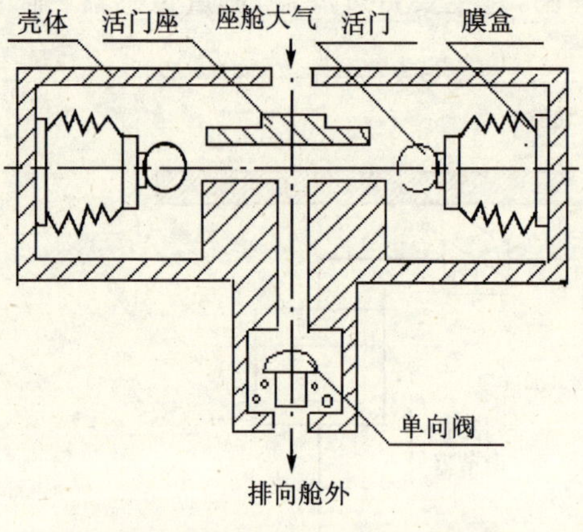

图 4-13　排气阀调节器结构原理图

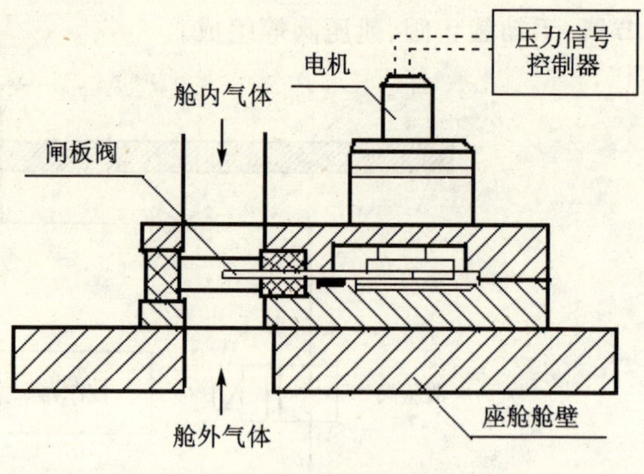

图 4-14　内外流阀原理图

当压力信号检测到舱压超过报警上限时，控制器控制电机启动，将闸板阀旋开，舱内气体向舱外排泄，到规定压力时，控制电机反转关闭闸板阀。当载人航天器返回时，根据舱内外负压值控制电机开启闸板阀，使外界气体进入座舱，实现座舱内外压力平衡。

4.3.2　“神舟”号飞船供气调压系统的工作原理

“神舟”号飞船是近地轨道短期载人航天器，系统采用一个大气压压力制度，总压控制在(91±4) kPa，氧分压控制在(22±2) kPa。其供气调压系统具有如下性质：

(1) 氧氮采用简单可靠的高压气态储存方式；

(2) 高压氧氮气体经过两级减压，采用分别供气、优先供氧原则；

(3) 以双稳态低压自锁阀自动供氧供氮为主，机械式供气调节器自动供气和手动供气(可作为应急转换状态)为双备份的压力控制模式；

(4) 分别以机械式排气调节器自动排气和双稳态泄压自锁阀自动泄压的并联式排气泄压方式进行舱压上限控制。

该方案适合我国“神舟”号飞船飞行周期短、任务单一的特点，即使出现压力应急，过渡到航天服，压力对乘员的影响也是可以接受的。供气调压系统构成和工作原理如图 4-15 所示。

返回舱和轨道舱各有一套供气开关组件，在测控分系统控制下实现向座舱供气任务，保持两舱的总压和氧分压在控制范围内，满足航天员用氧的需要。

经过减压后的氧气和氮气分别经过氧、氮单向阀组件进入返回舱后各分两路，一路进入返回舱供气开关组件，另一路进入轨道舱供气开关组件。它们分别通过供气开关组件中的供氧流量传感器和供氮流量传感器，进到供氧手动选择阀和供氮手动选择阀入口。供氧手动选择阀和供氮手动选择阀有 4 种选择模式：

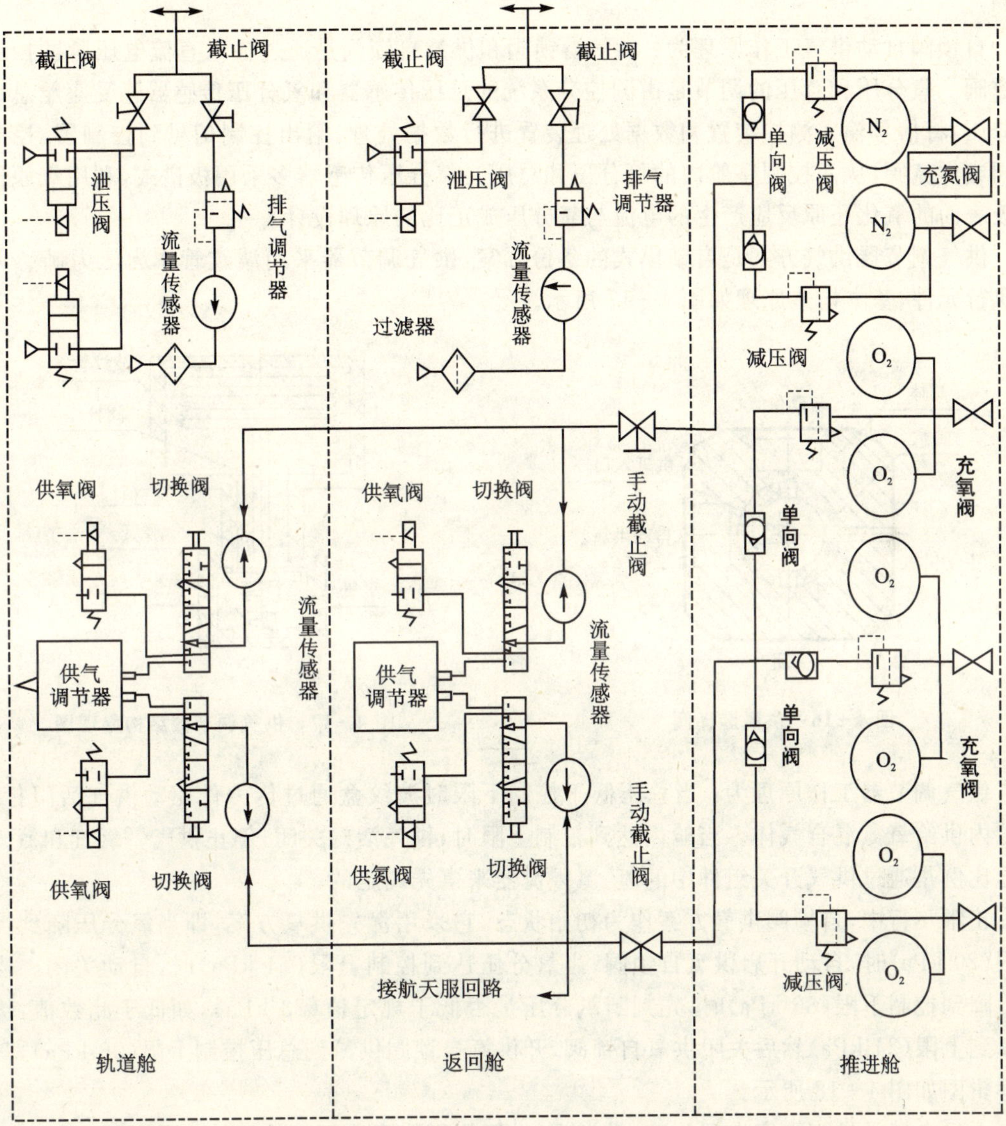

图 4-15　飞船供气调压系统原理图

(1) 供氧自锁阀和供氮自锁阀自动供气状态；

(2) 供气调节器自动供气状态；

(3) 手动供氧、手动供氮控制供气状态；

(4) 关闭位置，即停止供气状态。

供氧选择阀为四通路手动选择阀，构成原理如图 4-16 所示，供氮选择阀的构成原理与其相同。

自锁阀自动供气工作原理为：供氧自锁阀和供氮自锁阀是通过输入直流电压脉冲控制的电磁阀。氧分压和总压的调节是由测控分系统的总压传感器和氧分压传感器感受座舱总压和氧分压，将信号输入测控装置和数据处理装置进行数据处理，给出控制信号到控制器，控制供氧阀或供氮阀，从而控制座舱内的氧分压和总压。氧分压传感器多采用极谱式，利用氧原子在电极表面的氧化还原反应产生的电流与氧分压成正比的原理设计。

供气调节器供气方案是自锁模式的备份方案，供气调节器采用波纹管作为压力敏感元件和执行元件，基本构造原理如图 4－17 所示。

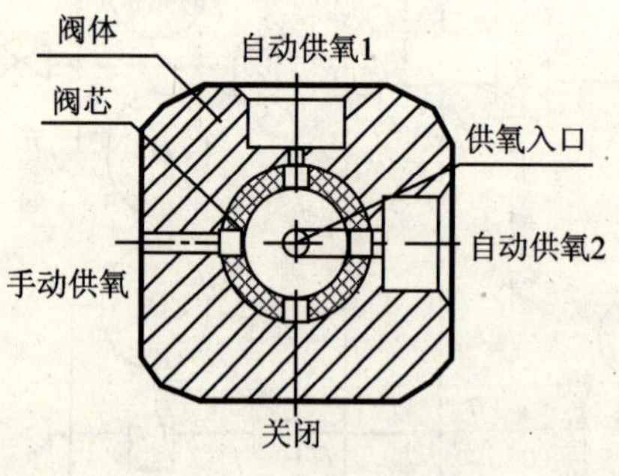

图 4－16　供氧选择阀

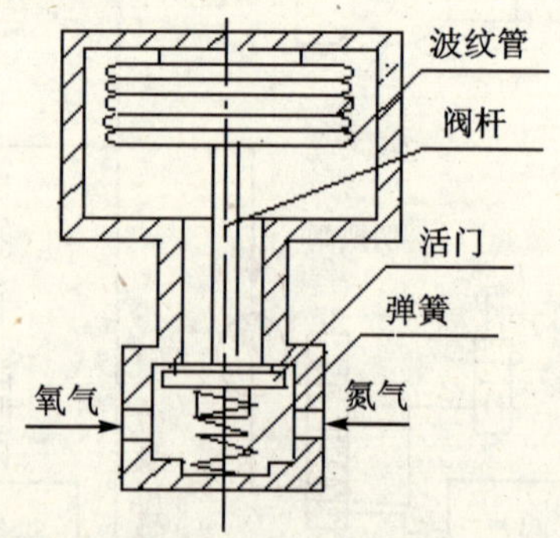

图 4－17　供气调节器结构原理图

供气调节器工作原理为：当总压低于控制下限时波纹盒通过传力件驱动供气活门打开，向舱内供给氧氮混合气体。当舱内达到控制上限时，供气活门关闭，停止供气。氧气和氮气的混合比例是通过供气开关组件中的氧、氮限流器来事先调定的。

正常飞行中，自锁阀供气方案作为初始状态，它采用优先供氧方案，即当氧分压降到控制下限(20 kPa)时，自动开启供氧自锁阀；当氧分压达到控制上限(24 kPa)时，自动关闭。当总压下降到控制下限(86 kPa)时，先判断氧分压是否低于规定值(23 kPa)，如低于此数值，优先供氧到上限(24 kPa)然后关闭供氧自锁阀，开供氮自锁阀供氮到总压控制上限(96 kPa)，其控制逻辑图如图 4－18 所示。

一旦自锁阀供气方案出现故障(供氧阀、供氮阀不能开或不能关)，航天员利用选择阀手动切换到供气调节器供气方案。

当供气调节器失效，不能进行总压及氧分压调节时，航天员按照屏幕显示参数、状态提示和操作提示，将供气开关组件中的氧路及氮路选择阀分别旋到手动供氧或供氮，以及停止供氧或供氮两个位置。此后，航天员按氧分压显示值，当氧分压降到控制下限时，将供氧选择阀旋到手动供氧位置；当氧分压升到控制上限时，将其旋到关闭的位置。同样，当总压降到控制下限时(氧分压不低于控制中值 23 kPa)，将供氮选择阀旋到手动供氮位置，总压到达控制上限

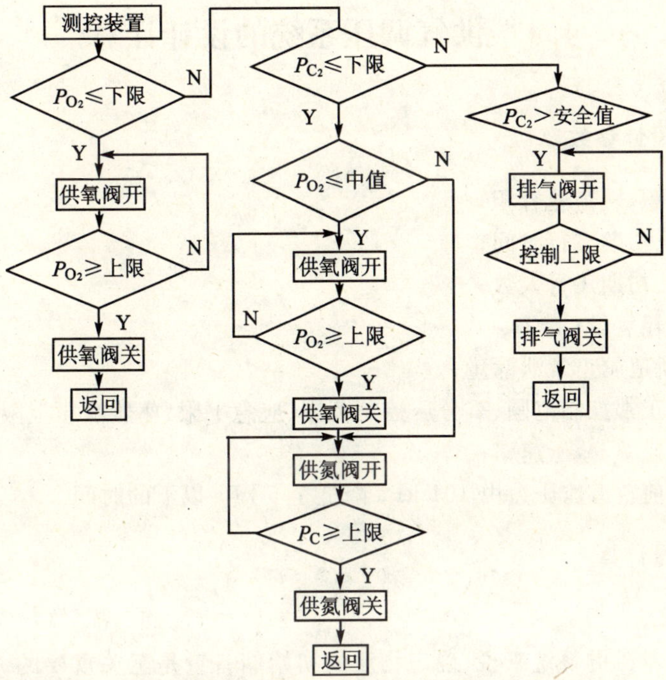

图 4-18 优先供氧模式座舱总压和氧分压控制逻辑图

时，将其旋到关闭位置。

供气调压系统利用排气泄压组件控制轨道舱和返回舱的总压上限。在载人航天器上升和返回过程中，返回舱排气泄压组件的截止阀处于关闭状态，以防止排气调节器活门或泄压阀被震开，造成返回舱突然失压。飞船入轨，系统运行正常后，航天员打开排气和泄压手动截止阀。一旦座舱总压超过预警上限，排气调节器活门自动打开，向舱外排气，舱压正常后，自动关闭。当压力信号检测到舱压超过报警上限时，控制器控制电机启动，将闸板阀旋开，舱内气体向舱外排泄，到规定压力时，控制电机反转关闭闸板阀。当载人航天器返回时，根据舱内外负压值控制电机开启闸板阀，使外界气体进入座舱，实现座舱内外压力平衡。

当出现舱压失控，总压降至 54 kPa 时，由测控分系统自动控制应急供氧阀打开向航天服供氧。应急供氧时间持续到推进舱分离前，此后切换到返回舱中的应急及返回氧源，继续给航天服供氧，直到飞船着陆。

4.4 供气调压系统的设计计算

4.4.1 系统设计参数

(1) 返回舱容积、轨道舱容积;

(2) 飞行周期、初期飞行时间;

(3) 乘员人数、初期飞行人数;

(4) 乘员平均耗氧量;

(5) 返回舱、轨道舱正常泄漏量;

(6) 座舱总压正常控制范围、氧分压控制范围、应急下限、座舱泄压上限值;

(7) 座舱增压速率、减压速率;

(8) 飞船返回前轨道舱压力由 101 kPa 降低至 5 kPa 以下的时间。

4.4.2 储气量计算

1. 储氧量计算

对于以储备为基础的系统来说,确定物质的初始储备量是至关重要的。供气调压系统的储备气体主要为氧气和氮气。

在确定气体储备量之前,必须分析影响系统储气量的因素,主要有以下几方面:飞行任务周期要求、乘员的耗氧量要求、系统和设备的耗氧量要求、座舱环境气体成分比例要求和安全性要求。根据以上分析,系统的氧气储备量为

$$m_{O_2} = m_{O_2}^{(1)} + m_{O_2}^{(2)} + m_{O_2}^{(3)} \tag{4.8}$$

式中,m_{O_2}——系统总的氧气储备量,kg;

$m_{O_2}^{(1)}$——乘员的耗氧总量,kg;

$m_{O_2}^{(2)}$——座舱泄漏总量,kg;

$m_{O_2}^{(3)}$——安全储备量,kg。

(1) 乘员耗氧总量

乘员耗氧总量决定于单个乘员耗氧量、乘员人数、飞行时间。

$$\mathrm{m}_{O_2}^{(1)} = Q_{O_2} \times n_1 \times t \tag{4.9}$$

式中,Q_{O_2}——单个乘员耗氧量,由设计要求知单个乘员耗氧量为 0.78 kg/min;

n_1——乘员人数;

t——飞行时间,min。

(2) 座舱氧气泄漏量

先计算座舱泄漏气体总量:

$$m_{leakage} = Q_{leakage} \times d \tag{4.10}$$

$$m_{O_2}^{(2)} = m_{leakage} \times x_{O_2} \tag{4.11}$$

式中，x_{O_2}——座舱氧浓度，按平均值计算；

$Q_{leakage}$——座舱泄漏流量，kg/d。

(3) 安全储氧量

安全储氧量是针对系统应急状况和氧瓶残余量而设的安全余量，可以根据应急技术要求(如应急供氧量和应急飞行时间)和残余量考虑进行计算。

2. 储氮量计算

氮气主要用于补充舱内气体泄漏，储备量满足以下关系：

$$m_{N_2} = m_{N_2}^{(1)} + m_{N_2}^{(2)} \tag{4.12}$$

式中，m_{N_2}——系统氮气储备总量，kg；

$m_{N_2}^{(1)}$——座舱泄漏总量，kg；

$m_{N_2}^{(2)}$——安全储备量，kg。

(1) 座舱漏氮量计算

由上节计算的座舱泄漏总量得氮气泄漏总量为

$$m_{N_2}^{(1)} = m_{leakage} \times (1 - x_{O_2}) \tag{4.13}$$

(2) 安全储氮量计算

按设计规范计算。

3. 储气瓶数量

由 $\rho V n_2 = m$ 可得，储气瓶的数量为

$$n_2 = \frac{m}{\rho V} \tag{4.14}$$

式中，n_2——储气瓶的数量；

m——储气量；

ρ——气体的密度；

V——储气瓶的容积。

由于气源中的高压气体不能作为理想气体处理，工程上，近似计算时常采用对理想气体引入修正项而得到实际气体性质的简便方法。在相同温度和压力下，实际气体的比容 υ 与按理想气体状态方程计算得到的 $\upsilon_{id} = \dfrac{RT}{P}$ 的比值称为压缩性系数或压缩因子 z，即

$$z = \frac{\upsilon}{\upsilon_{id}} = \frac{P\upsilon}{RT}$$

变换得

$$\rho = \frac{P}{zRT} \tag{4.15}$$

因此,通过压缩因子可以计算出实际气体的密度,然后代入式(4.14)可以得到储气瓶的数量。表 4-3 为某些气体的临界压缩因子。

表 4-3 几种气体的临界压缩因子

物 质	He	H_2	N_2	O_2	CO_2	NH_3	H_2O
z_C	0.300	0.304	0.297	0.292	0.274	0.238	0.230

4.4.3 供气自锁阀流通能力计算

以座舱为研究对象,按照超临界状态下座舱的充气公式计算供气自锁阀的最大流通能力。若充气过程为绝热过程,压力变化公式为

$$\frac{\mathrm{d}p}{\mathrm{d}\tau}=\frac{kRT_C}{V}\cdot\frac{\mathrm{d}m_C}{\mathrm{d}\tau} \tag{4.16}$$

若充气过程为等温过程,压力变化公式为

$$\frac{\mathrm{d}p}{\mathrm{d}\tau}=\frac{RT_C}{V}\cdot\frac{\mathrm{d}m_C}{\mathrm{d}\tau} \tag{4.17}$$

式中,k——绝热常数,氧气 $k=1.39$,氮气 $k=1.4$;

R——气体常数,氧气 $R=259.8$ J/(kg·K),氮气 $R=293.14$ J/(kg·K);

T_C——座舱气体初始温度;

V——座舱容积;

m_C——座舱气体质量。

座舱气体质量变化

$$\frac{\mathrm{d}m_C}{\mathrm{d}\tau}=\dot{m}_{\mathrm{i}}\mathrm{n}=C\frac{P_0}{\sqrt{T_0}}Aq(\lambda) \tag{4.18}$$

式中,C 为常数,$C=\sqrt{\frac{k}{R}\left(\frac{2}{k+1}\right)^{\frac{k+1}{k-1}}}$,氧气 $C=0.042$,氮气 $C=0.040$;

P_0、T_0——气体的总压、总温;

$q(\lambda)$——流量函数;

A——流通面积。

根据给定的压力变化速率,按照式(4.16)、(4.17)、(4.18)可以计算供气自锁阀的流通面积。

4.5 供气调压分系统分析建模

为了对所设计的供气调压分系统的工作特性进行分析,本节介绍供气调压分系统的数学

仿真方法。通过仿真研究，可以对供气调压分系统在不同工作模式下的性能进行分析，确定系统设计是否合理和满足要求。

4.5.1　系统描述与基本假设

供气调压分系统由供气子系统和控制子系统两部分组成。供气子系统由气源、供气组件、排气组件、座舱等组成主路；控制回路由各种压力传感器、流量传感器、控制部件和其他信号单元组成。供气调压分系统作为一种特殊的气压控制系统，以座舱总压和氧分压为控制对象，通过控制座舱供气和排气实现总压和氧分压控制的目的。乘员、座舱环境、供气调压分系统构成了广义的飞船座舱压力控制系统。其模块化的表述如图 4－19 所示。

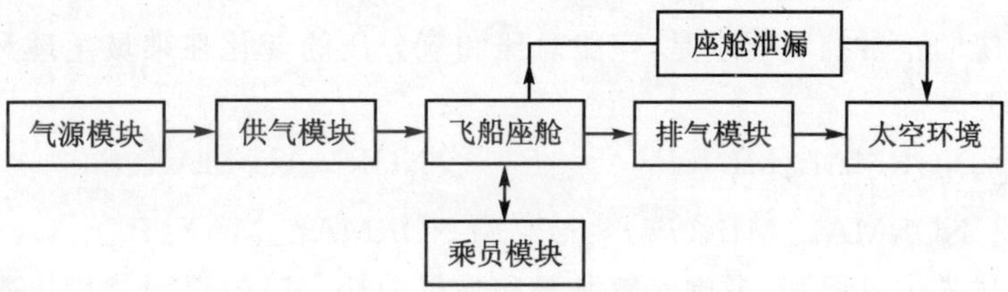

图 4－19　供气调压系统模块

座舱（以轨道舱或返回舱单舱为研究对象）是质量和能量的储存对象；供气模块向座舱提供气源；乘员耗氧并排放二氧化碳；座舱通过排气模块和泄漏向外放气。压控系统输出量（总压和氧分压）随时间的变化是连续的，环境中乘员代谢和座舱泄漏等也是连续的。在建立系统模型时做以下假设：

（1）忽略二氧化碳、水蒸气和其他杂质含量，座舱气体近似为氧氮混合气；

（2）通过节流孔流动为超临界绝热流动过程；

（3）在压力变化过程中近似为等温过程；

（4）泄漏率、消耗率均用平均值计算。

4.5.2　建立舱压变化数学模型

座舱内气体压力和质量的变化是由航天员的耗氧、座舱泄漏、供气组件的供气和排气组件的排气造成的，故有：

$$\frac{\mathrm{d}m_{\mathrm{C}}}{\mathrm{d}t}=\dot{m}_{\mathrm{in}}-\dot{m}_{\mathrm{leakage}}-\dot{m}_{\mathrm{out}}-\dot{m}_{\mathrm{O_2}}^{(1)} \tag{4.19}$$

式中，m_{C}——座舱中的气体质量，kg；

$\dot{m}_{\mathrm{m}}$——供气组件供气或系统泄漏而流入座舱中的气体流量，kg/s；

$\dot{m}_{\mathrm{O_2}}^{(1)}$——乘员的耗氧率（$\dot{m}_{\mathrm{O_2}}^{(1)}=Q_{\mathrm{O_2}}\times n_1$），kg/s；

$\dot{m}_{\mathrm{leakage}}$——座舱的泄漏率，包括氧气的泄漏和氮气的泄漏，kg/s；

$\dot{m}_{out}$——排气组件向座舱外排放的气体流量,kg/s。

又知其符合理想气体状态方程: $PV=mRT$

两边求导可得:

$$\frac{\mathrm{d}P_C}{\mathrm{d}t}=\frac{R_C T_C}{V_C}(\dot{m}_{in}-\dot{m}_{leakage}-\dot{m}_{out}-\dot{m}_{O_2}^{(1)}) \tag{4.20}$$

同理可得:

$$\frac{\mathrm{d}m_{O_2}}{\mathrm{d}t}=\dot{m}_{O_2,in}-\dot{m}_{O_2}^{(1)}-\dot{m}_{O_2}^{(2)}-\dot{m}_{O_2,out} \tag{4.21}$$

$$\frac{\mathrm{d}P_{O_2}}{\mathrm{d}t}=\frac{R_{O_2} T_C}{V_C}(\dot{m}_{O_2,in}-\dot{m}_{O_2}^{(1)}-\dot{m}_{O_2}^{(2)}-\dot{m}_{O_2,out}) \tag{4.22}$$

同时定义系统的正常控制要求是,座舱总压和氧分压的变化在乘员生理和工程技术要求的合理范围内,即

$$\begin{aligned}&\mathrm{NORMAL\_MIN}(P_{O_2})\leqslant P_{O_2}\leqslant \mathrm{NORMAL\_MAX}(P_{O_2})\\&\mathrm{NORMAL\_MIN}(P_C)\leqslant P_C\leqslant \mathrm{NORMAL\_MAX}(P_C)\end{aligned} \tag{4.23}$$

控制器采用优先供氧原则,考虑座舱泄漏和乘员消耗。座舱泄漏是增压座舱在一定的余压下,通过座舱缝隙向舱外漏气的现象。座舱允许泄漏量的大小与增压座舱的形式和容积大小有关。正常情况下,为保障座舱余压,允许泄漏量不得超过增压系统的供气量。

4.5.3 自动供气特性分析

自动供气模式是通过测控装置按一定的规则控制电动阀门实现的,图 4-20 为自动供气模式框图。

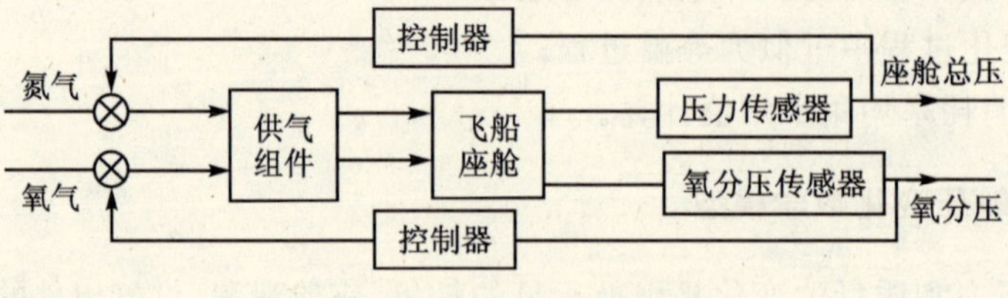

图 4.20 自动供气方案图

供气模式下座舱压力环境的变化主要是由供气组件的供气引起的,式(4.19)简化为

$$\frac{\mathrm{d}m_C}{\mathrm{d}t}=\dot{m}_{in}-\dot{m}_{leakage}-\dot{m}_{O_2}^{(1)} \tag{4.24}$$

由式(4.21)简化为

$$\frac{\mathrm{d}m_{O_2}}{\mathrm{d}t}=\dot{m}_{O_2,in}-\dot{m}_{O_2}^{(1)}-\dot{m}_{O_2}^{(2)} \tag{4.25}$$

工作过程：在正常轨道飞行时，当舱内氧分压低于控制下限时，供气组件中的供氧电磁阀按控制指令开启供氧，氧分压达到控制上限时自动关闭。当舱内总压低于控制下限时，首先检查氧分压，若未达控制上限，则优先按指令供氧，氧分压达控制上限时自动关闭。若此时总压仍低于控制下限时，则按指令供气组件的供氮电磁阀打开，供氮气，当总压恢复至压力上限时，供氮电磁阀自动关闭。座舱总压安全上限设置大于控制上限，当总压大于安全上限时，而排气调节器又未能正常工作或虽工作但仍不能满足要求时，排气组件中的排气电磁阀将按指令开启排气，以保障舱压在安全范围内。总压回落至控制上限时，该阀自动关闭。若因故障造成舱压持续下降并达到应急舱压限值时，系统将转入应急工况。首先是向舱内紧急排放一定配比的氧气和氮气，控制舱压下降的速度，为航天员穿着航天服，并启动航天服循环系统提供足够时间，这段时间不小于 10 min。

控制规则如下：

若 $P_C \geqslant$ 控制下限，$P_{O_2} \geqslant$ 控制下限，供氧量为零，供氮量为零；

若 $P_C \leqslant$ 控制下限，$P_{O_2} \geqslant$ 控制上限，供氧量为零，供氮量为 $C_{N_2} = \dfrac{P_0}{\sqrt{T_0}} A q_{N_2}(\lambda)$；

若 $P_{O_2} \leqslant$ 控制下限，供氧量为 $C_{O_2} \dfrac{P_0}{\sqrt{T_0}} A q_{O_2}(\lambda)$；

若 $P_C \leqslant$ 控制下限， $P_{O_2} \leqslant$ 控制上限，供氧量为 $C_{O_2} \dfrac{P_0}{\sqrt{T_0}} A q_{O_2}(\lambda)$；

若 $P_C \geqslant$ 控制下限，供氮量为零。

根据以上模型，就可以分析座舱内压力的变化规律。

思考题

1. 什么是载人航天器座舱的压力制度？座舱压力制度有哪几种？
2. 氧气有哪些储存方式？
3. 亚临界存储和超临界存储的特点？
4. 供气调压系统由哪些部件组成？简要说明供气调压的工作原理？

第5章　座舱大气再生与污染控制

载人航天器密闭舱内，航天员新陈代谢不断地产生二氧化碳和各种微量有害气体；座舱内的各种非金属材料在座舱环境条件下排放出各种有害物；舱内仪器设备也会产生各种污染物。如果不采取措施使舱内大气得以净化和再生，座舱内空气质量将会急剧恶化，从而影响航天员的生活和工作。舱内大气污染程度及舱内大气组成情况取决于两个因素，即污染物的产生速度和污染物的处理效率。污染物的产生速度与污染源及座舱环境条件有关。因此，为使舱内大气清新，一方面要控制污染源；另一方面要采取切实有效的净化措施，将舱内大气污染水平控制在最高允许浓度之下。大气再生系统的功能包括二氧化碳的处理、还原，产氧，微量污染物监测与控制，微生物控制等，如图5-1所示。

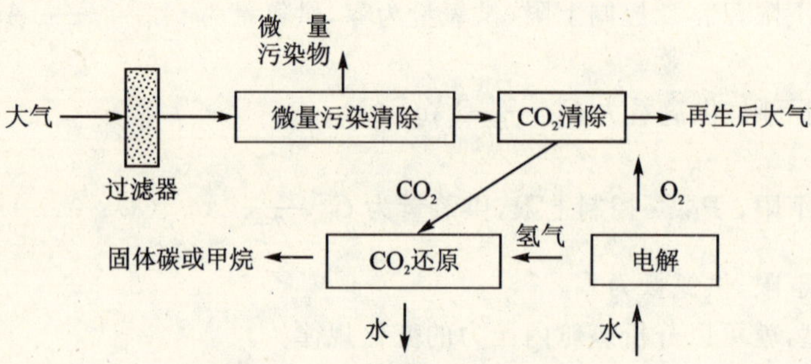

图5-1　大气再生与污染控制系统

5.1　二氧化碳净化技术

二氧化碳是航天员的代谢产物，每人每天约排放出1 kg。若不及时处理，座舱大气中的二氧化碳浓度很快就会达到并超过最高允许浓度。净化二氧化碳的方法多种多样，有物理吸附、化学吸收、膜分离等。根据净化二氧化碳的材料能否再生，可分成再生式二氧化碳净化技术和非再生式二氧化碳净化技术两类。非再生式二氧化碳净化技术适用于短期飞行任务，而再生式二氧化碳净化技术适用于中长期载人飞行。非再生式二氧化碳净化方法，主要是用碱石灰、氢氧化锂和超氧化钾等作为吸收剂吸收二氧化碳。再生式二氧化碳处理方法有分子筛、固态胺（弱碱性树脂）法和电化学极化电池技术等。

5.1.1　非再生式二氧化碳净化技术

1. 超氧化物净化二氧化碳

超氧化钾是一种碱金属超氧化物，是一种淡黄色粉末，附着性较好，易加压粘结，常温下密闭储存稳定性好。超氧化钾不仅能吸收空气中的水汽释放出 O_2，是一种理想的固态储氧剂；而且生成的 KOH 是一种强碱，能吸收空气中的二氧化碳，生成 K_2CO_3 或 $KHCO_3$。苏联从模拟假人和动物搭载的载人飞行的前期研究阶段就开始采用超氧化钾作为生保系统的主氧源和二氧化碳吸收剂。此后，俄罗斯在飞船的生保系统中一直利用超氧化钾作为大气再生剂，并不断改进和完善。为了与人的呼吸商匹配，在“联盟”号飞船的生保系统中又增加了氢氧化锂反应装置来消除 20 %的二氧化碳。

采用超氧化钾净化二氧化碳的主要优点是：① 可以实现功能集成，产氧、二氧化碳净化、消除某些有害物质和微生物同时完成；② 系统简单、安全可靠，常温密闭条件下性质稳定，可长期存放。主要缺点是反应过程复杂，可控性较差。

(1) 超氧化钾净化 CO_2 的工作原理

$KO_2-H_2O-CO_2$ 反应系统的整个化学反应过程十分复杂，其反应过程和最终产物取决于药品配方、反应气体湿度、二氧化碳浓度和反应床的温度等参数。其基本原理是超氧化钾与大气中的水蒸气反应放出氧气并生成氢氧化钾，然后氢氧化钾再与大气中的二氧化碳反应，生成碳酸钾和水。

反应方程式为
$$4KO_2+2H_2O=3O_2+4KOH \tag{5.1}$$
$$4KOH+2CO_2=2K_2CO_3+2H_2O \tag{5.2}$$
总反应方程式
$$4KO_2+2CO_2=3O_2+2K_2CO_3+551.53\ \text{kJ/mol} \tag{5.3}$$

1 kg 超氧化钾对二氧化碳的理论吸收能力是 0.31 kg；但由于实际反应过程十分复杂，在不同的反应条件下，反应的中间过程、最终产物和产热量均不相同。

由于舱内大气中的湿度不同，可能生成 K_2CO_3，也可能生成 $KHCO_3$，因此，对舱内湿度控制的要求较高。通过控制舱内空气的含湿量或通风量，可以控制超氧化钾释放 O_2 的速度，从而达到与人代谢的动平衡状态，满足航天员的呼吸要求。

为了使吸收的 CO_2 和产生的 O_2 与人体呼吸商匹配，可使一部分 KO_2 按反应方程式
$$4KO_2+2CO_2=3O_2+2K_2CO_3$$
进行反应；另一部分按反应方程式
$$4KO_2+4CO_2+2H_2O=3O_2+4KHCO_3$$
进行。

另一种调节呼吸商的方法是用适量的超氧化物与 H_2O 和 CO_2 反应释放 O_2，保证航天员有足量的呼吸供氧，而将多余的 CO_2 用无水氢氧化锂进行处理。

(2) 物理因素对 $KO_2+H_2O+CO_2$ 系统性能的影响

影响反应系统性能的物理因素按其性质主要有以下几种：

① 反应系统的工作参数，主要是反应气体的流速、温度、湿度以及二氧化碳的浓度，反应床本身的温度等；

② 反应器的结构参数，如反应器的流通形式、长径比等；

③ 吸附床的结构特性，主要是密度、孔隙率、形状、反应面积等。

试验表明，反应气体中二氧化碳浓度、湿度以及反应床的填充形式是影响系统性能的主要因素。反应气体的湿度对产氧起主导作用。控制进入反应系统的气体的湿度以及反应床的温度有助于防止过量产氧，并能防止因湿度过大而使反应床结块，堵塞形成沟道，造成超氧化物反应不完全。由于钾和钠的碳酸盐易吸湿潮解，在颗粒表面形成一层糊状物，会妨碍气体向颗粒内部扩散，使反应不能完全进行。此外，由于颗粒之间相互粘接，甚至粘成一整块，会使气流通过反应器的阻力急剧上升。因此，控制舱内大气的湿度非常重要。

温度对 $KO_2-H_2O-CO_2$ 反应系统也有很大影响。在温度低于 10 ℃时，系统只能部分产氧且必须在充足的水蒸气"催化"下才能反应，所以超氧化钾反应系统的工作温度一般必须高于 10 ℃。超氧化钾的热分解温度在 125～209 ℃之间，在低于此温度时，理论上讲 $KO_2-H_2O-CO_2$ 反应系统可以进行反应；但随着温度升高，会导致系统的反应速度过快而过量产氧，引起危险和导致装置提前失效。因此，理想的使用条件是常温、相对湿度 30 %～70 %。

反应装置的结构形式对 $KO_2-H_2O-CO_2$ 反应系统的性能有很大影响，尤其是反应床内超氧化钾的填充形式和反应气体的流动形式，将显著影响整个系统的氧利用率和吸收二氧化碳的性能。

(3) 化学因素对 $KO_2-H_2O-CO_2$ 反应系统性能的影响

化学因素对反应系统性能的影响也十分明显。为了改善系统的性能，向吸收剂中加入一定量的添加剂。这些添加剂按作用主要有以下几类：① 催化剂；② 二氧化碳吸收剂；③ 干燥剂；④ 惰性添加剂。

在超氧化物中加入催化剂可以有效地提高其反应活性，这类催化剂中最有效的是 CuO。对于应急呼吸装置，超氧化钾的氧利用率一般只能达到 80 %左右，使用合适的催化剂可以使氧利用率提高到 90 %～95 %。向反应系统中加入二氧化碳吸收剂的主要目的是为了改善超氧化钾对二氧化碳的吸收性能，使其性能与人的呼吸商匹配，但试验结果并不理想。如在板状超氧化钾中加入 5 %的氢氧化锂后，产氧量和二氧化碳吸收量均有所减少。向超氧化钾中加入一定量的干燥剂是为了吸收一部分水蒸气，防止过量产氧以及因湿度过高而引起的反应床结块堵塞；但试验结果证明效果都很有限。加入惰性添加剂的目的是利用惰性物质疏松的特点来增加超氧化钾的孔隙率，提高反应气体和吸收剂的接触面积。

2. 氢氧化物吸收二氧化碳

净化二氧化碳最简单的方法是采用碱金属或碱土金属的氢氧化物进行吸收。氢氧化钙常被用来吸收二氧化碳。$Ca(OH)_2$比较便宜，可大规模生产；但是，由于钙的原子量比较大，单位质量的$Ca(OH)_2$吸收的二氧化碳的量相对比较小（不超过130 L/kg）。在载人航天中，质量是选择系统方案的一个非常重要的参数，因此需要寻找更有效的物质。Li的相对原子质量（7）小，LiOH比$Ca(OH)_2$更有效，对二氧化碳的吸附量能达到350～400 L/kg。对于短期飞行而言，选用氢氧化锂作为二氧化碳净化系统的基本方案是可行的，技术成熟、可靠性好、成本低。

（1）工作原理

氢氧化锂吸收二氧化碳的化学反应方程式是

$$2LiOH+2H_2O=2LiOH\cdot H_2O \tag{5.4}$$

$$2LiOH\cdot H_2O+CO_2=Li_2CO_3+3H_2O \tag{5.5}$$

总反应方程式：

$$2LiOH+CO_2=Li_2CO_3+H_2O+2\ 031.9\ kJ/kg \tag{5.6}$$

无水氢氧化锂首先吸收气流中的水汽，生成氢氧化锂的水化物$LiOH\cdot H_2O$；然后，$LiOH\cdot H_2O$吸收气流中的CO_2生成Li_2CO_3。此反应是放热反应，每吸收1kg的CO_2，释放出2 031.9 kJ热量。反应热可使反应产生的水汽化，水蒸气进一步使氢氧化锂水化。氢氧化锂的水化和$LiOH\cdot H_2O$吸收CO_2的反应在同一反应带里进行。试验研究结果表明，水化不足或过早水化，都会引起氢氧化锂反应床的利用率降低。室温下，空气相对湿度为50 %～70 %时，反应能够很好的开始和维持。

无水氢氧化锂与超氧化物相比，即使室温下被水饱和的气流通入氢氧化锂反应床，吸收二氧化碳的反应也能较好地进行。氢氧化锂反应床的内部不出现结块粘连现象，颗粒之间互不粘连。因此，气流通过反应床的压降始终比较平稳，对入口气流湿度控制要求不高。

无水氢氧化锂一般压制成具有一定粒径大小的颗粒，堆积密度约为0.45 g/cm^3。为了提高无水氢氧化锂的利用率，必须将它制成有发达孔隙的颗粒状物质。孔隙度一般应超过50 %。

由于无水氢氧化锂颗粒质地比较轻软，易产生强碱尘埃，这对人的眼睛和呼吸道黏膜及皮肤都有强烈的刺激性和腐蚀性。因此，绝对不允许气流将氢氧化锂尘埃夹带到座舱大气中。在氢氧化锂吸收罐中，设有过滤层，它能滤去99 %的粒径大于7 μm的尘埃和粒径大于25 μm的全部尘埃。

（2）反应器结构

氢氧化锂吸收罐的结构形式基本上有两种：一是轴向流通形式，一是径向流通形式。轴向流通形式结构比较简单，但流阻较大；径向流通形式结构比较复杂，但流通面积大，流速小，过滤面积大，因而反应效果好，压降小。虽然径向流通形式由于结构较复杂，带来加工难度，但仍是优先选用的结构形式。图5－2是径流通风LiOH吸收罐的结构示意图。

颗粒状的氢氧化锂通过金属网固定在容器内。吸附剂的量决定于吸附剂的吸收能力。吸

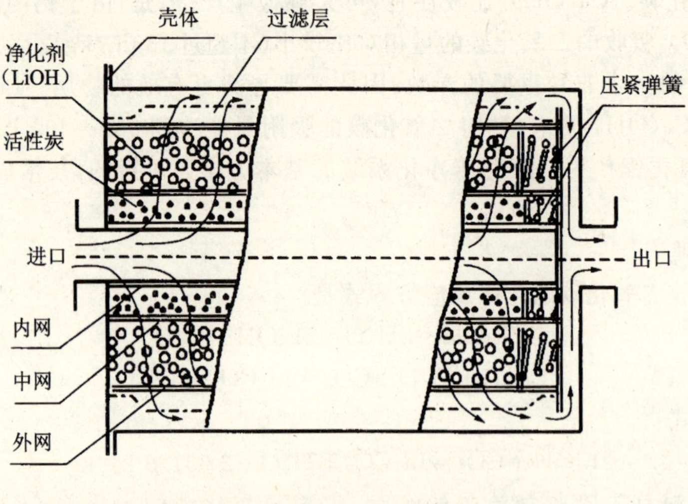

图 5-2 LiOH 吸收罐结构示意图

附罐的尺寸由吸附能力和吸附速度，即吸附反应动力决定。

强迫流动的气体从入口进入净化装置，沿径向从小孔网经过活性炭层，微量有害气体被活性炭吸附，穿过中孔网，再经 LiOH 净化剂层，气流中的部分水汽被 LiOH 吸收变成带结晶水的氢氧化锂（LiOH · H_2O）进而吸收 CO_2，生成碳酸锂（Li_2CO_3），被净化了的气体则通过过滤层，滤除气流中的固体微粒后从净化装置的出口返回座舱大气中。

由于氢氧化锂对人的呼吸器官有很强的刺激性，所以氢氧化锂净化装置的关键技术是氢氧化锂颗粒要有足够的强度，装置内应设计完善的减震、压紧、容积补偿和良好的过滤层装置，防止氢氧化锂破碎、堵塞流道，或过滤层破裂及氢氧化锂粉尘外溢等严重事故发生。美国人常把氢氧化锂加工成板状，破碎过筛，再装入氢氧化锂罐中。我国积累多年对氢氧化锂的研究经验，把它压制成 $2\times\Phi4$ mm 的圆柱形药片，烘干后装入二氧化碳净化装置中，经过多次振动装填，用端板压紧。由于底部有弹簧的压紧作用，在整个装置受到冲击振动时，氢氧化锂药片会压得更紧，其长度缩短，而底部弹簧伸长，补偿药片的收缩量，使药片始终处于压紧状态，避免因药层疏松，药片之间发生相对位移和摩擦而使药品破碎或产生粉尘，堵塞过滤层，影响气体流通，降低净化效率。更重要的是防止氢氧化锂粉末穿过过滤层，随气流进入座舱。

在试验中发现，氢氧化锂反应床与超氧化物反应床一样，反应失效的氢氧化锂罐在静置一段时间后，又表现出一定的处理二氧化碳的能力。为了提高氢氧化锂的利用率和使航天员有充裕的时间置换氢氧化锂罐，一般安排两个氢氧化锂罐并联，交替工作。这样可将罐中的氢氧化锂利用率提高到大约 92 %（美国按 80 %的效率进行设计），即 1 kg 无水氢氧化锂能吸收 0.85 kg 的二氧化碳。如果考虑容器和黏结剂的质量，吸收 1 kg 二氧化碳所需的氢氧化锂容器的总质量约为 2.1 kg。图 5-3 给出了双罐氢氧化锂净化系统流程图。

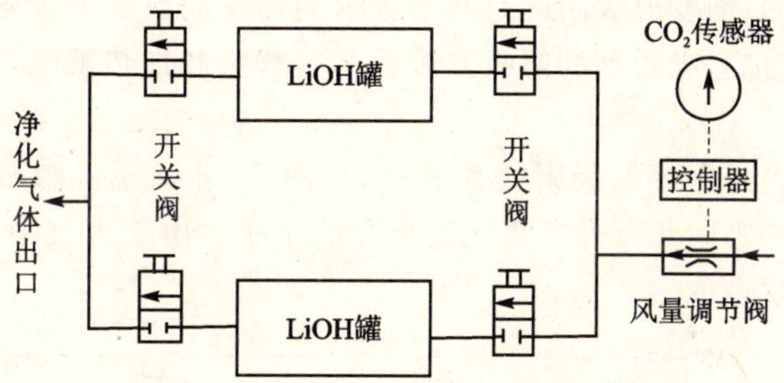

图 5-3 双罐氢氧化锂净化系统流程图

氢氧化锂水化和吸收二氧化碳的反应绝大部分是在反应带里发生。反应带从罐子的进气端向出气端移动。反应吸收带的长度是许多参数的函数，它与气流速度、氢氧化锂颗粒直径、温度、二氧化碳在颗粒孔隙中的扩散性、氢氧化锂颗粒表面的化学反应和进气中二氧化碳浓度与穿透浓度之比等有关。反应带里温度最高。当吸收的负载峰到达出气端时，就达到了突破点。在这以后，反应罐出口气流中二氧化碳的浓度，会随反应时间增加而较为迅速地上升。当舱内大气中的二氧化碳浓度达到规定允许的最高浓度时，即认为反应罐失效。

5.1.2 再生式二氧化碳净化技术

1. 分子筛净化二氧化碳技术

分子筛是一种高效能、高选择性的超微孔型吸附剂，在化学工业中应用广泛，在低压/高温下可以再生。在诸多再生式二氧化碳净化技术中，分子筛吸附分离方法以其结构简单、使用方便等优点被认为是一种较理想的二氧化碳净化方案，在美国航天飞机、和平号空间站以及国际空间站上得到实际应用。

(1) 基本原理

分子筛是人造的多孔铝硅酸盐，根据其孔径的大小可以分几种类型，常见5A型分子筛的典型化学组成是 $0.7CaO \cdot Al_2O_3 \cdot 2SiO_2 \cdot 4.5H_2O$，13X 型的组成是 $Na_2O \cdot Al_2O_3 \cdot 2.5SiO_2 \cdot 6H_2O$，孔径分别为 42～47 μm、90～100 μm。分子筛粒密度为 0.9～0.3 g/cm^3，比表面积为 400～750 m^2/g。可吸附 CO_2、CO、SO_2、H_2S、NO_x、NH_3、氟里昂和水等。高孔隙率是吸附剂的重要特征。

分子筛净化二氧化碳是通过吸附分离将二氧化碳从大气中分离出来。吸附分离借助三种机理实现：位阻效应、动力学效应和平衡效应。位阻效应是根据分子筛的筛分性质，只有小的并具有适当形状的分子才能进入吸附剂，而其他分子都被阻挡在外面。动力学分离是借助不同分子的扩散速率之差来实现的。大多数分离过程都是通过混合气的平衡吸附来完成的，即吸附剂对不同气体平衡吸附量的差别，因此称为平衡吸附分离过程。

吸附分为变压吸附和变温吸附两类。变压吸附是基于吸附剂在不同压力下吸附能力的不同来实现吸附和脱附的；而变温吸附则是基于吸附剂在不同温度下吸附能力的不同来完成吸附和脱附的。与之相对应，吸附剂的解吸方法有真空解吸和加热解吸，两者也可同时采用，以改善解吸的效果。

吸附剂的吸附能力可用等温吸附线来表示，如图 5-4 所示。沸石分子筛的平衡吸附量（静态）可以到达吸附剂吸附几百升二氧化碳每升的水平。由于大气中二氧化碳分压很低，所以实际吸附量远小于这个值。

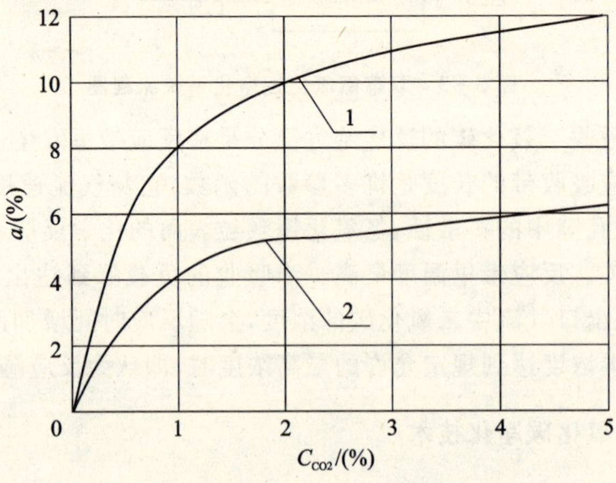

1—平衡吸附量；2—动态吸附量

（v=0.1 m/s，床长=1 m）

图 5-4 分子筛二氧化碳等温吸附曲线

在载人航天中，最常用的是沸石分子筛，其对二氧化碳的吸附能力如表 5-1 所列。在二氧化碳分压为 10 132.5 Pa 的室温条件下，静态吸附量质量分数可达到 6 %，单位体积的吸附量达 0.7～0.8 kg/L。

表 5-1 沸石分子筛对二氧化碳的吸附（t=20 ℃）

二氧化碳分压/Pa	CO_2 吸附量与吸附剂量之比/(kg·kg^1)		
	KA(33 nm)	NaA(40 nm)	CaA(50 nm)
400	1.32	5.70	7.50
800	1.76	7.05	9.70
2 000	2.20	8.80	12.70

沸石分子筛可以采用加热、真空或两者同时使用的再生方法。如果采用真空解吸，沸石的动态吸附量为 3 %。纯氧环境对沸石分子筛没有影响，经过数千次循环后其吸附性能和机械性能几乎没有改变。但它要求进口空气必须干燥，露点温度低于－60 ℃，这是由于沸石吸收

水的能力强于二氧化碳,吸水后会使其吸收二氧化碳的能力大大降低。比如,当 NaX 吸收了 1 %的水蒸气后,吸收二氧化碳的能力会下降 40 %。采用加热再生,温度要达到 300～400 ℃,从功耗方面考虑是不可接受的。因此,一般采用真空解吸或者真空加热结合的方式解吸。

(2) 四床分子筛净化系统

采用沸石分子筛的系统称为四床分子筛系统,此结构的分子筛二氧化碳清除装置已经过测试并在空间站中投入使用,包括两个干燥床、两个二氧化碳吸附床、一个预冷器(空气-水热交换器)、6 个换向阀、两个止回阀和一台风机。工作原理如图 5-5 所示。

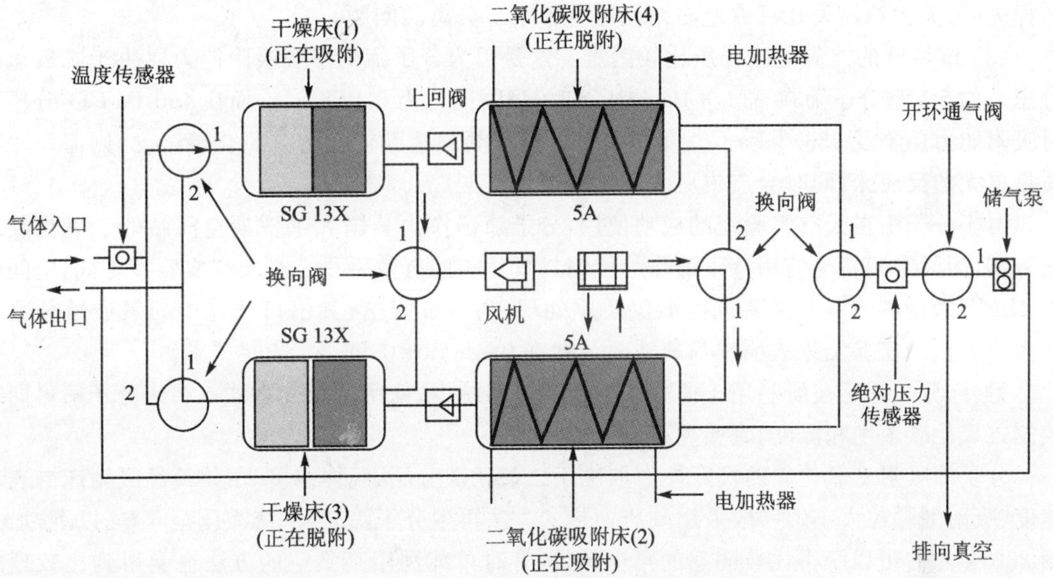

图 5-5 四床沸石分子筛的工作原理图

两个干燥床,是由阳极化铝制成的矩形罐,包括三级干燥剂。吸附床也是由阳极化铝制造的矩形罐,体积 0.016 m^3,填充了沸石 5 A 分子筛材料。吸附床还装入了电加热器,提供热量,以促进二氧化碳脱附。预冷器是不锈钢的叉流式热交换器,保证二氧化碳吸附床的温度为 10 ℃。6 个相同的两位三通气流换向阀,控制系统的吸附/脱附时序。两个止回阀,防止空气从干燥床进入解吸床,允许空气从吸附床进入干燥床。储气泵从吸附床抽空气体,再将其送回管道,减少气体的损失。

工作时安装在干燥床下游的风机将座舱内的气体从冷凝式换热器抽入二氧化碳清除系统内,即冷潮空气进入干燥床。干燥床除去空气中的水后,干燥空气被风机送入预冷器(因为吸附过程放热)。经过处理后,冷的干空气进入二氧化碳吸附床。二氧化碳被吸附,净化气体经由管道进入另一个干燥床(解吸干燥床),在这个干燥床里空气吸收上个循环中被吸附的水后排出，从而保持舱内大气的水平衡，水和空气都得到回收。两个干燥床和两个吸附床均交替工作。当一个吸附床吸附二氧化碳时，另一个床脱附。吸附在座舱压力下进行，解吸利用外太空的高真空环境来完成，解吸后的二氧化碳不回收，直接排入真空。

这种分子筛系统存在的问题有以下几方面：

(1) 干燥床的设置增加了床的质量，同时也增加了流动阻力，造成系统的等效质量和能耗比较高。

(2) 尽管分子筛对水和二氧化碳的吸附能力要强于其他气体，但对氧气和氮气仍有一定的吸附能力。例如：66.7 kPa 下，分子筛对氮气的平衡吸附能力为 0.009 g/g。这导致了气体的损失(每天大约损失几百克左右)，同时也带来了分离的问题。

(3) 维持低的二氧化碳分压比较困难。这是因为分子筛的平衡吸附能力取决于二氧化碳分压。如 5A 型分子筛在 933.3 Pa 分压下时，吸附能力为 0.068 g/g，而在 400 Pa CO_2 分压下时吸附能力还不及 933.3 Pa CO_2 下的一半。因而要想达到较低的二氧化碳浓度，则需尺寸和质量更大的反应床，同时会造成更多的气体损失。

由于分子筛在天空实验室的成功使用，分子筛仍作为美国和俄罗斯空间站的二氧化碳净化方案，国际空间站也使用分子筛作为控制二氧化碳的有效手段。与天空实验室不同，空间站中 4BMS 吸附的二氧化碳要进行加氢还原处理，为保证安全，其出口气体中的氧质量分数不得大于 3 %。实验结果表明出口氧质量分数在 0.45 %～0.90 %，满足要求。

另外，分子筛还被研制用于便携式生命保障系统中，使用两床交替式。两床分子筛可同时控制二氧化碳浓度和湿度，直接利用真空解吸。

分子筛吸附二氧化碳的实际能力取决于二氧化碳分压、气体温度、气体流经吸附床的表观速度、吸附剂颗粒大小。一般采用减压加热的方法再生分子筛，当系统减压至 6 Pa 以下，加热到 230 ℃左右可以获得比较满意的再生效果，有时单纯利用高真空的方法也能得到比较理想的解吸效果。

目前，正在研究两床的碳分子筛二氧化碳处理系统。碳分子筛吸附二氧化碳的性能不受空气湿度的影响，因此在进入吸附床之前不需要干燥，系统结构更简单。另外，碳分子筛的解吸温度比沸石分子筛低，也降低了系统的能耗。这些优点使该系统成为二氧化碳处理很有前途的方案之一，系统的关键技术是研制性能优良的碳分子筛。

2. 金属氧化物

早在 20 世纪 40 年代，人们就已注意到金属氧化物可以作为再生式二氧化碳吸收剂。与分子筛相比，其特点是吸收水但不影响吸收二氧化碳的能力，反而会促进二氧化碳的吸收。在 20 世纪 60 年代和 70 年代的空间站计划中，对金属氧化物及金属碳酸盐都做了广泛的研究。

金属氧化物的基本原理是：碱性的金属氧化物可以吸收酸性的二氧化碳气体，在高温下此反应逆向进行，从而完成解吸。对金属氧化物的基础研究集中在选材和水的作用机理上。

美国联合技术公司 UTC(United Technologies Corporation)研究表明，碱性金属氧化物不能在熔融状态下与二氧化碳直接反应。1984 年，HSD 继续对金属氧化物进行了概念论证、热力学分析和反应机理的研究，结果表明水起到了催化剂的作用，反应的控制步骤是 CO_2 与 OH^- 反应生成 HCO_3^-。以 Ag_2O 为例，可能的反应机理如下：

$$Ag_2O = Ag + AgO \tag{5.7}$$

$$AgO^- + H_2O = AgOH + OH^- \tag{5.8}$$

$$AgOH = Ag^+ + OH^- \tag{5.9}$$

$$CO_2 + OH^- = HCO_3^- \tag{5.10}$$

$$HCO_3^- + OH^- = H_2O + CO_3^{2-} \tag{5.11}$$

$$2Ag + CO_3^{2-} = Ag_2CO_3 \tag{5.12}$$

总反应方程式为

$$Ag_2O + CO_2 = Ag_2CO_3 \tag{5.13}$$

根据以上机理，认为合适的金属氧化物应具有以下化学特性：液体环境，即有水参加；高的 pH 值；相应的碳酸盐在高 pH 值条件下难溶；有足够的金属离子和碳酸根参加反应；毒性小；合理的再生温度；再生温度下有热稳定性。

根据以上原则筛选，美国联合技术公司认为氧化银是较为合适的材料，并对氧化银材料总结如下：

(1) 物理稳定性差，需添加黏合剂，加入黏合剂使其吸收性能有所降低；

(2) 吸收剂的含湿量是吸收性能的直接影响因素，含湿量大有利于二氧化碳的吸收，氧化银吸水性较差，因而需要添加吸水性的物质作为催化剂；

(3) 反复热再生，使干/湿、收缩/膨胀变化频繁，造成结构稳定性差，因此需要坚固的固体材料，以限制材料受热、受湿的膨胀；

(4) 虽然吸收反应是放热反应，但是因温度升高会加快反应速度，而且此温升不会造成吸收反应的逆向进行，因此不需要附加冷却装置(如水冷却回路)；

(5) 热空气驱气解吸法效率优于热真空解吸法，且结构也比热真空解吸法简单；

(6) 解吸宜采用两步升温，减少水快速溢出对材料结构的损伤，从而延长使用寿命；

(7) 长时间的热空气再生会使温度升高，必须在吸收前进行冷却；

(8) 反应器的长径比太大，会形成大的温度梯度，引起解吸过程中反应器后部对水的再吸收，造成吸收剂聚结。

金属氧化物 CO_2 净化技术由于再生时间长，仅适合舱外活动，而且使用寿命较短，所占质量和体积较大。

金属氧化物二氧化碳净化技术的关键：一是优化材料，延长使用寿命，提高吸收性能；二是改善再生工艺，一方面降低能耗，另一方面是减小再生时的温度梯度，避免材料受热不均而影响材料寿命。

3. 固态胺水蒸气解吸 SAWD(solid amine water desorption)

固态胺 SA(solid amine)，是一种弱碱性阴离子交换树脂，其骨架结构是苯乙烯和二乙烯苯的共聚体。将其制成颗粒，经氯甲基化后再由伯胺和仲胺胺化而成。这种交换树脂，以伯、仲和叔胺为交换基团，在水中解离程度很小而呈弱碱性。这种弱碱性胺基树脂与二氧化碳的结合能力较弱，可以通过热或真空的方法解吸，因此是一种可再生的二氧化碳吸收剂。交换容量较高和容易再生是这种阴离子交换树脂的重要特性。

固态胺净化和收集二氧化碳是通过固态胺对二氧化碳的吸收和解吸来完成的。固态胺吸收二氧化碳的化学反应是：首先，固态胺与水反应生成胺的水合物，然后，二氧化碳再与胺的水合物反应生成胺的碳酸氢盐类。上述两步反应式如下：

$$NH_3 + H_2O = NH_3 \cdot H_2O \tag{5.14}$$

$$NH_3 \cdot H_2O + CO_2 = NH_3 \cdot H_2CO_3 \tag{5.15}$$

固态胺的再生是通过蒸气加热或热真空的力量破坏固态胺的碳酸氢盐的键而释放出二氧化碳，其反应方程式如下：

$$NH_3 \cdot H_2CO_3 + \text{蒸气热（或热真空）} = CO_2 + H_2O + NH_3 \tag{5.16}$$

解吸出来的二氧化碳纯度约为 99 %左右，被送到二氧化碳储箱中储存，当需要将二氧化碳进行还原处理时，则将二氧化碳由储箱送往二氧化碳还原系统进行还原处理。固态胺的解吸组合件简图如图 5-6 所示。

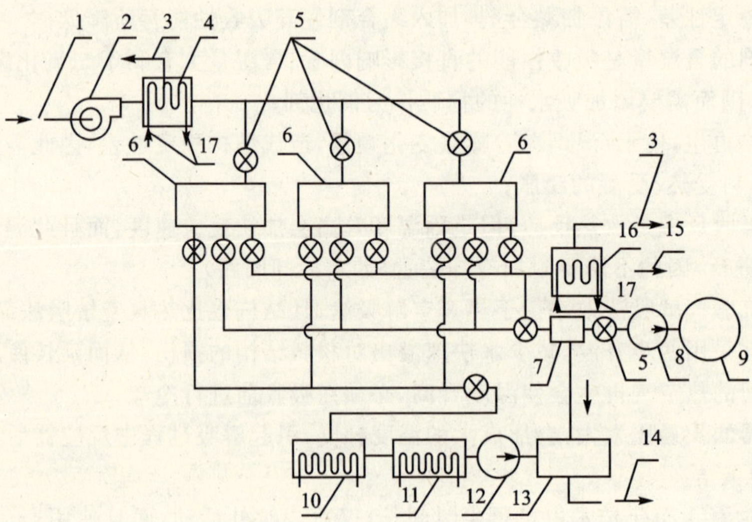

1—来自座舱的空气；2—风机；3—送往水再生系统的水；4—冷凝热交换器；5—阀门；6—吸收床；7—水分离器；8—压缩机；9—CO_2收集器；10—加热器；11—蒸发器；12—液压泵；13—水箱；14—送往水再生系统的水；15—净化后送往座舱的空气；16—冷凝热交换器；17—与热控系统的接口

图 5-6　固态胺吸收二氧化碳系统原理图

影响固态胺吸收二氧化碳的因素有：固态胺吸收床的温度、吸收床的含湿量、吸收床的长度、进口气体中二氧化碳的浓度和气流速度等。

① 床温对吸收容量的影响　按照热力学观点，吸收二氧化碳的平衡容量，应随温度降低而增加。低温的另一个好处是在吸收时固态胺的水分损失小。但温度低时吸收速率也低，实际使用很不方便。因此，最佳吸收温度在 13～24 ℃之间。

② 床含水量对吸收容量的影响　水在固态胺吸收二氧化碳过程中起着非常重要的作用，因为胺不能直接与二氧化碳反应。胺必须先与水反应生成胺的水合物，然后胺的水合物再与二氧化碳反应生成碳酸氢胺。实验结果表明，当床的含水量为干固态胺质量的 20 %～30 %时，其吸收二氧化碳的性能达到最佳状态。当含水量超过 35 %时，吸收二氧化碳的性能又急剧下降。这是因为过多的水分在胺颗粒表面形成一层薄薄的水层，该水层阻止了二氧化碳气体继续向胺颗粒内部扩散。

③ 床长和气流速度对吸收容量的影响　固态胺吸收二氧化碳的容量随床长的增加而增加，随气流速度的增加而减小，这是由于“接触时间”长短所致。床身较深，则二氧化碳与胺的接触时间就较长，吸收容量就大；气流速度快，则二氧化碳与胺的接触时间就短，因此，吸收容量也就小。

④ 入口二氧化碳浓度对吸收容量的影响　实验结果表明，二氧化碳吸收容量是随二氧化碳的浓度增加而增加。当循环时间相同时，随着气流中的二氧化碳浓度的增加，吸收容量也随之增加。

实现从固态胺中释放出其所吸收的二氧化碳（即二氧化碳解吸）的关键是蒸气，蒸气在二氧化碳解吸过程中除了提供热量外，还作为“清扫吹拂”气流而把解吸出来的二氧化碳送到二氧化碳储箱中去。

该系统的主要附加质量与蒸气的产生和散热有关。对于功率不很富裕的航天器，该系统可以在日照期解吸，在阴影期吸附。

固态胺法与其他方法比较有以下优点：(1) 结构简单；(2) 更适合朝阳时耗能解吸，向阴时进行不耗能吸收的周期使用，适应航天器能量供给的特点；(3) 不需要复杂的技术，研制成本低。

固态胺法的缺点是：(1) 由于使用中活性基团胺基的游离丧失，材料有一定寿命，需要定期更换。(2) 降解产物三甲基苯有一定的毒性，出口气体需要做一定的后处理，以保证航天员健康和后续二氧化碳还原系统进口气体的纯净。(3) 影响因素较多，不易控制。(4) 与其他系统相关性大，需要蒸气解吸。蒸气的采用，加重了湿度控制系统的负荷，同时也带来了蒸气处理的安全性问题。

4. 电化学去极化浓缩 EDC(electrochemical depolarization concentration)

(1) 基本原理

用电化学去极化技术（EDC）来净化和收集二氧化碳的过程，是使含有二氧化碳的空气通过一个由数个电化学电池单元所组成的装置完成的，如图 5-7 所示。每个电池单元含有两个电极，在这两个电极之间有一层多孔的、内含有水解碳酸铯(Cs_2CO_3)的基体。在电池单元内发生的电化学和化学反应如下：

在阴极 $$\frac{1}{2}O_2 + H_2O + 2e^- = 2OH^- \tag{5.17}$$

$$2CO_2 + 2OH^- = H_2O + CO_3^{2-} \tag{5.18}$$

在阳极 $$H_2 + 2OH^- = 2H_2O + 2e^- \tag{5.19}$$

$$CO_3^{2-} + H_2O = 2OH^- + CO_2 \tag{5.20}$$

总反应如下：

$$CO_2 + H_2 + \frac{1}{2}O_2 = CO_2 + H_2O + \text{电能} + \text{热量} \tag{5.21}$$

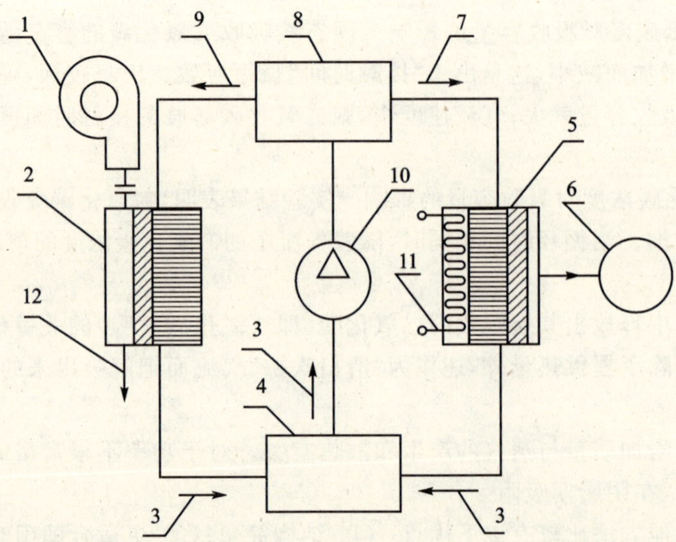

1—风机；2—吸收器；3—$Cs_2CO_3 + H_2O$；4—混合器；5—解吸器；6—CO_2收集器；7—$CsHCO_3$；
8—电解质；9—CsOH；10—液压泵；11—加热器；12—通往座舱的去除 CO_2 的空气

图 5-7　EDC 系统原理图

反应式(5.17)和(5.19)是氢、氧电化学反应，这种反应与通常的燃料电池反应一样，其反应生成物是水和电能。反应式(5.18)是座舱空气中的二氧化碳与在阴极上产生的氢氧根离子(OH^-)发生反应，生成水和碳酸根离子(CO_3^{2-})，这就是二氧化碳净化过程。反应式(5.20)表明碳酸根离子(CO_3^{2-})替代了在电池单元内作为电荷载体的氢氧根离子(OH^-)，并移向阳极，在此处由于PH值的改变致使二氧化碳从溶液中释放出来，这就是二氧化碳的收集和浓缩过程。

从反应式(5.17)、(5.19)及(5.21)中可以看出，用电化学去极化方法净化、收集和浓缩二氧化碳必须有氢、氧参加才行。因此，在使用电化学去极化方法时，必须考虑氢、氧的消耗和补充。从反应式(5.21)中还可以看出，在反应过程中产生热量，因此，使用电化学去极化方法时，还必须考虑对温度进行控制。

电化学去极化技术净化二氧化碳的速率，可以通过增减电池单元数目或调整通过电池单元装置的电流大小来控制。

(2) 供氢型 EDC

单个电池的原理图和电化学反应如图 5-8 所示，碱性电解液通常是碳酸铯(Cs_2CO_3)，需要在阳极供氢。

阴极反应：

$$O_2 + 2H_2O + 4e^- = 4OH^- \tag{5.22}$$

$$4OH^- + 2CO_2 = 2H_2O + 2CO_3^{2-} \tag{5.23}$$

阳极反应：

$$2H_2 + 4OH^- = 4H_2O + 4e^- \tag{5.24}$$

$$2CO_3^{2-} + 2H_2O = 4OH^- + 2CO_2 \tag{5.25}$$

总反应：

$$2CO_2 + 2H_2 + O_2 = 2H_2O + 2CO_2 \tag{5.26}$$

舱内湿润的含二氧化碳和氧气的待净化的空气流入阴极腔，二氧化碳与在阴极产生的 OH^- 反应生成 CO_3^{2-}。基本去除了二氧化碳的湿润空气流出阴极腔。在阳极供给的氢气和 OH^- 反应生成水，这就降低了阳极的 OH^- 浓度，导致 CO_3^{2-}/CO_2 平衡向产生二氧化碳的方向移动，从而完成二氧化碳从阴极向阳极的转移，二氧化碳和过剩的氢气由阳极腔流出。整个反应是放热的，并且伴随有电能产生。出口气体氢气的含量从 80 % 到 1 %，通过适当调节，可以使氢气和二氧化碳的比例满足后续的二氧化碳还原反应(与氢气反应，生成甲烷和水)要求，所以供氢型 EDC 适合后接二氧化碳还原系统。

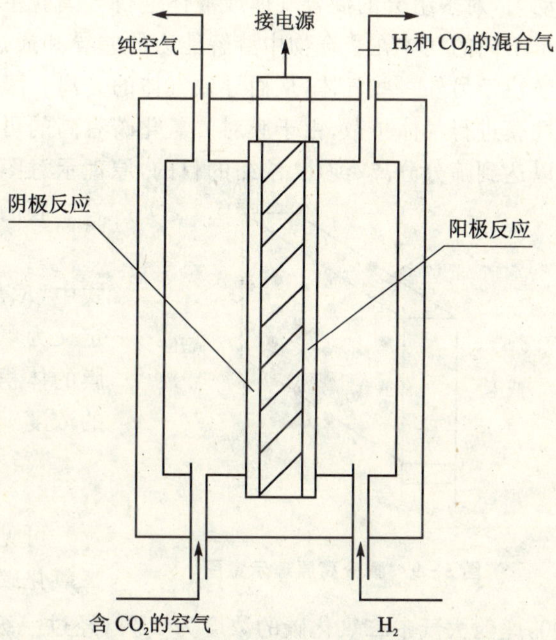

图 5-8 单个电池电化学反应原理图

EDC 技术具有以下突出的优点：

① 灵活性强。反应是在 EDC 的核心部分电化学反应室中进行的，一般的 EDC 都有并联的数个电池槽，如果加上 6 个电池槽就可用于 4 人，而不影响其他辅助部分的结构。其中一个电解槽的二氧化碳去除能力可以通过调节电流密度而增强或降低。采用这种设计，当一个电解槽发生问题时，可单个更换维修，而不影响其他电解槽，并可通过增加电流密度弥

补电解槽故障所造成的性能下降。

② 吸收剂使用寿命长。因是液体,不存在固体吸收剂结构稳定性问题。

③ 可控性强。便于控制参数,以保证与其他系统的协调。

④ 能量消耗少,并且自身可以产生电能。

EDC 的主要缺点是需要辅助单元多,例如:需要补充氢气、氧气的消耗,结构较为复杂,可靠性不易保障,不适应真空环境,会发生不可逆的损坏。

5. 膜扩散技术净化和收集二氧化碳

膜是一种具有渗透性的高分子聚合物,作为一种新颖的气体分离途径,具有广泛的应用。近十年来,膜分离技术被广泛用于工业以及航天领域,包括在生保系统的二氧化碳浓度控制方面。膜扩散技术分离和浓缩二氧化碳是非常有发展前途的方法。

膜用于气体分离的基本原理在于不同气体对同一种膜的渗透能力是不同的。当渗透能力差别足够大时,就会发现渗透力大的气体透过膜,而渗透力小的气体则阻滞在膜外的现象,实现气体的分离。膜扩散技术就是利用具有选择性渗透功能的膜,以外界能量或化学位差作为推动力,对多组分的混合气体或液体进行分离。主要通过膜的溶解和扩散作用完成分离过程。由于不同的气体在聚合物中溶解能力的差异和通过膜的扩散速度不同,使一些气体通过膜的速度快于另外一些气体,从而导致气体的分离。膜扩散技术净化空气中的二氧化碳即通过选择性膜进行气体扩散,由于膜对二氧化碳有高的可渗透性,而对其他气体的通过性较差,从而可以达到筛分分离、纯化、浓缩的目的,原理示意图如图 5-9 所示。

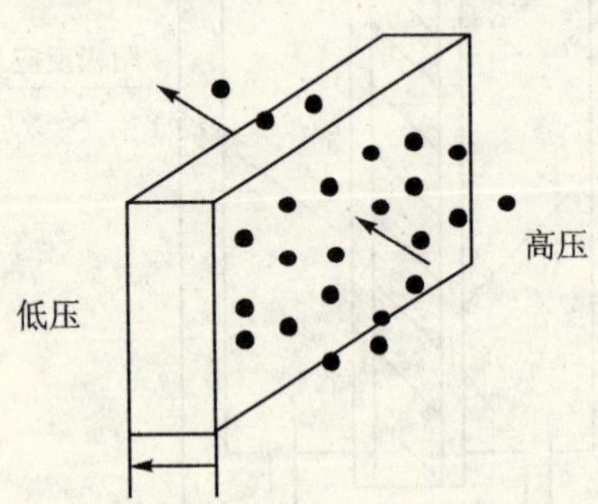

图 5-9 膜分离原理示意图

膜的选择能力用选择性系数表示:

$$K_s = K_{CO_2}/K_{air}$$

式中,K_{CO_2}、K_{air} 分别是二氧化碳和空气的扩散系数,定义为单位时间、单位面积在单位压差作用下通过膜的体积流量。经过选择性膜分离之后的二氧化碳的浓度

$$C_1 = 1\Big/\left(1+\frac{1-C_0}{K_s C_0}\right) \tag{5.27}$$

可见,膜的选择性系数越大,经过膜分离之后的二氧化碳的浓度也就越高。如果选择性系数能达到 100,座舱大气中二氧化碳的浓度为 1 %,经过一级膜分离后二氧化碳的浓度提高到 50 %,经过第二级分离后二氧化碳的浓度能达到 99 %,原理如图 5-10 所示。

为了有效的利用膜,人们研制了一些使用膜的分离器,主要有两种:中空纤维式和绕组式。

中空纤维(hollow fiber separator)的结构形式类似于管壳式换热器。一组内径 0.08～0.5 mm,外径 0.3～1.0 mm 的中空纤维,表面覆有小于 150 nm 厚度的膜,被装进柱状壳体,

1—风机；
2—初级气体交换器中的半透膜；
3—初级气体交换器；
4—初级真空泵；
5—次级气体交换器中的半透膜；
6—次级气体交换器；
7—次级真空泵；
8—CO_2收集器；
9—含有CO_2的空气；
10—净化后的空气；
11—通入座舱的空气

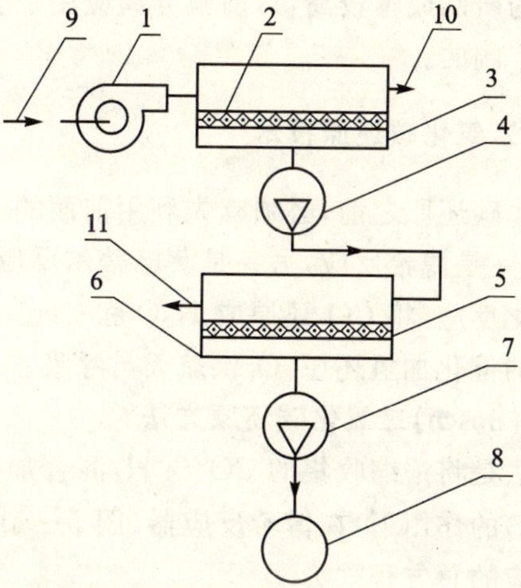

图 5-10　二氧化碳两级膜分离系统图

壳体与中空纤维形成空腔。中空纤维的材料可以与膜相同，也可以是复合材料。这种结构形式使单位体积内具有相当可观的膜面积，大约每立方米 9 200～1 000 m^2，值得指出的是多孔的纤维壁在使用一定时间后，会发生聚结，使一些本可以渗透膜的气体不能渗透，从而影响膜的选择性。这种形式的流程是：混合气体进入空腔，一些可以渗透膜的气体成分进入中空纤维，从敞开的一端流出，而另一些不能渗透的气体成分仍在空腔内，从另一端流出。这种结构形式优点是造价低、体积小、结构致密、耐高温高压。缺点是对污染物敏感，不易于清洗。

绕组式(spiral wound separator)的结构形式是将复合材料绕在多孔的圆柱管上。层与层有中空隔离层，其比表面积达到 660 m^2/m^3。虽然具有与中空纤维式近似的优缺点，但绕组式比中空纤维式制作工艺要简单。

膜分离技术要应用于实际，其关键技术是膜材料的选择和制作，液体吸收剂种类和流量的选择。

膜分离技术有以下的特点：

① 由于膜的存在，避免了气体和液体吸收剂的直接接触，从而免去了后续的水/气分离。这就使因微重力下气液分离困难而被淘汰的传统的液体吸收剂的方法又有了用武之地。液体吸收剂将体现出比固体吸收剂稳定性好、使用寿命长的优点。

② 气路和液路互不影响，可以分别控制流量。而传统直接接触的气/液接触反应器，为防止液阻(flooding)和沟流(channeling)，流量允许范围窄。

③ 膜式分离器具有质量轻、体积小和效率高的优势。

④ 不依赖其他系统，因此在其他系统发生问题时，膜式分离器仍能正常工作。

⑤ 在紧急情况下，可以利用太空的真空环境解吸。

由于膜的研制成本较高，目前膜分离应用于航天的技术不算太成熟，但是其在航天领域的发展前景是广阔的。

5.1.3 二氧化碳还原技术

在二氧化碳还原之前，必须首先利用前面的一些方法浓缩。现在正在研制的两种二氧化碳还原技术，一是博希反应，另一是萨巴蒂尔反应。这两种二氧化碳还原技术都是借助于 H_2 与 CO_2 的催化反应，将 CO_2 还原成 H_2O 和 CH_4，或 C(s)。再将 H_2O 电解成 O_2 和 H_2。H_2 回收用于 CO_2 的催化加氢还原，O_2 供航天员呼吸。

1. 博希(Bosch)二氧化碳还原方法

博希方法是将浓缩收集的 CO_2 与 H_2 混合加热至 800～1 000 K，在催化剂(如铁、钴、镍、钌/铁合金等)的作用下，在博希反应器(图 5－11)中发生催化反应，生成固态碳 C(s)和水蒸气。催化反应的总方程式为

$$CO_2 + 2H_2 \xrightarrow{\text{催化剂}} C(s) + 2H_2O + 2.280\ \text{kJ/kg} \tag{5.28}$$

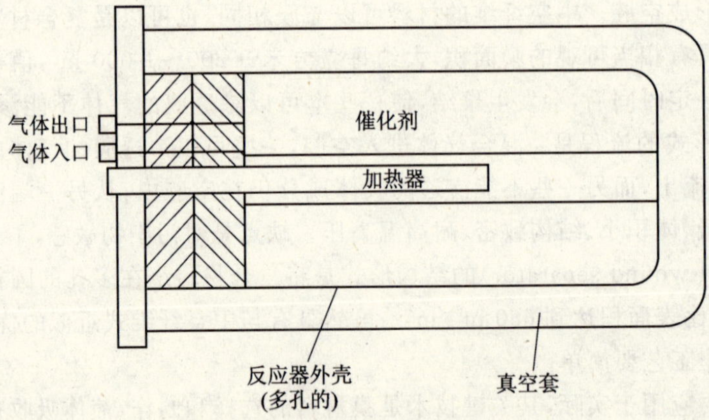

图 5－11 博希二氧化碳还原系统原理图

这一反应是放热反应。每反应 1 kg 的二氧化碳，产生 2.280 kJ 的热量。因此，催化反应床自始至终要不断地冷却。

CO_2/H_2 混合气一次通过铁催化反应器的转变率(H_2 为贫组分)不超过 10 %。用其他的催化剂，如镍、钴和钌/铁合金等，催化性能比铁好。试验也表明，铝矾土 γ－Al_2O_3 催化剂比钢棉催化剂能获得较高的转变率。但由于大量碳沉积在多孔的铝矾土催化剂的表面上和颗粒内部，阻止反应的继续发生，催化剂的活性立刻显著地降低。沉积在颗粒内部的碳不容易用机械方法处理。增大表面积的钢棉和镍棉催化剂能提高转变率，且碳易除去，因而，它的催化活性比铝矾土能保持较长的时间。在设计使用这类催化剂的博希反应器之前，应当从实验获取尽可能多的有关催化剂的特性资料。

在博希反应中，温度较高时二氧化碳转变成 H_2O 的转变率也较高。

反应式(5.28)应当仅被看作是表示博希反应的化学计量式。在典型的博希反应系统里，二氧化碳加上输入的 H_2 通入催化反应器内，除了产生 $H_2O(g)$ 和 $C(s)$ 之外，还有其他的中间产物。主要是 CO 和 CH_4。事实上，单次通过反应器的转变率小于 10 %(一般为 6 %左右)。欲达到完全转变的目的，气流必须循环流动，不断地析出碳和处理生成的 $H_2O(g)$，才能保持催化剂的活性，保持博希反应的正常进行。再循环气流里包含有 CO_2、H_2、CH_4、$H_2O(g)$ 和 CO。由于进入反应系统的反应剂 CO_2 和 H_2 最终都转变成为 $H_2O(g)$ 和 $C(s)$，因此，必须维持整个化学计量式的 1 mol CO_2 与 2 mol H_2 生成 $C(s)$ 和 $H_2O(g)$ 的比例，以阻止富余组分的积累，才能维持该系统的压力平衡。当然，也允许短时间内偏离化学计量反应式。

为了连续不断地长期运转，分系统设置了双催化反应器。

气体由一压缩机通过再循环回路连续不断地循环。离开压缩机的气流经一阀门流入再生式热交换器/反应器，气体在进入反应器之前，在热交换器里首先得到预热。在反应器内，CO_2 和 H_2 在催化剂上方形成 $C(s)$ 和 $H_2O(g)$，已消耗掉部分 H_2 和 CO_2 的再循环气流离开反应器，温度约是 920 K，在再生热交换器里与输入的气流交换热量。然后，气体混合物流经第二个选择阀，进入冷凝/分离器，水汽被冷凝和处理。再循环气流的流量与进料气 CO_2 的流量之比大约是 15∶1。

碳沉积在催化剂上，会逐渐使催化剂失去活性。分系统安排的双反应罐容许一只反应罐工作时，另一只反应罐处于不工作的静止状态。当第一只反应罐被碳塞满失效时，就将气流切换到第二只反应罐，用新的反应罐置换已失效的第一只反应罐。在置换之前需用 N2 冲洗管路和反应罐，以防止管路和罐内的 CO_2、CH_4 和 H_2 进入座舱大气中。

影响博希还原分系统性能的因素包括催化剂的性能、再循环气流量与进料气流量之比、反应器温度以及冷凝/分离器的冷却剂的温度。

2. 萨巴蒂尔(Sabatier)二氧化碳还原法

萨巴蒂尔二氧化碳还原方法是一种比较成熟的二氧化碳还原技术。

$$CO_2 + 4H_2 \xrightarrow{\text{催化剂}} CH_4 + 2H_2O + 10\ \text{kJ/kg}(H_2) \tag{5.29}$$

$$CH_4 \xrightarrow{\text{催化剂}} C(s) + 2H_2 \tag{5.30}$$

现在更倾向于向舱外释放 CH_4(少量未反应的 CO_2、H_2 和水汽)的开环系统，即只进行第一步反应，不裂解甲烷回收碳和 H_2，直接将甲烷排放到舱外。也有人主张将甲烷回收用作姿态控制火箭的燃料。

目前，萨巴蒂尔二氧化碳还原分系统(S－CRS)研制试验表明，S－CRS 转变二氧化碳效果优良，反应器结构简单，质量轻，尺寸小，起动时间短，微机控制，能完全自动进行。这是 20 世纪 60 年代以来不断研制和改进的结果，特别是催化剂的研制工作。

图 5－12 是表示萨巴蒂尔二氧化碳还原分系统的流程。CO_2 和 H_2 的混合气通过活性炭

过滤器后，进入了萨巴蒂尔反应器，过滤器的作用是避免反应器内的催化剂受到来自二氧化碳收集分系统或水电解分系统的污染物的毒化而逐渐失效。在反应器内，CO_2和H_2的混合气在一定摩尔比范围内，在催化剂的作用下，生成水蒸气和甲烷。反应产物和过量的反应剂(CO_2或H_2)从反应器流出后进入空气冷却/分离器。在此，水汽得到冷凝并分离出冷凝水。冷凝水进入储水罐储存，周期性地用泵排放。气体(甲烷与过量的反应剂及未冷凝的少量水汽)通过一压力调节器排放到舱外空间。此压力调节器也调节H_2和CO_2的气源压力。此分系统的旁路功能是可以关断S-CRS，维持不中断地处理CO_2和产生O_2的过程。压缩机以固定流量的冷空气冷却反应器和冷凝/分离器。如同B-CRS一样，该分系统维持管路里的压力始终高于座舱环境压力，以保证在有泄漏的情况下，只能由里向外泄漏，并借助于可燃性气体传感器检测。

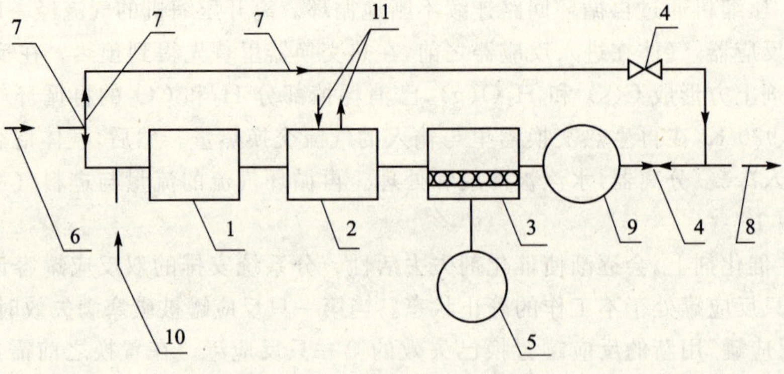

1—萨巴蒂尔反应器；2—冷凝式热交换器；3—分离器；4—调节器；5—水收集器；6—浓缩后的CO_2；7—CO_2；8—向舱外排放CH_4和CO_2；9—CH_4收集器；10—来自电解组件的H_2；11—冷却空气

图5-12　萨巴蒂尔二氧化碳还原系统原理图

目前，萨巴蒂尔第一反应的最好催化剂是把20 %的钌分布在8～14目大小的γ-Al_2O_3上的负载型催化剂。它是一种高活性、高转变率的加氢甲烷化催化剂，性能与其制造工艺有很大关系。由于UASC-15lG催化剂的研制成功，使S-CRS的设计具有以下特点：

(1) 低温起动　当反应器入口温度达到191 ℃时，它就能自身维持。比UASC-15OT催化剂的起动温度(246 ℃)低。由于这种催化剂活性高，只需要较小的反应床，因此，不需多少热能加热它，不但节省能量，而且起动快。

(2) 无主动控制　不需要主动控制，可在较低温度和较大的工作条件范围内有效地工作。由最大热负荷确定的冷却剂流量维持不变，即在低热负荷下，反应器温度降低，仍有反应的基本温度余量。甚至在最小负荷下，或在间歇性工作情况下，也不需要调节冷却剂流量或电加热。监控仪器减到最少，只要测量温度就足以指明反应器的工作状况。

(3) 设计简单　由于反应器小，较小内径反应器的径向导热路径短，没必要设置导热内翅片，所以反应器设计简单，基本上是一根不锈钢管。

（4）高可靠性和安全性　由于消除了主动控制功能和减少了许多部件，因而可靠性高。

（5）转变效率高　对应于3～7人的二氧化碳负荷，不论是稳态工作，还是周期性工作，其H_2的转变率都达到或超过99％。即使5个人的二氧化碳负荷和H_2/CO_2的摩尔比为2.0、4.5或5.0，H_2（贫组分）的转变率都超过99.5％。在稳态和周期性工作条件下，保持外部的冷却剂流量不变，催化床入口段仍储有足够的热量，即使停止进料40 min（55 min进料），在正常反应条件下，重新进料不需要外部热能，仍能正常反应。因此，节省了电能。

为了进行B-CRS与S-CRS的比较，可使用总等效质量概念。它包括固定设备质量、消耗功率的等效质量和排放热的等效质量。这两个分系统的总等效质量的比较如表5-2所列。

表5-2　两个分系统总等效质量的比较

项　目		技术指标		总等效质量/kg	
		B-CRS	S-CRS	B-CRS	S-CRS
固定设备质量				69.3	21.4
功率/W	交流(AC)	210.0	400		
	直流(DC)	19.0	17		
等效质量				72.7	17.42
排热/W	到空气	52.0	129.0		
	到液体	260.0	72.0		
等效质量				32.0	31.5
消耗型质量				277.6	166.4

5.2　空间制氧技术

要实现氧气的再生，就要从人体的代谢产物——二氧化碳和水中回收氧气。人体的呼吸商大约为0.8左右，即每消耗1 L氧气就要产生0.8 L的二氧化碳。如果这些二氧化碳能按下面的反应式全部分解产氧：

$$CO_2 \rightarrow C + O_2$$

二氧化碳分解所产生的氧气只能满足80％的呼吸用氧需求，其余的20％（大约每人每天0.12 kg）要通过电解0.19 kg的水获得。这些水实际上就是人体的代谢水。理论上，如果人体代谢产生的二氧化碳和水中的氧能全部回收，将使氧气回路完全闭合，但这实际上是很难做到的。

从二氧化碳中回收氧气可以先将其浓缩之后还原为水，然后通过电解水获得氧气，也可直接电解二氧化碳获得水。本节主要介绍水的电解技术。水电解产氧已经在"和平号"空间站上得到应用。水电解生成氧气和氢气，氧气供给航天员呼吸用，氢气再供给二氧化碳还原系统作为催化还原反应的原料。

5.2.1 固态聚合物电解质水电解系统 SPWE

1970 年，科学家从 20 世纪 60 年代"双子星座"飞船和生物卫星计划的空间应用中发现，固态聚合物电解质燃料电池的逆应用可作为电解制氧系统，于是美国就着手开展了用于载人航天计划的固态电解质水电解系统（solid polymer water electrolysis）的研制工作，并同时开展了针对海军潜艇生命保障系统的电解制氧技术研究。

图 5-13 是固态聚合物水电解系统的简图。固态聚合物电解质是一种厚度仅为 0.3 mm，并具有许多聚四氟乙烯物理特性的全氟磺酸聚合物离子交换膜。当这种聚合物浸满水时，具有良好的导电性，是一种良好的离子导体，这是唯一的水电解所需要的电解质，不含自由酸或碱性液体。水是仅有的自由液体。在固体聚合物电解膜的两边接上两个电极，即构成阳极和阴极。离子的导电性是由水合氢离子（$H^+ \cdot xH_2O$）提供的。离子从阳极通过固态聚合物、离子交换膜转移到阴极。由于水合磺酸组的固定特性使得酸浓度保持稳定。为了散热、循环水流量要大于电解所需要的供水量。水由阴极（氢电极）输入电解电池，从而简化了供水系统和失重条件下的水/气分离要求。固态电解膜的透水性很高，因此有足够的水从氢电极输送到氧电极，在氧电极进行电化学分解放出氧气、氢离子和电子。氢离子通过固态聚合物电解质而迁移，电子通过外电路并在阴极进行电化学反应而放出氢气，氢气同水流一起被排出，放出的氧不含有自由水。氧和氢的产量与电流成比例，产生气体的压力通过简单的反压控制，即可达到所要求的水平。高压运行（可达 2 760 kPa）需要把电池封装在压力容器中。固态聚合物电解膜两边的正常压差为 173 kPa，这个压力差可由系统的气体压力调节器加以控制。

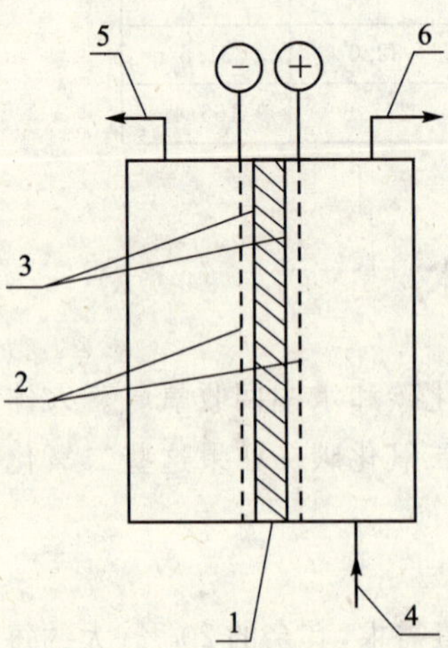

1—离子交换膜；2—电流电池板；3—活性多孔电极；
4—自由水蒸气入口；5—H_2出口；6—O_2出口

图 5-13 固态聚合物水电解系统

固态聚合物电解水的特点是：电解系统由一组固态聚合物电解质电解单元组成，每一电池单元的工作面积约为 213 cm^2，平均工作温度为 356 K（83 ℃）。最大电流密度为 297 mA/cm^2。

5.2.2 静态供水电解系统 SFWE

静态供水电解电池的工作原理也是通过电化学反应将水分解成为氢和氧。在阴极上，水被还原为氢和氢氧根离子，氢氧根在阳极氧化为氧和水。电化学过程中，电子在阳极产生，在阴极消失。以阳极和阴极之间电解质中运动的离子流维持外电路电子流的连续性。阴极和阳极的电化学反应式如下：

阴极反应：

$$2H_2O+2e^- = H_2+2OH^-$$

阳极反应：

$$2OH^- = \frac{1}{2}O_2+2e^-+H_2O$$

总电化学反应式：

$$H_2O+\text{电能} = H_2+\frac{1}{2}O_2+\text{热}$$

产生上述电化学反应的基础是外加电源。提高电化学反应效率（即提高氢、氧产量并减少电能消耗）可在电极上涂敷催化层和电催化层来降低反应阻力。提高工作温度，也可提高反应效率。

静态供水电解制氧系统，对输入的循环水的水质要求不高，因此，可使用废水处理系统输出的再生水作为水源。静态供水电解电池的工作原理，如图 5-14 所示。由于电解过程中水不断地被消耗，需由来自供水腔的水蒸气扩散到电池芯体给予补偿。只要外部水源连续地向电池组供水，电解过程就会持续发生。

静态供水电解电池的循环水，一是用作电解的水源，二是作为冷却剂散掉电池芯体内放热反应所产生的废热。供水与电解两部分之间有一层薄膜隔开。这层膜可透过蒸气，而液体不能渗透。透过膜的蒸气到达电解芯体被电解。由于水不直接与电极接触，因此降低了对水质的要求。

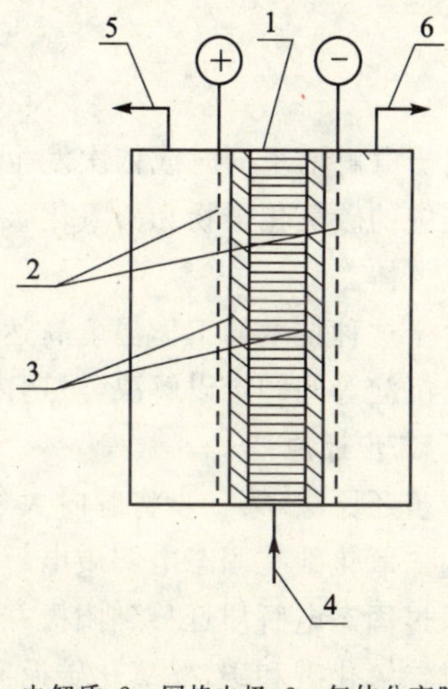

1—电解质；2—网格电极；3—气体分离膜；4—自由水入口；5—O_2出口；6—H_2出口

图 5-14 静态供水电解系统

电能通过电极上的集流器输入电池。电池芯体包括电极及电解质载体。电解质载体是一种多孔板石棉芯体组件，含有碱性电解质。电池设计、工作温度、电流密度、电催化层和工作压力等因素决定着电解过程的有效进行。系统的工作过程如下：开始时，供水腔和电池芯体具有相同的电解质浓度。当向电池供电时，由于电池芯体中水被电解，供水腔与电池芯体产生了浓度梯度。由于这个浓度差的产生，供水腔中的水蒸气通过薄膜向电池芯体扩散。供水腔的水消耗使得外部水源不断地给予供水补偿。

静态供水电解电池具有以下特点：

(1) 由于供水在原理上的被动性，根据电解过程的要求进行补偿供水，系统无需运动部件；

(2) 不需要设置水/气分离器；

(3) 供水无须预先处理。

静态供水电解电池组在设计上，可根据空间站乘员人数的多少组合成不同尺寸的组件，改变电池单元的数量和电流密度，可以调整氢和氧的产生率以及其他所要求的性能参数。由于设计上的灵活性，静态供水电解电池系统可以满足广泛的使用要求。

5.2.3 还原法制氧

1. 一步还原法

一步还原法，即使用溶盐电解二氧化碳的电解制氧技术。其电化学反应式为

$$CO_2 \rightarrow C + O_2$$

含有二氧化碳的舱内大气通过装有溶解状电解质的电解槽时，二氧化碳被电离，碳在阴极沉积析出，氧在阳极生成，收集并输送到舱内大气供航天员呼吸用。碳酸锂是一种有代表性的电解质，为降低反应温度通常加入一些氯化锂。二氧化碳和碳酸锂的反应过程如下：

$$Li_2CO_3 \xrightarrow{溶解} 2Li^+ + CO_3^{2-}$$

$$Li^{+1} \xrightarrow{阴极} Li$$

$$4Li + CO_2 \xrightarrow{溶解} 2LiO_2 + C$$

$$LiO_2 + CO_2 \xrightarrow{溶解} Li_2CO_3$$

$$2CO_3^{2-} \xrightarrow{阳极} 2CO_2 + O_2$$

由于电解槽里同时或依次发生这些反应，进入电解槽的二氧化碳转变成碳和氧；同时，舱内大气中的碳氢化合物和一氧化碳等微量气体在电解槽中氧化。因此，这种技术还可除去部分有害气体。

由于这种技术的工作温度高达 1 000 K(727 ℃)，并且溶解的碳酸盐对材料的腐蚀和碳在阴极上沉淀等问题难以解决，短期内不能在飞行中应用。

2. 二步还原法

二步还原法，第一步将舱内大气中的二氧化碳收集并浓缩起来，浓度一般在 70 %以上。浓缩的二氧化碳在固态电解质电解槽的阴极上发生电化学反应并生成一氧化碳和氧离子。氧离子通过固态电解质迁移到阳极并在此放出氧气进入舱内大气。一氧化碳进一步进行氧化反应生成二氧化碳和碳，二氧化碳返回循环系统，再次参加电化学反应，碳沉积在钢棉上。二步还原法的表达式为

$$2CO_2 \rightarrow 2CO + O_2$$

$$2CO \rightarrow CO_2 + C$$

二步法所使用的固态电解质是由锆、钪和钇等金属氧化物的混合物烧结而成的,例如$(ZrO_2)_{0.93}(Sc_2O_3)_{0.07}$和$(ZrO_2)_{0.9}(Y_2O_3)_{0.1}$等。

与二氧化碳同时发生反应的还有一部分水蒸气,水蒸气被电解成为氢和氧,在阴极生成的氢气通过钯分离器分离出去。

二步还原法需要在很高的温度(约 1 100 K)下工作,并且还有非常复杂的工艺问题需要解决。

5.3 微量污染控制

航天座舱空间狭小、密闭,微量污染问题十分严重。这些微量污染物包括化学物质、微生物和空气中的悬浮微粒子等,它们来自座舱材料、设备的脱气、乘员的代谢产物,或者是科学实验和偶然事故。舱内微量污染物对人体健康的影响,特别是长期连续暴露的影响还缺乏足够的资料。由于污染物种类多,浓度低,产生速度的不确定性和毒性影响的复杂性,因而不仅给舱内大气净化带来了污染物检测技术上的困难,而且给污染控制提出了不少难题。为了确保航天员的身体健康、生命安全和工作效能,必须不断地清除座舱大气中的微量污染物,控制微量污染物的浓度。对于每一种微量污染物,有一个最大允许浓度 SMAC(spacecraft maximum allowable concentration),定义为不引起有害于航天员健康的效应、显著的不舒适性或降低航天员工作效能的空气中物质的最大浓度。SMAC 的制定为航天生保系统微量污染物的控制和监测提供了设计准则。NASA 制定的 SMAC 分为 1 h 和 24 h 应急情况下的 SMAC 和 7 d、30 d 和 180 d 连续暴露的 SMAC。在制定 SMAC 时,除了考虑单一污染物的影响之外,还要考虑数种污染物的复合影响。清除座舱污染物方法有向空间排放、过滤、吸附和催化燃烧等。

5.3.1 微量污染控制方法

1. 泄 露

在美国航天器的设计中,允许座舱有一定的泄露量。泄露有助于座舱微量污染物的控制,不过这种方法对于污染物浓度的突然变化作用不大。

2. 过 滤

在处理的空气流进入到座舱大气之前,进行气体过滤是非常必要的。它可以滤去各种微粒、气溶胶等有害物。必须根据过滤物的属性和控制要求选择或设计过滤器。根据过滤材料的穿透系数、阻力和强度选择合适的材料。过滤阻力大小与气流流速平方成正比。为了减小阻力,一般都尽可能的增大过滤器的有效过滤面积。普通干式过滤器所用的过滤材料有超细玻璃纤维过滤纸和合成纤维的紧密物或无纺布,其过滤的效率非常高。

3. 吸 附

吸附是发生在吸附剂表面的现象,取决于吸附剂和吸附质的相互作用性质,吸附的难易程度受控于吸附质的特性：分子量、正常沸点（或蒸气压）、不饱和程度、极性和结构。吸附剂的表面温度大大的影响其保留性。高温促进解吸和降低吸附质的吸附势。气相中可吸附组分的浓度是促使吸附的驱动力，较高的浓度更易吸附。吸附的净速度取决于到达吸附剂表面的速度。由于气相中存在着多种可被吸附的组分，因此，还取决于局部吸附效率及吸附剂的保留特性。

活性炭是能吸附气相中多种有害气体的吸附剂。它有许多规格型号，性能差异较大，用途也不尽相同。活性炭的性能与制造材料和制造工艺有关。美国筛选出一种叫做 BARNEBEY-CHENEY BD 的炭，用于空间实验室的微量污染系统的活性炭罐中。BD 炭对飞船舱内预被处理的污染物具有比较好的吸附性能。

从活性炭床在气流方向上吸附污染物的负载的分布形式来看，在吸附一段时间并获得稳态之后，炭床形成饱和带和吸附带。被炭床吸附的污染物的大部分保留在饱和带里。因此，炭饱和带吸附的污染物的饱和平衡容量大小是选择使用活性炭的主要性能指标。

在长期飞行的航天站舱内，由于乘员增多，飞行时间长，舱内设置了污染物控制系统。它包括固定活性炭床，再生炭床和催化氧化装置。当吸附活性炭吸附了差不多等于它自身质量的 20 %的污染物时，必须更换炭床或再生炭床。固定炭床失效后，用新的炭床置换失效的炭床。再生炭床的设置是为了减轻微量污染控制系统的质量。固定床与再生炭床并联，固定炭床逐渐被 A 值小的易被吸附的污染物饱和，较大 A 值的难被吸附的污染物比较弱地被再生炭床吸附。可借助加热/真空的手段较容易的解吸，使炭床再生。解吸周期可与太阳能电池供电周期一致起来。舱内乘员和设备愈多，飞行时间愈长，使用再生炭床减少系统质量的效益愈显著。

虽然活性炭能有效地吸附烃类和高沸点化合物，但处理低沸点化合物如 CO、CH_4、H_2 和 C_2H_2 等就无能为力了，必须采用催化燃烧方法。

4. 催化燃烧

催化燃烧对处理低分子量的有害物是有效的。利用催化氧化方法可将有害物氧化成为无毒性产物，如将上述的低沸点化合物 CO、CH_4、H_2 和 C_2H_2 氧化成 CO_2 和 H_2O。

催化燃烧室内有一催化室，装有催化剂，目前认为最有效的催化剂是 $Pa-\gamma-Al_2O_3$。它是将钯金属分布在活性氧化铝上，通过 Pt 加热元件将催化剂床温度控制在 232 ℃，使 CH_4 100％的氧化成 CO_2 和 H_2O。催化燃烧室结构和大小由整个系统的要求和水平决定。它的真实尺寸和质量主要由空速和压力降决定。催化床温度的合适控制很重要，它会影响催化剂的性能（图 5-15）。温度低，影响转化效率；温度过高容易引起催化剂烧结，从而失去活性，并耗费功率。在催化燃烧器之前一般设置一个氢氧化锂罐过滤器，防止催化剂中毒失效。在催化燃烧器之后也设置一个氢氧化锂吸收罐，用于吸收催化剂燃烧产物，如 HCl、HF 等有毒害的酸性气体。

5.3.2 典型的乘员舱内微量污染控制方案

污染控制对于载人航天器乘员舱内环境的质量、乘员的工作效率、生命安全和舱内设备的

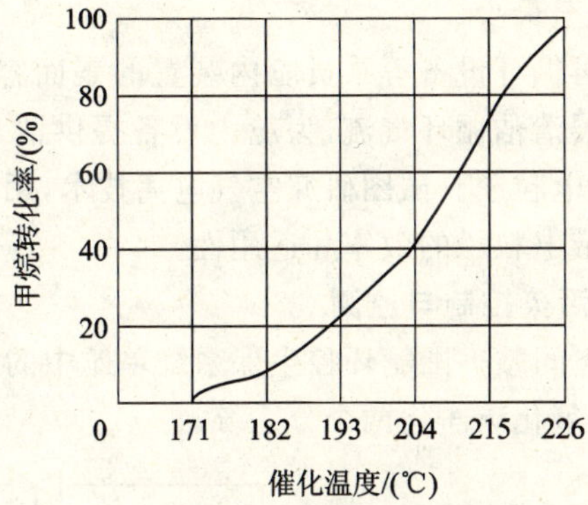

图 5-15　催化燃烧性能

运行状况起着重要作用。为了实现微量污染控制，必须在载人航天器设计、制造和运行的全过程中严格控制产生污染的每一个环节，对乘员舱（飞行及地面保障）内所使用的材料、系统方案、人员活动和系统及其设备的功能定义，以及乘员安全各方面进行综合衡量。乘员舱内所使用的材料必须满足任务要求（如材料的易燃性、挥发性和化学稳定性等规范要求）。在有害污染气体控制上，除了采取有害气体污染控制技术外，还设置固体颗粒和碎片过滤器，改善空气质量，保证乘员舱内大气品质符合任务要求。要使乘员舱达到并保持严格的洁净度水平，乘员和地面支持人员必须有效地控制污染。

1. 美国航天飞机轨道器乘员舱内微量污染控制

美国航天飞机乘员舱内大气的污染控制，除了采取前面所说的污染控制措施外，还加强了如下污染控制措施及相关的研究工作：

(1) 地面污染控制措施的改进；

(2) 乘员舱内固体颗粒和碎片的分析及其来源的确定；

(3) 电子设备屏蔽网的效率与气流速度之间的匹配性；

(4) 清除舱内表面上带电离子的空气电离技术；

(5) 对飞行材料、系统操作和乘员活动与穿着的改进。

有效地执行地面污染控制程序，是确保航天飞机成功飞行的一项重要措施。进入乘员舱的人员的穿戴必须符合无尘室的要求；进入乘员舱的器材设备必须经过站在航天器入口处无尘过道内的检查员检测，保证符合飞行任务要求。

改进污染控制地面处理设备，使之达到乘员舱的洁净度要求。乘员舱内的压力应高于无尘通道的压力，防止环境对乘员舱的污染。

乘员舱内固体颗粒和碎片的分析与来源的确定，目的在于弄清乘员舱内固体粒子的材料及产生源。这些固体碎片来源于许多不同类型的材料，包括食品颗粒、头发、油漆、铅等。对那些与污染关系密切的成分进行研究，并与批准的飞行材料清单对照，查明来源后，采取纠正措施，使以后的污染物产生量减至最少。

电子设备、计算机、空气再循环设备等乘员舱内装置的表面容易附着灰尘，影响这些设备的正常运行。利用空气过滤器清洁循环气流，为舱内设备提供清洁可靠的环境。由于电子设备表面的电磁性，易于沉积带电粒子。试图研究空气电离技术，用于清除这些带电粒子。通过研究确定空气电离技术清除带电粒子的效率和适用性。

2. 国际空间站美国舱的污染控制与监测

如图 5－16 所示为国际空间站美国舱环控生保系统单舱中的污染控制流程图。该流程图中还包含着温、湿度控制和二氧化碳净化两个分系统。

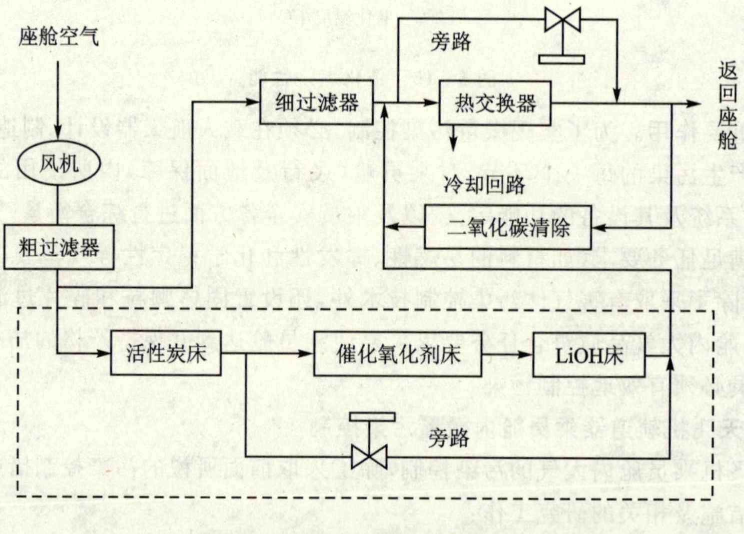

图 5－16　国际空间站美国舱微量污染控制分系统流程图

风机将乘员舱内的空气以较大的流量先后送入粗的碎片过滤器和细固体颗粒过滤器，较大的碎片和较小的颗粒被过滤器清除。气流再经过活性炭床使有机物、有毒性和有臭味的污染物被吸附，经催化氧化床使一氧化碳和氢气氧化，生成 CO_2 和 H_2O，再经过 LiOH 床吸收 CO_2。最后，净化了的气体进入热交换器，进行降温除湿，返回乘员舱大气。

在大气再生系统中有大气成分监测组件，用于监测微量污染、CO、游离粒子的总量和大气主要成分。微量有害气体的监测是由气相色谱/质谱仪完成的。与大气主要成分分析器一样，依次在乘员舱内 7 个采样点采样，并进行分析。每个气体样品的分析需要 30 min。每个采样点约 4 h 监测一次。除了环控生保系统的气体成分和微量污染分析设备外，用于航天员保健的环境卫生系统的毒物学分系统也有空气监测能力，能够监测总的碳氢化合物、肼、HCl、HF、HCN、CO 和 30 余种挥发性的有机化合物。

3. 俄罗斯“和平号”空间站大气污染控制与监测

“和平号”空间站是长期载人航天器。对于长期航天任务，必须采用再生式的污染控制技术，要求它的吸附剂是能够再生的，并且能够将其吸附性能恢复到初始的水平。为了发展再生式污染控制系统，苏联/俄罗斯进行了大量研究和技术开发。解决以下工程技术问题：

(1) 乘员舱内大气中的污染物测量、分析和分类；

(2) 选择清除各种微量污染物的吸附剂和催化剂的最佳成分，发展有效的和能耗低的再生方法；

(3) 开发吸附剂的再生技术，确定空气再生的最佳条件；

(4) 制定微量污染控制系统寿命试验的规程。

在地面大型空间站实物模型和空间运行的“和平号”空间站内进行联合试验，确定了“和平号”空间站内的微量污染物有 28 类基本化学物质，分成脂族和芳香族碳氢化合物、醇类、醛类、酮类、酯类和卤代碳水化合物，详见表 5-3。酮类污染物释放速率为 6.8 mg/h，醛类污染物为 4.0 mg/h，脂肪酸为 4.9 mg/h。未发现微量污染物在空间站内有集中的分布区域。

释放污染物的主要来源是电缆系统和各种合成材料，特别是温度升高的仪器和空间站的内部结构材料。因此，必须严格审订空间站上的材料清单，以控制污染物的释放量。如图 5-17 所示为“和平号”空间站内的微量污染控制分系统框图。

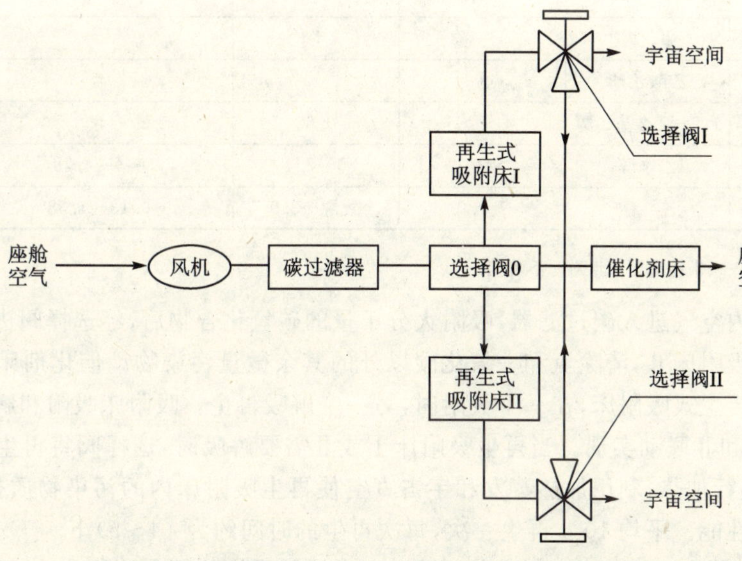

图 5-17　“和平号”空间站内的微量污染控制分系统框图

表 5-3 “和平号”空间站舱内有害气体浓度

序 号	污染物	浓度/(mg·m^{-3})		
		“量子-1”舱	“和平号”站	“量子-2”舱与“和平号”站
1	醛 类	>0.1	微 量	0.08～0.74
2	氨	*	0～0.2	0.05～0.91
3	丙酮(酮类)	>0.72	微 量	0.03～0.83
4	苯	*	0.22	#
5	丁 醇	>0.42	#	#
6	氢(%容积)	*	#	#
7	异丙基苯	*	*	#
8	甲烷(%容积)	>0.3	0～0.05	0.008～0.3
9	甲 醇	>0.78	#	#
10	氧化氮	*	*	*
11	一氧化碳	*	0～2	*
12	硫化氢	*	微 量	*
13	甲 苯	*	0.8	*
14	甲 醛	*	#	#
15	乙酸乙酯	*	*	#
16	1,2-亚乙基二醇	*	0.65	#
17	乙 醇	>10.0	0～2.4	0.4～4.78
18	乙 酸	>1.0	微量～3.0	0.13～1.38

注：*——未检测到；#——不确定。

风机驱动舱内空气进入碳过滤器，吸附大分子量的碳氢化合物后，经选择阀进入再生式吸附床Ⅰ或再生式吸附床Ⅱ，清除氢和一氧化碳以外的其余微量污染物。催化剂床使氢和一氧化碳氧化。两个再生式吸附床，在一个吸附时，另一个解吸再生。吸附床吸附和解吸状态的选择靠选择阀0、Ⅰ和Ⅱ联动实现。当再生吸附床Ⅰ或Ⅱ需要解吸时，选择阀将再生吸附床与宇宙真空接通，并进行加热，利用加热蒸发和宇宙真空使再生吸附床内的污染物质排出，恢复再生吸附床的吸附性能。平均 10 d 再生一次，每次再生的时间约为 (4～5) h。

表 5-4 给出的是“和平号”空间站内的微量污染控制系统的部分性能参数。

吸附床内装有温度传感器，用于监测吸附床的工作状态。通过吸附床的温度遥测参数，地面支持系统能够随时了解微量污染控制系统的运行情况。

为了检测“和平号”空间站微量污染控制系统的性能，将“和平号”空间站复合体与量子舱联合进行试验。"和平"号空间站内 2～5 人,"量子-1"舱内 2～4 人,"量子-2"轨道舱内 2～6 人,微量污染控制系统工作,各舱内的有害气体浓度实验检测结果如表 5-3 所列。

表 5-4 "和平号"空间站微量污染控制系统参数

序 号	装 置	质量/kg	过滤器材料	阻力/Pa
1	空气初步再生过滤器	6	活性炭	200
2	再生式吸附床	16	活性炭	700
3	催化剂床	2.5	催化剂	120

在"和平"号空间站复合体、"量子-1"舱、"量子-2"舱的轨道复合体上进行的飞行实验证明:微量有害气体净化大气再生系统能够在轨维修。在轨道站复合体飞行的各个阶段,大气的微量污染水平没有发生明显的变化,系统工作稳定。该系统自 1987 年 4 月 1 日起在"和平"号空间站/"量子"舱复合体上运行,直到 1991 年 9 月 1 日为止,在此期间,一个再生式吸附床再生了 63 次,另一个再生式吸附床再生了 62 次。有一个再生式吸附床使用了 3 年才进行更换。

通常情况下,用实验证明一个可维修系统的寿命,其费用相当大,而且实验周期长。现在已经发展了加快寿命实验的方法,将实验时间缩短为过去的 1/5～1/8。

表 5-5 和表 5-6 分别给出了美国和苏联/俄罗斯载人航天器舱内大气微量污染控制及监测技术一览表,可以通过它们进行两国载人航天器微量污染控制与监测技术比较。

表 5-5 美国载人航天器舱内气体微量污染控制与监测

载人航天器	微量污染控制	微量污染监测
"水星"号	在 LiOH 罐内 LiOH 的上游装上活性炭;用过滤器清除空气中的粒子	安装 CO 传感器
"双子星座"	类似于"水星"号的设计	在轨道上无监测
"阿波罗"CM	类似于"水星"号的设计	在轨道上无监测
"阿波罗"LM	类似于"水星"号的设计	在轨道上无监测
"天空实验室"	将活性炭罐装在分子筛装置内;过滤器清除悬浮粒子;各次飞行任务之间的间隔时间内,大气通风,防止产生永久性污染	利用称作德雷格(Draeger)管的系统监测 CO 和其他主要微量污染物
航天飞机轨道器	在 LiOH 的下游装上活性炭;用常温催化剂使 CO 变成 CO_2;过滤器清除空气中的悬浮粒子	在轨道上无监测
航天飞机/空间实验室	在空间实验室和轨道器之间的管路通道上安装活性炭罐;用常温催化剂使 CO 变成 CO_2;过滤器清除空气中的悬浮粒子	在轨道上无监测
国际空间站	带有高温催化剂氧化剂的活性炭;过滤器清除空气中的悬浮粒子	CO 检测器和气相色谱/质谱仪检测指定的 200 种污染物

表 5-6　苏联/俄罗斯载人航天器舱内气体微量污染控制与监测

载人航天器	微量污染控制	微量污染监测
“东方”号飞船	活性炭和过滤器；通过氧发生器中的成分与污染物反应控制微量污染	用气体分析仪确定座舱大气中的氧和二氧化碳浓度
“上升”号飞船	类似于“东方”号飞船的设计	类似于“东方”号飞船的设计
“联盟”号飞船	类似于“东方”号飞船的设计	类似于“东方”号飞船的设计
“礼炮”号空间站	活性炭、高效玻璃纤维过滤器和催化化学吸收剂；氧发生器也能清除污染物	类似于“东方”号飞船的设计。在空间站内分布着几台气体分析仪
“和平”号空间站	类似于“礼炮”号的设计	类似于“礼炮”号的设计

思考题

1. 为什么要进行座舱大气再生与污染控制？需要进行哪些方面的控制？
2. 二氧化碳净化技术主要有哪些？试述各自的工作原理及特点。
3. 二氧化碳的还原方法主要有哪些？简述各自的工作原理。
4. 有哪些主要的空间制氧技术？各自的工作原理是什么？
5. 微量污染物控制的方法有哪些？

第 6 章 温、湿度控制分系统

航天器在飞行的不同阶段所经历的环境温度变化范围很广。在地面待发射阶段，环境温度取决于发射场的地理气象条件，不同地区、季节和昼夜的温度变化很大。在上升段和返回段，飞行器穿过稠密的大气层时，由于受到强烈的气动加热，表面温度急剧上升，高达几百甚至上千摄氏度。在轨道飞行阶段，航天器要经受太阳、行星和空间高、低温环境的交替加热和冷却，引起航天器表面温度的很大波动，其变化幅度可达±200 ℃。因此温度控制系统的主要任务就是要在航天器飞行的每一个阶段控制座舱内的大气温度，为航天员提供安全、舒适的温度环境及通风条件，并为舱内的电子仪器设备的正常工作提供合适的温度环境。

舱内大气中的水汽主要来自于人及与人的活动相关的设施，这也是载人航天器与无人航天器的明显不同之处。来自于人体的水汽有两项：呼吸与体表蒸发，每人每天的排湿量约为 1 800 g。此外，饮水与个人卫生服务也不可避免地向舱内挥发少量水分。在太空环境下，如何收集舱内水分控制舱内大气的湿度是个重要的技术问题。

6.1 温、湿度控制分系统概述

6.1.1 设计要求

座舱大气的温度和湿度的设计值取决于人体的热舒适性。人能在相当宽的温度和湿度范围内生活；而舒适地工作和生活的温度和湿度范围则是相当窄的，这与人体负荷水平有关。一般来说，座舱大气温度应控制在 15～30 ℃，最佳范围为 18～23 ℃，相对湿度 φ 为 25 %～70 %，气流速度范围为 0.1～0.3 m/s。另外，舱内设备外表面和座舱外壁内表面的温度不能超过 40 ℃，不能低于露点温度。美国载人航天器舱内温、湿度限值如表 6-1 所列。

表 6-1 美国载人航天器舱内允许的温度和湿度范围

航天器	温度范围/(℃)	湿度范围/(%)
阿波罗(Apollo)	21～24	40～70
天空实验室(Skylab)	13～32	25～80
航天飞机轨道器(Space Shuttle Orbiter)	18.3～26.6	25～85
空间实验室(Spacelab)	18～27	25～70
国际空间站	18.3～26.6	25～70

以上所考虑的只是最基本的情况，载人航天器各舱室、区域以及各种设备对温、湿度的要求往往是不一样的。这是因为各种温度要求的提出其根据不尽相同。比如，有的是出于结构安全性要求，有的则是考虑工作性能的稳定，还有的是出于设计上的考虑等。对温度的要求大致有以下几类：常温、恒温、高温、低温以及等温要求。这些情况的出现会给热设计工作带来一定的复杂性。

6.1.2 被动热控与主动热控技术

热控技术可分为被动热控与主动热控两类。被动热控主要依靠航天器合理的总体布局，选用合适性质的材料、合理组织航天器的内外热交换过程，使航天器的结构、大气环境参数和仪器设备不超出允许的温度范围。被动热控方法本身没有自动调节温度的能力，其优点是技术较简单、运行可靠性高、使用寿命长。一般来说，如果航天器的内热源和外部热流变化不大，温度控制的精度要求不是很高，仅仅采用被动热控的方法就能达到热控的目的。因此，被动热控技术是航天器热控技术中主要的和使用最普遍的热控技术。被动热控包括热控涂层、多层隔热系统、热管、导热填料、相变材料等。

当航天器的内热源或外部热流变化较大，或者温度控制精度要求较高时，仅仅采用被动热控技术不能满足热控系统的设计要求。在这种情况下，就必须配合使用主动热控技术。所谓主动热控技术是指当航天器的内外热载荷发生变化时，热控系统能够主动调节其工作状态，使航天器内部的温度维持在设定的范围内。与被动热控技术相比，主动热控技术的最大优点是具有可调节特性，能适应航天器内外热流状况的变化。也就是说，主动热控技术具有较强的热控能力，但是在结构上也更为复杂。主动热控技术包括热控百叶窗、热控旋转盘、接触式热开关、可控热管、气体循环热控回路、液体循环热控回路、两相流体回路、毛细抽吸两相流体回路、主动制冷等。

6.1.3 热控系统的内回路和外回路

载人航天器热控系统一般由内、外回路组成。内回路吸收舱内人体与仪器设备的热量，通过中间换热器传递给外回路，并由外回路中的辐射器向空间排散热量从而达到控温目的。

典型的热控系统如图 6-1 所示。内循环回路的工质经泵驱动流至中间换热器，在释放热量、温度降低后进入返回舱与轨道舱，分别在各自的冷凝干燥器及冷板内吸收热量或对结构部件加热，之后回到中间换热器形成闭式循环。外循环回路工质经过中间换热器，吸收内循环回路传来的热量，经冷板吸收推进舱内前部仪器的发热后，进入位于推进舱后部的舱壁加热器，然后进入推进舱外的热辐射器，把工质吸收的热量排散至空间，再经温控阀旁路调节，使经过辐射器与旁路工质混合后的温度满足要求。

外循环回路是按最大热负荷设计的。在最大热负荷时，回路的旁路控制使热流体以全流量或大部分流量流过辐射器，把航天器内热量排散至空间，并保证进入中间换热器的冷侧外回

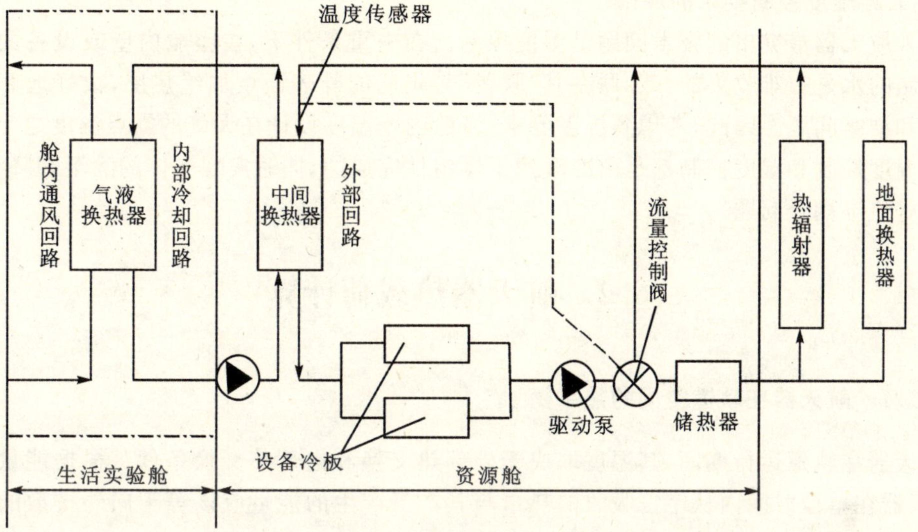

图 6-1 热控系统的内外回路系统图

路液体温度保持恒定,通常在(7±2) ℃。

内循环回路也是按照最大热负荷设计的,它没有旁路温度控制,实质上是一种间接形式的温度控制,其温度分布是靠系统设计与外循环回路来保证的。系统和外回路热设计要保证在内回路最大热负荷运行时,将流出中间换热器内回路一侧的流体温度控制在一定范围内,通常为(9±2) ℃。当在最小负荷运行时,甚至在内回路热负荷为零时,其流出中间换热器的液体温度为(7±2) ℃。内回路采用这种简单的温度控制,使系统简单、可靠,只要合理地设计传热过程,就能保证舱内乘员有良好的生活环境以及足够的控温精度。

6.1.4 热设计基本原则

1. 座舱的绝热设计原则

由于有人在其中工作和生活,对舱内大气的温度和湿度有严格的控制要求。为了满足这些要求,需要将舱体设计成绝热壁,尽量减少舱壁的漏热,防止外界环境变化对舱内大气温度和湿度控制的干扰。

2. 热流向主动控制原则

为了合理利用冷源和热源,有效地控制座舱内的气体的温、湿度和仪器设备的温度,保障航天员的正常生活环境和仪器设备的正常运行条件。载人航天器温控系统除了要采取"被动"绝热设计外,还要采取液冷回路和加热回路这些被称为"半被动"式的热控技术,或者采取以热泵为核心的"主动式"液体循环回路热控技术。

3. 兼顾湿度控制要求的原则

载人航天器最突出的技术问题是湿度控制。在失重条件下，在座舱内壁或设备的低温表面上凝结的水是很难收集的。苏联在其“联盟”号飞船的外表面增加绝热层，很好地解决了壁温过低和结露问题。因此，考虑到湿度要求，将舱内壁温度设计在大气的露点温度之上。有些航天器温度控制和湿度控制都是由冷凝式干燥组件完成的，同时实现气体的除湿和降温，这时要处理好热湿耦合问题。

6.2 航天器热载荷计算

6.2.1 航天器在轨道空间的热平衡

航天器在轨道运行期间，其温度取决于外部热交换和内部热交换条件。根据能量守恒原理，航天器在单位时间内从宇宙吸收的热量与其本身产生的能量应该等于向外排散的热量与其内能变化之和。热平衡关系如图 6-2 所示。

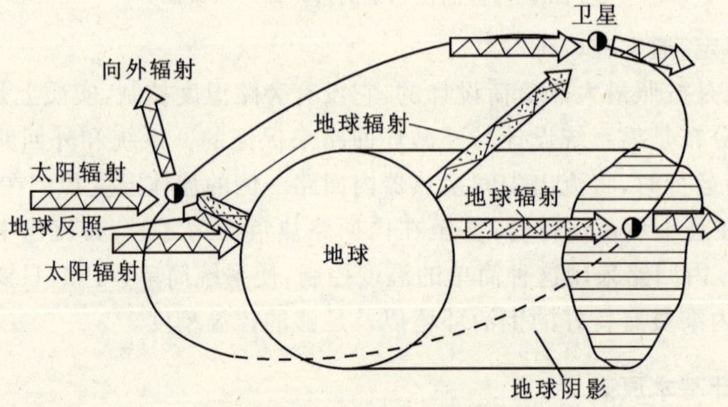

图 6-2 航天器热平衡关系

由于宇宙空间是极高真空环境，所以航天器与外部的热交换几乎完全通过辐射方式进行。航天器热平衡方程如下：

$$q_1 + q_2 + q_3 + q_4 = q_5 + q_6 \tag{6.1}$$

式中，q_1——航天器所吸收的太阳辐射能；

q_2——航天器所吸收的地球反照能；

q_3——航天器所吸收的地球红外辐射能；

q_4——航天器内部所产生的热流；

q_5——航天器内能的变化率；

q_6——航天器向宇宙空间发射的辐射能。

6.2.2　空间热流

1. 太阳辐射

太阳是一个巨大的高温热辐射体，总辐射能的 99.99 %是波长为 0.18～40 μm 的辐射能。在太阳至地球的平均距离处(即一个天文单位)，其辐射密度在 1 300～1 400 W/m^2 之间，太阳在单位时间内投射到距太阳一个天文单位处并垂直于射线方向的单位面积上的全部辐射能，称为太阳辐射常数(S)。此常数小范围内不断变化，在远日点(夏至日)，到达地球的太阳辐射值比上述值小 3.27 %，在近日点(冬至日)则大 3.42 %。工程计算中一般取 $S=(1\ 353\pm21)\ W/m^2$。

太阳辐射随波长的分布如图 6-3 所示。在工程计算时，可以按表面温度为 5 760 K 的黑体处理。太阳紫外辐射一般指波长小于 0.38 μm 的辐射，0.3 μm 以下的辐射仅占太阳总辐射能的 1 %。紫外光占总能量的比例虽很小，但是太阳紫外线对航天器表面的热控涂层有一定的破坏作用。涂层表面长期受到紫外线的辐射，其表面的太阳吸收率 α_s 将明显提高，从而破坏系统的热平衡。

太阳是航天器所承受的最大外部热源，而太阳对航天器上各表面的加热量主要与阳光投向各表面的投射角有关。阳光对各表面的投射角实际上是随时间变化的，它与航天器相对太阳、地球的位置有关，也与它自身的形状、姿态有关。但由于航天器的轨道高度相对太阳与地球的距离来说是很小的，所以由轨道高度的变化而引起的太阳光照密度的变化可忽略不计。从地球上看太阳只占有半度立体角，因此可将太阳当作点光源，将投射到航天器表面的太阳光看成平行光。航天器在轨道运行过程，一部分时间处于太阳光照区，一部分时间处于阴影区，平均太阳辐射与太阳照射时间有关。

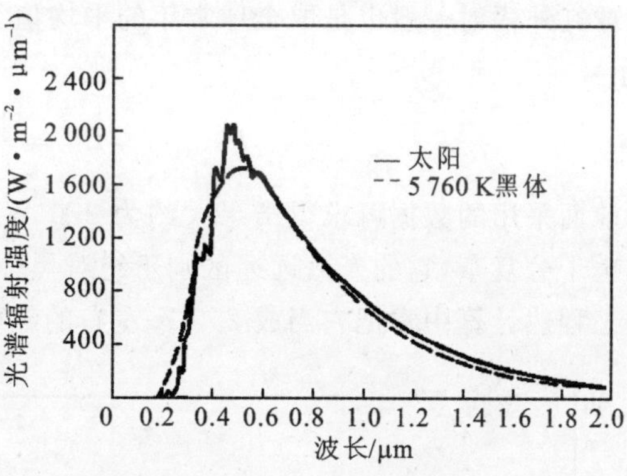

图 6-3　太阳光谱辐射强度曲线

2. 地球辐射

航天器从地面发射沿近地轨道运行，地球热辐射直接影响航天器热状态。地球接受太阳辐射，同时自身不断地向空间进行热辐射并反射太阳辐射(反照)。通常把地球及其周围的大气作为一个整体考虑。地球的能量主要来自太阳辐射，落于地球的太阳辐射能率为 1.7×10^{14} kW。这些能量大约 2/3 被地球及其大气层所吸收，转化为热能后以长波辐射的形式辐射到空间去。此能量即地球的热辐射或红外辐射，其余的太阳辐射被地球反射到空间去，称为地球反照。

(1) 地球反照

地球反照一般以地球-大气对太阳辐射的反射率 α 表示，α 为地球-大气系统所反射的太阳辐射与太阳入射辐射之比，以百分比表示。地球表面及大气对整个太阳光辐射波段中的反射有明显的选择性，而且其反射特性明显地与气象条件以及地球表面的性质有关。研究结果表明，地球-大气对太阳的反射率随条件不同变化很大，从 0.1 变化至 0.8 以上。尽管反射率特性变化很大，但总的来说呈现有如下趋势：反射率随太阳仰角的减少而增大；大陆地区一般比海洋地区有较高的反射率；反射率随着地理纬度的增加而提高；浓云密布区的反射率较高。

地球-大气反射率多变的情况给航天器热计算带来相当大的困难，但由于航天器的飞行高度较大、飞行速度快，而且这部分能量比起太阳对航天器的直接辐射加热所占比例较小。因此作为热计算，一般取其全球的平均反射率 $\alpha=0.35$。其光谱特性分布也十分复杂，一般采用太阳光谱分布以便于计算，且在热设计中假定为漫反射分布。

(2) 地球红外辐射

地球-大气红外辐射，主要是受地球表面温度及所覆盖的云量的影响。云量增大，由于云顶温度较低，所以红外辐射减少。太阳对地球表面的照射情况直接影响地表及其大气的温度水平，从而使得不同的地区和时间红外辐射密度产生差别。如上面所讨论的在航天器热计算中地球红外辐射一般也是取全球常年的平均值。据能量平衡，地球表面的平均红外辐射密度 E_{io} 为

$$E_{io}=\frac{1-\alpha}{4}S \tag{6.2}$$

根据前面采用的数据可求得结果大约为 220 W/m^2。同样，地球红外辐射的空间分布及光谱分布也十分复杂，它的光谱远远区别于绝对黑体辐射的光谱分布，其分布如图 6-4 所示。在实际工程热计算中常把它当成 250 K 左右的绝对黑体辐射处理。

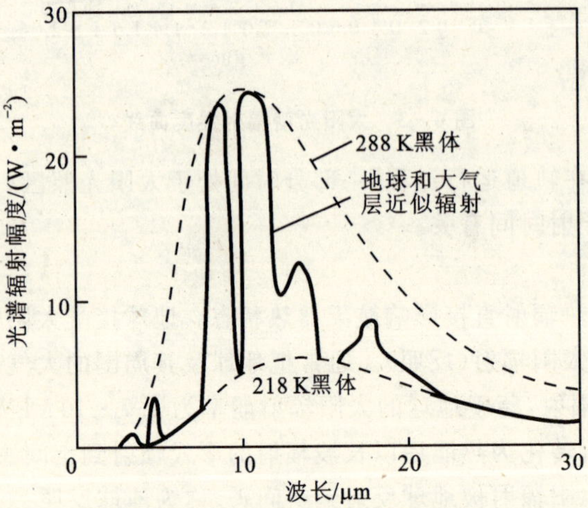

图 6-4 地球红外辐射强度分布

3. 其他行星的热辐射

太阳能投射到行星表面，部分被行星吸收后，以红外的形式向宇宙空间辐射能量，部分被行星反射到空间去。行星红外辐射密度分布随行星的运动规律、表面形态、大气层情况而定。一般来说，行星表面的红外辐射密度与太阳光照状况有关。受太阳照射的部分，红外辐射较强，而行星的阴影部分红外辐射较弱。

行星的太阳反射热流的大小，取决于太阳和行星的相对位置、行星表面和大气层的状态等一系列因素。为方便计算，一般假定行星表面对太阳的反射为漫反射，即遵循余弦定律；行星表面的太阳反射率

取整个星球表面的平均值;行星表面和大气层对阳光的反射光谱仍采用太阳光谱分布曲线。但是由于反射热流一般只占航天器所接受的总热流的很少一部分,约为 10 %,而且随着航天器在轨道上运行时,相角 ϕ 的增大,反照能量越来越小,即使计算误差大,其绝对量也是很小的。

6.2.3　航天器内热流

航天器的内热流主要来自于舱内仪器设备的发热和乘员的散热两方面。20 多年来,航天器的内功耗已经增加了近 1 000 倍,而其中大部分将转化为热能排散,且随着每次飞行的任务、所搭载仪器的不同其发热量有较大的变化,因此需要有详细的计算及前期的地面试验来确定实际热量。在此节中仅讨论乘员的散热问题。

在最简单的分析中,人体通过对流、蒸发、辐射和导热来与环境相互传热。人体靠食物的化学能来补偿因机体活动(做功)所消耗的能量,并将多余的能量以热的形式排至体外,从而保持体温的恒定。人体与环境的热交换可用下列能量平衡方程来表示,即

$$Q_m - W = \pm Q_c \pm Q_k \pm Q_r + Q_e \pm Q_s \tag{6.3}$$

式中,Q_m——代谢产生的总能量;

W——物理功;

Q_c——与环境空气的对流热交换量;

Q_k——与环境空气的传导热交换量;

Q_r——与周围表面的辐射热交换量;

Q_e——人体的蒸发散热量;

Q_s——体内所存储或散失的热量。

人体内部的代谢产热总是正的,而物理功总是负的。

对流热交换量 Q_c 是当有一定温度流体流经不同温度的皮肤和衣服表面时发生的热量交换,交换的速率取决于温差和对流热交换系数。

传导热流 Q_k 是人体以导热方式与周围物体进行的热交换,其热交换率取决于两物体间的温差和导热性,此项可正可负。

辐射热流 Q_r 是人体表面与舱壁或舱内设备表面进行的辐射热交换,其热交换率取决于两物体表面绝对温度的 4 次方之差和综合辐射系数,后者为与物体表面形状和辐射率等有关的函数。

蒸发热流 Q_e 总是正的,每蒸发 1 g 汗液可吸收 2 500 J 热量,其决定因素是从皮肤表面到周围空气的水蒸气压力梯度。蒸发热的散失速率决定于周围的湿度和空气流动。当周围环境温度高于皮肤温度时,人体散热主要依靠蒸发,因此在高温条件下保持一个低湿的环境是十分必要的。

体内所存储或散失的热量 Q_s,其值表现为身体的热积或热债。

根据多年的实验和统计数据,正常人的人体代谢产热和产湿量如表 6-2 所列。

表 6-2 人体代谢生理指标

生理指标	睡 眠	安 静	中等活动	一日平均
代谢产热/W	80	137	240	137
代谢产湿/(g·h^{-1})	50	80	150	75

6.3 被动热控技术

6.3.1 热控涂层

在轨飞行的航天器与空间环境之间的换热，主要是以热辐射的方式进行的；航天器内部仪器设备之间和它们与航天器壳体及结构之间的换热，主要是以辐射和传导的方式进行的。因此，航天器内、外表面及各仪器设备壳体的热辐射性质如何对控制航天器的温度水平有决定意义。热控涂层就是专门用来调整固体表面热辐射性质而达到热控制目的的表面材料，采用不同太阳吸收率 α_s 和辐射率 ε 的热控涂层，可决定暴露于空间环境中的航天器热平衡温度水平。

根据涂层的热辐射性质，可以将涂层分为不同的类型。例如 $\alpha_s \approx 0, \varepsilon \approx 1$ 的涂层为太阳反射涂层；$\alpha_s \approx 1, \varepsilon \approx 0$ 为太阳吸收涂层；$\alpha_s \approx 0, \varepsilon \approx 0$ 为完全反射涂层；$\alpha_s \approx 1, \varepsilon \approx 1$ 为完全吸收涂层等。

1. 涂层的平衡温度

假定在空间一等温物体，只受到太阳的照射，没有地球反照及红外辐射以及内热源的影响，在达到稳定状态时，它所吸收的热量应等于它辐射的热量，即

$$\alpha_s A_P S = \sigma \varepsilon A_\varepsilon T_S^4 \tag{6.4}$$

式中，α_s——太阳吸收率；

A_P——物体表面在垂直于太阳光的平面上的投影面积，m^2；

S——太阳幅射密度，W/m^2；

A_ε——物体表面的辐射面积，m^2；

σ——玻耳兹曼常数，$5.67 \times 10^{-8}\ W/(m^2 \cdot K^4)$；

ε——表面发射率；

T_S——物体表面的平衡温度，K。

物体表面的热平衡温度

$$T_S = \left(\frac{\alpha_s S A_P}{\sigma \varepsilon A_\varepsilon}\right)^{1/4} \tag{6.5}$$

由式(6.5)可看出，物体表面的热平衡温度与太阳吸收率 α_s 和发射率 ε 的比值 α_s/ε 的 1/4 次方成正比。因此，通过在物体表面上选用不同的热辐射性质的热控涂层，可以得到不同的热平衡温度。

2. 热控涂层的使用原则

(1) 航天器表面的热辐射性质

在航天器热设计中，选择涂层的最主要依据是航天器热控制所需要的各种表面的热辐射性质。航天器外部最常用的是低 α_s/ε 值的涂层，而为了减少温度波动，又希望涂层的 ε 值较低。但同时要求做到这两点比较困难，这取决于现实的工艺水平。大体上说，热控涂层性能水平在如下范围：

$$\alpha_s = 0.08 \sim 0.95, \quad \varepsilon = 0.02 \sim 0.90, \quad \alpha_s/\varepsilon = 0.10 \sim 10$$

事实上，使用几种涂层组合而成的条纹搭配涂层来满足设计要求的办法是常见的，其性质可用下式计算，即

$$\alpha_s = (F_1\alpha_{s_1} + F_2\alpha_{s_2} + \cdots + F_n\alpha_{s_n})/(F_1 + F_2 + \cdots F_n) \tag{6.6}$$

$$\varepsilon = (F_1\varepsilon_1 + F_2\varepsilon_2 + \cdots F_n\varepsilon_n)/(F_1 + F_2 + \cdots + F_n) \tag{6.7}$$

式中，α_{s_1}、…、α_{s_n}，ε_1、…、ε_n 和 F_1、…、F_n，分别为各条纹涂层的辐射性质及它们所占的面积。此计算式假定表面处于等温状态，或在一定温度范围内各条纹的 α_s 和 ε 的值不变。图 6-5 给出了航天器用热控涂层的辐射数据范围。

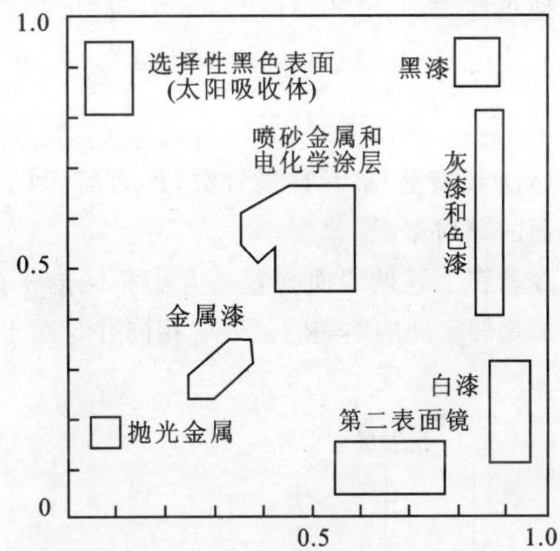

图 6-5 可供航天器使用的涂层热辐射性质

(2) 表面涂覆工艺的可行性

根据热设计的要求确定的各种涂层，都是要涂覆在具体的构件、蒙皮或仪器上的。因此在选择涂层时，就不得不考虑被涂件的尺寸、形状，以及实际涂覆的工艺上的可能性、经济性及对其他部件的影响等因素。

(3) 在使用环境中的稳定性

涂层的稳定性是指在航天器所经历的各个阶段(地面段、上升段、轨道段和返回段等)的环境中，其热辐射性质应保持稳定或者其变化不超过允许的范围。

(4) 涂层的污染

涂层的污染就是在航天器的涂层表面上沾粘某种沉积物，影响原先设计的涂层表面的热辐射性能，引起航天器温度的升高，严重的甚至导致飞行失败。航天器在地面的实验和准备阶段，通过大气层的上升段以及在轨道运行阶段，都可能给热控涂层造成污染。应采取一定的措施，尽量减少涂层的污染问题。

(5) 其他考虑

涂层的选择，除了以上几个主要考虑方面外，还有若干值得注意的问题。例如，涂层在生产施涂过程中要保证其热辐射性能有较好的重复性；涂层的种类应便于现场擦洗和检验；当修

改热设计时，仪器设备表面的热控涂层应便于撕揭和补贴；在某些设计中，航天器外表面涂层的阳光反射率还应满足光学跟踪的要求等。

6.3.2 多层隔热材料

在航天器的热控系统中，常常需要对某些仪器设备或部件、蒙皮采用保温措施，尽可能减少其热量散失以控制其工作温度，或是需要防止高温热源或波动的热环境对仪器设备或部件的影响，即要求尽可能的减少热量流入，在诸如此类情况下需要对其采取隔热措施。多层隔热材料具有极好的隔热性能，理论上其当量导热系数能低到 10^{-5} W/(m·℃)的量级。其结构通常由低发射率(即高反射率)的反射屏和低热导率的间隔物交替叠合而组成。这种组件利用反射面的层层反射，对辐射热流形成很高的热阻，从而在真空条件下具有极好的隔热性能。同时，由于质量很轻，拆装方便，没有污染，因此在航天器上得以普遍应用。

1. 隔热原理

两个无限大的平行平面，若其表面都具有灰体性质，并且它们之间为真空状态，则它们之间的换热量

$$Q=\frac{\sigma F(T_1^4-T_2^4)}{\frac{1}{\varepsilon_1}+\frac{1}{\varepsilon_2}-1} \tag{6.8}$$

式中，σ 为斯特藩-玻耳兹曼常数，F 为面积，T_1、T_2 分别为两表面的绝对温度，ε_1 和 ε_2 分别为两表面的辐射率。

今若在上述两表面间置一大小相同的平面 3，如图 6-6 所示，将此面称为隔热屏或反射屏。如果假定屏的两侧的辐射率相同并与面 1、面 2 的辐射率相等，即 $\varepsilon_1=\varepsilon_2=\varepsilon_3=\varepsilon$，则式(6.8)可化为

$$Q=\frac{\frac{1}{2}\sigma F(T_1^4-T_2^4)}{\frac{2}{\varepsilon}-1} \tag{6.9}$$

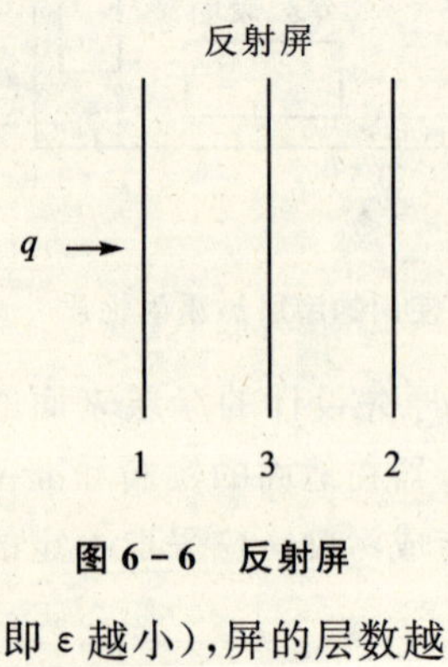

图 6-6 反射屏

若面 1、2 间置有 n 层隔热屏，则其传热量为

$$Q=\frac{\sigma F(T_1^4-T_2^4)}{(n-1)\left(\frac{2}{\varepsilon}-1\right)} \tag{6.10}$$

由式(6.10)可知，对于理想状况下的多层隔热系统，隔热效果与隔热屏的反射率($\rho=1-\varepsilon$)、屏的层数有关。屏表面的反射率越高(即 ε 越小)，屏的层数越多，其隔热效果也就越好。当然实际的情形要复杂得多。

2. 传热量计算

为了便于评价多层隔热系统在实际使用中的隔热效果，同时也为了比较各种隔热系统的

性能，实用中常常使用传热工程中常用的关系式来描述此种隔热系统的传热情形，这类表达式可归为三种模式，即当量导热系数模式、当量换热系数模式和当量辐射系数模式。

(1) 当量导热系数模式

若将多层隔热系统整体地看成一种结构连续、性质均匀的实体，则可用傅立叶型的导热式来联系各有关因素。于是多层隔热系统的隔热效果就可用下式来表达：

$$q = k_{\text{eq}} \frac{T_{\text{H}} - T_{\text{C}}}{\delta} \tag{6.11}$$

式中，$q=Q/F$，垂直于多层隔热系统的传热率，即通过多层隔热系统的漏热率(其中 Q 是漏热量，F 是垂直于温度梯度的面积)；T_{H}、T_{C}分别为热、冷边界的温度；k_{eq}为当量导热系数(或称当量热导率)；δ 为隔热层的总厚度。

(2) 当量换热系数模式

若使用牛顿冷却公式来表示多层隔热系统的漏热量与温差间的关系，则有

$$q = h_{\text{eq}}(T_{\text{H}} - T_{\text{C}}) \tag{6.12}$$

式中，h_{eq}为当量换热系数，其倒数为这个系统的热阻率 $r_{\text{eq}} = 1/h_{\text{eq}}$。因此，这个模式亦是把除温差以外的所有影响多层隔热系统性能的因素归结为一个当量热阻的作用。

(3) 当量辐射率模式

若用一个斯特藩-玻耳兹曼的式子来表达各种因素与漏热量的关系，则有

$$q = \sigma\,\varepsilon_{\text{eq}}(T_{\text{H}}^4 - T_{\text{C}}^4) \tag{6.13}$$

式(6.13)定义了当量辐射率 ε_{eq}，以此体现多层隔热系统的性能。就是说，多层隔热系统的作用就像是一个辐射率为 ε_{eq}的表面的作用。当然，ε_{eq}并非一个热物理性质，而是由许多因素决定的一个系数。

3. 多层隔热系统的分类

实际应用的多层隔热材料按反射屏的不同可分为两种类型：一类是由金属箔构成的反射屏，多用于高温(400～600 K 以上)情况；另一类是由金属镀膜构成，金属镀膜一般附着于某种透明而柔软的薄膜底材。由于此类型的多层隔热材料可以包扎到各种形状的物件上，因而使用广泛。但由于底材薄膜一般不耐高温，故常用于中、低温范围内的隔热。这里主要介绍后一类情况。

常用的金属镀膜反射屏的底材薄膜是涤纶薄膜和聚酰亚胺薄膜。这类薄膜的厚度最薄可至 2～3 μm，常用的厚度约为 6～20 μm，金属膜层材料通常是铝、银、金，用真空沉积方法镀到上述底材上，这种金属膜层厚度的典型值在 40～120 nm 之间。常用反射屏在底材两侧都镀有金属膜，但也有只有单侧镀膜的。金属膜层的辐射率的典型值 $\varepsilon=0.02～0.04$，因此反射性能很好。

对于双面镀有金属膜的反射屏，屏间须置有间隔材料、以阻止屏间的直接接触。通常多层隔热材料是在真空环境下使用，为便于真空放气，一般间隔材料的孔率(孔隙面积与间隔材料

面积之比)在0.6~0.8之间,要求其材料的导热率低。所以间隔材料多用质地疏松的纤维纸或织物制成,但使用单侧镀膜的反射屏时就不使用间隔材料,而是使反射屏自身起皱以减少层间的间隔。这两种情形如图6-7所示。

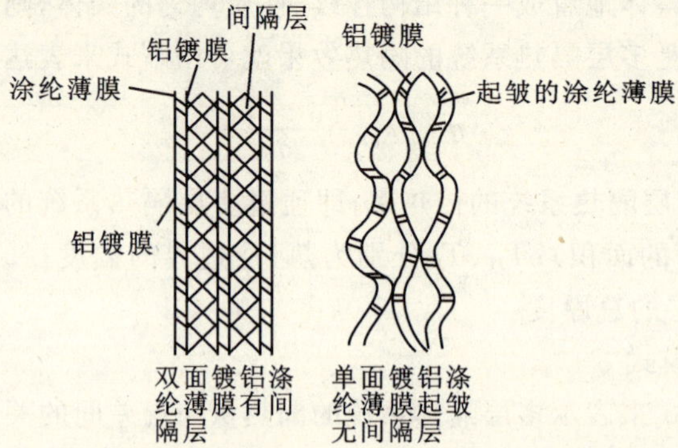

图6-7 具有间隔层的和反射屏起皱的多层隔热系统

4. 影响多层隔热材料性能的因素

影响多层隔热材料性能的因素是多样的,大致上可归结为反射屏表面的辐射率、反射屏的层数、冷热边界的温度、间隔材料的性质及光学特征、系统所受的压缩负荷、层间的真空度、端边的漏热以及材料的放气等。实际上,这许多因素总是不能完全避免的,但只要在设计和使用时加以注意,便可以减少影响因素,达到最大发挥多层隔热系统优越性能的目的。

6.3.3 热 管

热管是一种靠工质的蒸发、凝结和循环流动而传递热量的器械。由于蒸发、凝结的热阻很小,即使蒸气流动的温降很小热管也可以在小温差下传递很大的热量。同时,管内液体回流是靠毛细结构的毛细作用力完成的,既没有运动部件也不需消耗能量,因而结构紧凑,运行可靠,也不受重力的影响。因此,热管的应用可解决航天器热流部件的散热温控以及实现等温设计。

1. 工作原理

热管的典型结构如图6-8所示。外层是一个密封的容器壳体(比方说圆管),沿管的内壁铺设有一定厚度的毛细材料(如若干层金属网),热管中的这些毛细材料又称为管芯。在管芯的毛细孔隙中充满着液态工质。管中心的空间就是蒸气流通通路,充满着饱和工质蒸气。

当热管的某一端与热源相连接时,热量通过管壁传递给管芯(毛细结构)以及充满其中的工质液体。液体温度的升高使其自由表面上的蒸发加强,热管的这一部分称为加热段或蒸发段,用P_1表示此处的蒸气压力。与此同时,热管的另一端与热沉连接或处于自由排热状态,称为排热段或凝结段。此段中的蒸气饱和压力用P_2表示。在压差(P_1-P_2)的作用下,蒸气由蒸发段(即加热段)流动到凝结段(即排热段),并在那里凝结下来,放出汽化潜热。于是,热量

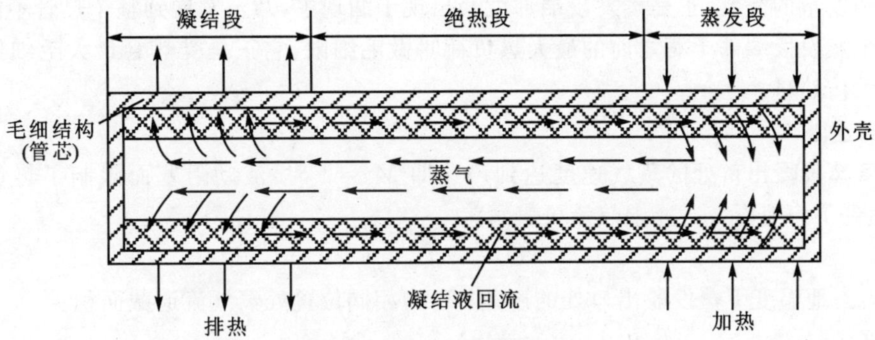

图 6-8 热管的典型结构图

通过凝结液、管芯和管壁传到外界热沉中去。如果把中间的管段(叫做绝热段)很好地与外界隔热,同时认为管壁导热的影响可以忽略,那么蒸气从蒸发段得到的热量将全部传给冷凝段。这个热量是

$$Q = \dot{m}_v \lambda \tag{6.14}$$

式中,Q 为传热量,$\dot{m}_v$ 为蒸气的质量流量,λ 为工质的蒸发潜热。

蒸气放出潜热后凝结成液体,再通过管芯的毛细力作用回流到蒸发段。工质如此循环往复,不断将热量自热管的一端传递到另一端。

实现液体和蒸气循环流动的主要驱动力是蒸发段细芯中工质液体所产生的毛细力。由于蒸发段液体不断蒸发,气－液交界面向毛细孔一侧下凹,形成弯月面。液体弯月面的曲率在蒸发段端部为最大,沿管长逐渐变小,至冷凝端部曲率为零。这是蒸发、凝结和毛细力作用的综合结果。热管正常工作时毛细力必须克服工质循环的所有流动阻力和相变压差。由于蒸发和凝结的相变压差甚小,可以忽略不计,因此,热管正常工作的条件为

$$\Delta p_c \geqslant \Delta p_l + \Delta p_v + \Delta p_q \tag{6.15}$$

式中,Δp_c——蒸发段端部由毛细力产生的液体和蒸气之间的压差;

Δp_l——回流液体的流动压降;

Δp_v——蒸气流动压降;

Δp_q——重力压差,视倾斜方向定其正负号。

2. 传热极限

热管的传热能力虽然很大,但也不能无限加大热载荷。事实上有许多因素制约着热管的工作能力。换言之,热管的传热存在着一系列的传热极限。这些传热极限主要包括毛细限、声速限、携带限、沸腾限和黏性限等。

(1) 毛细限

由上节的讨论可知,热管的毛细抽吸压头能够克服工质的压降是热管正常工作的条件。可以设想,当管芯能够提供的最大毛细抽吸力不足以克服流动阻力时,工质液体的回流量就不

足以满足蒸发量的需要，于是蒸发段端部就会出现干涸现象，乃至发展到整个热管不能正常工作。把发生蒸发段端部干涸之前的最大热负荷叫做毛细限，它正是受热管最大毛细抽吸力所限制的最大传热量。

(2) 声速限

当热管蒸发段出口处的蒸气速度达到声速即 $Ma=1$ 时，流动阻塞而限制了热负荷的增加，叫做达到了声速限。声速限热流可表示为

$$Q_s = \rho_v A_v V_s \lambda \tag{6.16}$$

式中，V_s 为当地温度下蒸发段出口处的声速；A_v 为相同位置处蒸气流道截面积。

(3) 携带限

热管工作时，蒸气和液体逆向流动，当流量增大、蒸气速度高到一定程度时，蒸气与液面的剪切力会使液面掀起波浪，甚至进而将液滴从液面上刮起而携带到凝结段去，从而减少液体的回流量、降低传热能力。

(4) 沸腾限

当热管蒸发段径向热流密度大到一定程度时，毛细结构内部发生沸腾。如果热流密度进一步增大，沸腾状况可能由沫状(核状)而转化成膜状。当气泡膜附着于热管内壁上时，热阻迅速变大，其结果可能是使蒸发段迅速烧干。因此，蒸发段能承受的最大热流密度应以不会出现膜状沸腾为限。

(5) 黏性限

当热管工作温度很低时，由于蒸气压力低，以致不足以克服蒸气通道的黏性阻力，因而限制了热管的传热能力。

(6) 最大热流包络线

前述几种最大热流限，对每一具体的热管来说，是存在于不同的热流和温度范围内的。如果将表示这些"限"的曲线联系起来，就可以画出一个热管可以正常工作的热流-温度范围图，这就是所谓的最大热流包络线。在包络线以内的温度-热流下热管可以正常工作。如图 6-9 所示，纵坐标为热管轴向热流，横坐标为热管工作温度。最大热流包络线由若干曲线围成，它们分别表示毛细限、声速限、携带限、沸腾限和黏性限。

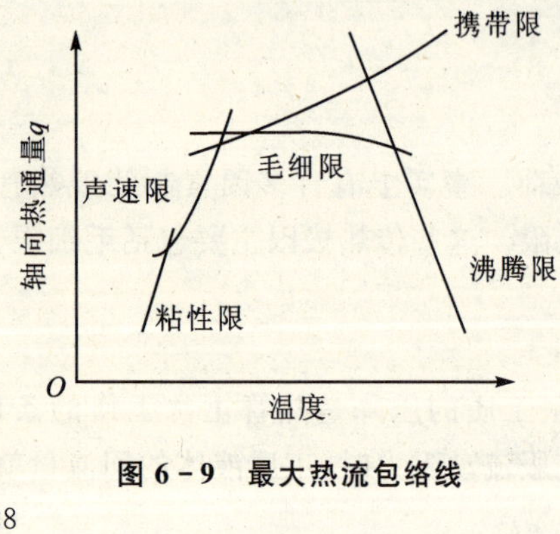

图 6-9　最大热流包络线

3. 热管设计

航天器热控制应用的热管，在进行设计时，一般考虑如下几个方面：工质的选择，管壳、管芯的选择等。

(1) 工质的选择

主要考虑：工作温度、传热能力、蒸发段最大热流密度、相容性和稳定性等。

在工作温度的变化范围内，工质不得凝固或者超过临界点，为了维持热管的正常工作，工质的最低工作温度不得低于其0.1大气压时的饱和温度，否则蒸气压和密度过低而容易达到传热极限；从工质的物性来说，表面张力大、潜热大、黏性小的工质具有较强的毛细传输能力；工质与管壳、管芯的相容性是指不发生化学反应和腐蚀。

(2) 管壳的选择

除了考虑与工质的相容性以外，还要考虑高温工况时的耐压强度、焊接气密性。另外，要便于成型，以便与热源、热沉构件良好接触。在航天应用中常用的内槽管，以使用易于成型、焊接性能良好的铝合金材料为宜。

(3) 管芯的选择

主要考虑因素：毛细抽吸能力大，流动阻力小，径向热阻小，工作可靠。槽道管芯是目前常用的型式，其毛细抽吸力小，但流阻小，易于批量生产，径向热阻也小。

6.3.4　相变储热

1. 基本原理

物质发生相变时伴随着能量的释放和吸收。利用物质相变时能量的释放和吸收来进行航天器的热控是一种有效的热控方法。在较长期的载人飞行中，当内热源或外部热环境发生较大的周期性变化时，可使用相变材料来协助辐射器调整整个温控系统的热负荷。装有相变材料的储热器，在辐射器散热能力不足时(航天器在太阳的辐照下)，储存一部分热负荷，此时，储热器内相变材料由固态转变为液态；而当辐射器散热能力较大时(航天器处于阴影区)，将储存的热负荷释放出来，相变材料由液态转为固态。储热器内相变材料在相变过程中吸收或释放相变潜热，而材料的温度基本保持不变，从而保证载热流体的温度处于规定的范围之内。

2. 相变材料热控的特点

相变材料可按要求成为既是热沉又是热源的可逆系统。它特别适用于放出脉冲热源的周期(或间断性)工作的元件或设备的热控制。在航天器上有不少此类元件或设备。同时，潜热大的相变材料，对体积小而功率密度大的设备进行热控是很有效的。另外，这种热控方式没有运动部件，原则上说可以进行无限次的可逆操作，因此这是一种可靠性很高的被动热控手段。

3. 相变材料

可作为相变介质的材料有如下几类：石蜡类、非石蜡有机物、盐的水合物、金属物质、熔盐的低熔共晶物等。通常认为理想的相变材料应具备的性质为：相变潜热高；有适当的相变温度；可逆的固-液相转化；液相和固相都有高的导热率；比热大、密度大；具有长期使用的可靠性；具有可靠的凝固过程；相变过程中体积变化小；没有过冷现象；与容器的相容性好；无毒、无其他有害性质。几种常用的相变材料如表6-3所列。

一种实际的相变材料，其性质不同程度的与理想相变材料有偏离，这要求在选择和使用时综合地考虑各种因素。在主要性质满足的基础上对一些不满足要求的性质要加以改善。如热扩散率低，可通过加入导热系数高的金属填料加以改善；过冷现象可通过加入结晶催化剂（即晶种）加以改善；熔化时体积变化，可通过容器的精巧设计加以补偿；相容性不好可通过加入防腐剂解决等。

表 6-3 几种相变材料的性能

材料名称	相变过程	相变温度/K	密度/(kg·m^{-3})	相变潜热/(MJ·kg^{-1})	单位体积的相变热/(GJ·m^{-3})	相容性	备注
水(升华)	L→S→G	273	1 000	2.259	2.259	纯水与多数材料相容性好	透明无色液体
冰	S→L	273	910	0.333	0.303	与多数材料相容性好	半透明白色固体
石蜡(十六烷)	S→L	290	770	0.238	0.184	同上	无色液体
十八烷	S→L	301	778	0.243	0.189	同上	无色晶体
二十烷	S→L	310	778	0.247	0.192	同上	白鬼蜡质固体
三水硝酸锂	S→L	303	1 430	0.296	0.423	与铝相容	透明无色液体或结晶固体
芒硝	S→L	305	1 460	0.251	0.366		透明无色液体或结晶固体
氢化钒	S→S*+G	298	4 517	0.396	1.789	与多数材料相容	

注：G—气体，L—液体，S—固体，S*—新固体。

6.4 主动热控技术

6.4.1 辐射式主动热控技术

辐射式主动热控方法主要是以控制辐射热阻的办法来对仪器或者航天器某个舱段的温度进行控制的。辐射热阻是表面辐射率、辐射面积、辐射温度以及环境温度等的函数。当被控热源（仪器、设备等）发热量变化时，可以通过自动变化辐射率的办法来改变辐射热阻，从而避免仪器温度的过大变化。

热控百叶窗是一种利用低辐射率可动叶片不同程度地遮挡具有高辐射率的仪器散热表面的办法来控制温度的装置，装置原理图如图 6-10 所示。当仪器温度上升时，叶片旋转而张开，露出高辐射率的仪器表面，散热量增加，从而使仪器温度降低。当仪器温度降低时，叶片自动关闭，辐射表面散热量减少，从而缓和仪器温度的下降。

在这种机构中，叶片的动作使得辐射系统的当量辐射率 ε_{eq} 发生了变化，从而使得辐射排

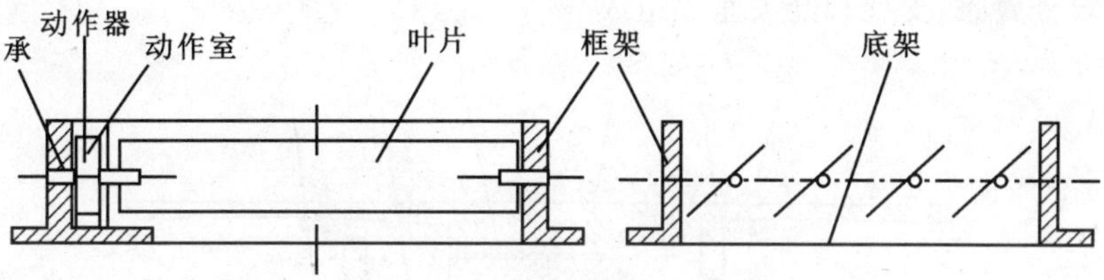

图 6-10　百叶窗结构图

热量发生变化。对于只面对黑空间环境的情况，百叶窗系统的当量辐射率

$$\varepsilon_{eq}=\frac{Q_r}{\sigma F_p(T_r^4-T_p^4)} \tag{6.17}$$

式中，Q_r——通过百叶窗系统的控制面排散出去的热量；

F_p——百叶窗系统所控制的辐射面积；

T_r——辐射面温度；

T_p——底板(即仪器表面)的温度。

现在已经使用的航天器百叶窗系统的当量辐射率变化比(即 $\varepsilon_{eq全开}/\varepsilon_{eq全关}$)最大的近 12 倍，所控制的排热能力的变化约 20 倍。因此可认为这种系统对仪器、设备的温度控制是相当有效的。

6.4.2　传导式主动热控技术

对于大多数航天器的仪器、设备和构件来说，热传导也与辐射换热一样地影响着它们之间的热量分配和温度分布，因此对导热途径上的热阻(或热导)特性加以控制，亦是进行热控的有效方法。传导式主动热控机构通常应用于发热量波动较大的情况。当热源(仪器、设备)发热量增大时，传导通路热阻减小，多余的热量通过航天器蒙皮或专门的热辐射器排散出去。当热源发热量减少时，传导通路的热阻增大，以避免仪器过冷。

1. 接触式热开关

接触式热开关是一种通过切断和导通传热通路来控制热量传递的结构。其调解能力强，常用于航天器外部和内部热负荷都剧烈变化的条件下，适时的存储或释放内部热量，有效地调解仪器设备的温度。接触式热开关在导通和切断状态时的导热量之比称为热开关的控制比。热开关的主要任务是在热源温度升高时向外(航天器舱内空间或外部空间环境)排热。处于关断状态时，热通路保持较大的热阻，以保证仪器设备温度水平不致降低。热开关的动作由感温元件(如双金属弹簧)驱动，因此它的动作特性是由驱动元件的温度特性决定的。一个机械式热开关只能有两个工作状态，即"开"和"关"。因此，若要得到一系列工作状态，就必须使用由动作温度不同的热开关组成的一组热开关。

图 6-11 是一个以双金属弹簧为驱动元件的往复式接触热开关，主要由外辐射盖、接触

塞、导热束、双金属条、支架和开关座等组成。

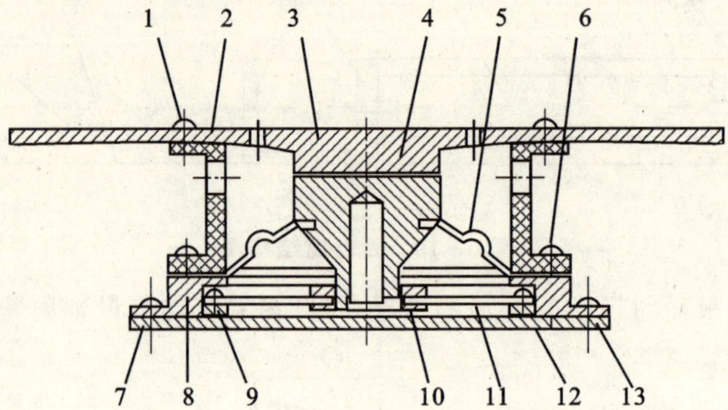

1,6,7,12—扁圆头螺钉;2—绝热支架;3—辐射盖;4—接触塞;5—热传导束;
8—开关座;9—安装环;10—调节螺母;11—热双金属条;13—加热板

图 6-11　往复式接触热开关

外辐射盖就是一个热辐射器,用导热率高的材料(如铝)制成,或者就是航天器蒙皮的一部分。辐射表面使用低 α_s/ε 涂层,以减少太阳辐射对系统的影响。接触塞是这种热开关的主要动作体,其端面与外辐射盖的接触与脱离就是热开关的开与关状态。导热束是沟通底座与接触塞的热通路,随接触塞往复运动。双金属弹簧条是热开关的驱动元件,它感受底板(即发热仪器的面板)的温度而变形,由此而推动接触塞的运动。

设上述接触式热开关的外辐射盖面向空间环境并不受阳光照射以及不受航天器上其他部件的辐射影响,其热平衡方程如下:

$$Q_p = U_{eq}(T_p - T_r) \tag{6.18}$$

式中,Q_p为仪器排热量;U_{eq}为热开关的当量热导;T_p为仪器温度;T_r为辐射面温度。

2. 可控热管

可控热管包括可变热导热管、热二极管和热管热开关。

可变热导热管是利用不凝结性气体来控制其工作温度的热管,其工作原理如图 6-12 所示。在普通热管中加入一些在热管工作温度范围内不可凝结的气体,在常温下一般用氮气或氦气。当热管启动后,蒸气和气体一起向热管凝结段运动。蒸气在凝结段凝结后,在管芯毛细力的抽吸下回到蒸发段。而不凝结气体却不能回到蒸发段,只能集聚在凝结段端部而形成一个气塞,部分或全部将凝结段堵塞。当蒸发段输入热量增加导致温度升高时,管内蒸气压力增大,压缩不凝结气体,使凝结段的有效散热面积增加,散热量增加。反之,不凝结气体膨胀,凝结段有效散热面积减小,散热量减少。

热二极管又称为单向热管,即只能沿一个方向传递热量。图 6-13 是热二极管中最简单的一种。这个热管的凝结段端部有一个充有过量工质的储液器。当热管正向运行时,过量工

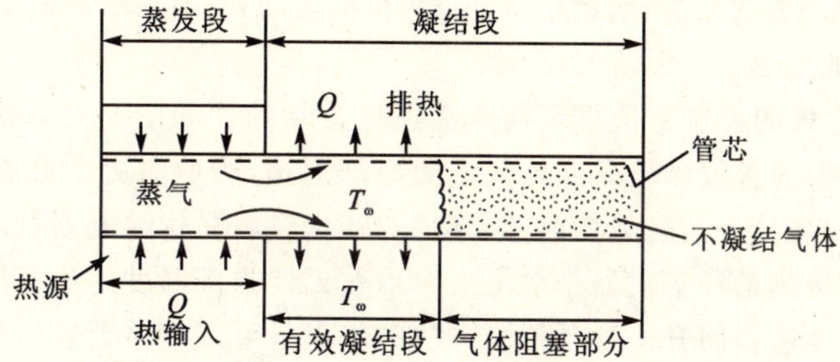

图 6－12 可变热导热管的基本原理

质液体聚集在凝结段端部的储液器内。当热流倒向(原来凝结段的温度高于蒸发段的温度)时,过量工质液体则聚集于原蒸发段,恰好将流通通道堵塞,致使热管中断工作,热通路切断,并以此保护仪器设备不受外热流的冲击。

热管热开关的工作原理与热二极管类似。在一普通热管的一端连接一个储液容器,容器内置毛细材料但连通管内无管芯。当容器置于较高的环境温度(高于热管的工作温度)时,其中只有少量的蒸气,不影响热管的正常工作。当热管工作温度由于某种原因高于容器温度时,工质将在容器中凝结,并且不能自动回到热管中,热管工作中断。当热管温度重新下降低于容器温度时,热管将恢复工作。图 6－14 给出了热管热开关工作原理图。

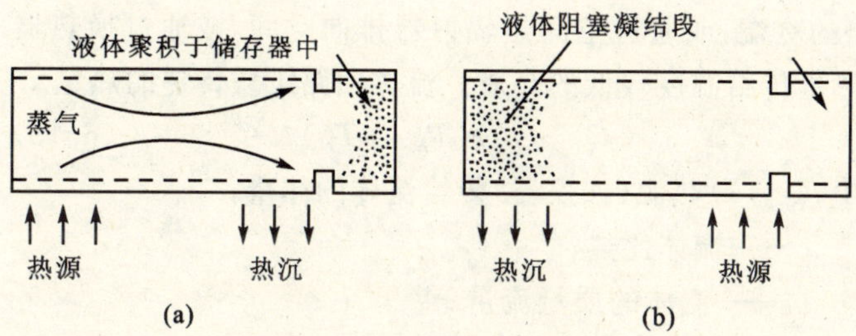

图 6－13 热二极管

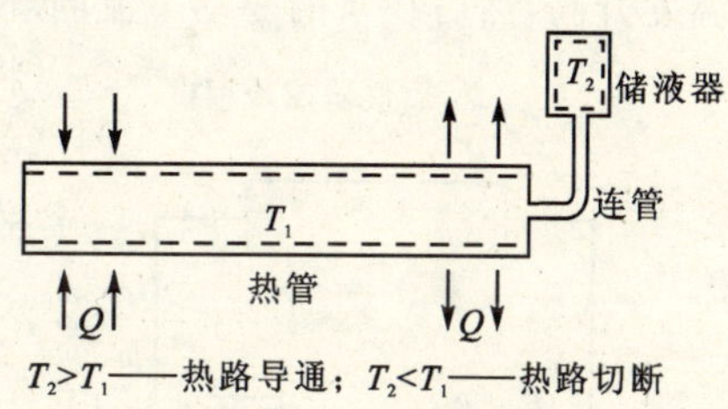

图 6－14 热管热开关

6.4.3 对流式主动热控技术

要使航天器内部的温度均匀,并满足仪器设备冷却的要求,仅仅通过辐射换热和导热是不够的,这时要采用对流式主动热控技术。在失重环境中,由于重力的消失,自然对流已不存在,必须采用机械的方法产生强制对流。对流主动热控技术包括气体循环热控系统和液体循环热控系统。气体循环热控系统是用气体或空气的强制对流循环来实现热控的,其缺点是能耗大,冷却效果差。由于液体对流换热系数比气体大得多,液体循环系统的冷却效果比较好,一般用于大功率仪器设备的冷却。液体循环热控系统又分为单相和两相液体回路。所谓单相回路,是指流体在循环过程中保持为液相,而两相液体回路中流体会发生相的变化。两相回路能传递更多的热量。从驱动方式来看,两相回路可分为机械驱动式、毛细驱动式(CPL)、混合式等。

1. 气体循环热控系统

这是用气体或空气的强制对流循环换热实现热控制的。如图6-15所示,在风扇的驱动下,气体流经航天器内的各仪器设备和外蒙皮的冷却通道,吸收各处的热量,而后将热量通过蒙皮散热面排到空间环境。当航天器内部温度升高时,风扇马达继电器自动接通,气体便开始循环,通过对流换热将热量经辐射器排散出去。当航天器内部温度到达某值时,风扇自动停止工作,航天器内部温度慢慢回升。这种控制方法的优点是可以使航天器内部温度比较均匀,调节范围也比较宽,缺点是需要消耗电能,要求严格的密封条件以及旋转运动部件。例如,苏联的人造地球卫星卫星一号、宇宙149号、月球车1号等均采用了空气对流热控系统。

2. 液体循环热控系统

液体循环热控系统是利用液体的强制对流循环来进行热控制的。液体对流热控系统的结构比较复杂。然而,由于液体对流换热系数比气体大得多,因此这种系统一般用于仪器设备发热量相当大的情况。这对于装有大功耗内热源的航天器是特别需要的。

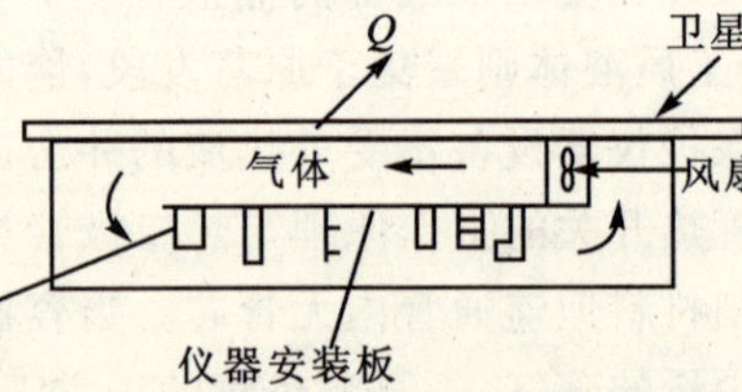

图6-15 气体循环冷却系统

其原理如图6-16所示,图中流体环路中工质通过冷板(或直接流过热源),吸收热量并使温度升高,然后在泵的驱动下流向环路的冷端,或通过空间热辐射器排向空间,或通过换热器将热量传给温度较低的介质。流体回路工质传递的热量

$$Q_s = c\dot{m}(T_{ho} - T_{hi}) \tag{6.19}$$

式中,Q_s——热源(如仪器)传给流体的热量;

c——流体比热;

$\dot{m}$——流体的质量流量;

T_{ho}、T_{hi}——分别为流出和进入换热器(冷板)时的温度。

由式(6.19)可知,对于给定的系统,当冷端温度设定时,可通过控制质量流量来控制热源的散热量Q_s,并由此而控制热源的温度T_s:

$$T_s = Q_s/(h_f A) + T_{hi} \tag{6.20}$$

式中,A——回路热源之间的换热面积;

h_f——工质液体的对流换热系数。

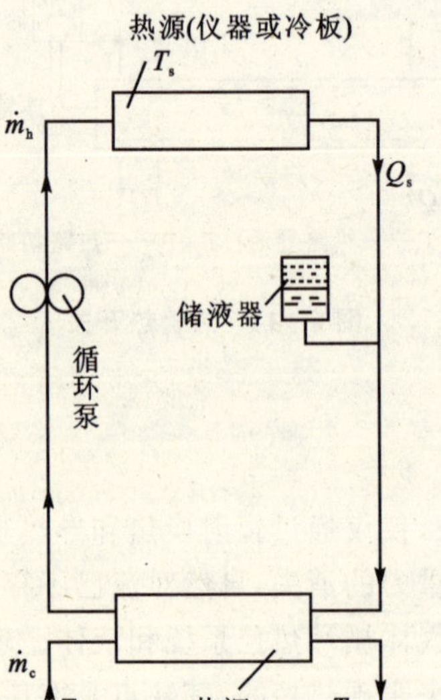

图6-16 液体回路热控系统示意图

3. 两相流体回路热控系统

两相流体回路热控系统,是利用流体工质相变时吸热、放热的特性进行热传输和热控制的流体系统。图6-17为两相热控回路原理图,图中有若干被控制热负荷并联连接

在系统中。液态工质在过冷状态下从冷凝器流出，在机械泵的驱动下，通过液体管路流到各个需要冷却的仪器冷板或换热器处，在那里部分工质吸热蒸发成蒸气，再通过蒸气管道流向冷凝器，放热凝结下来，形成一个流动-相变的循环来不断传输热量。

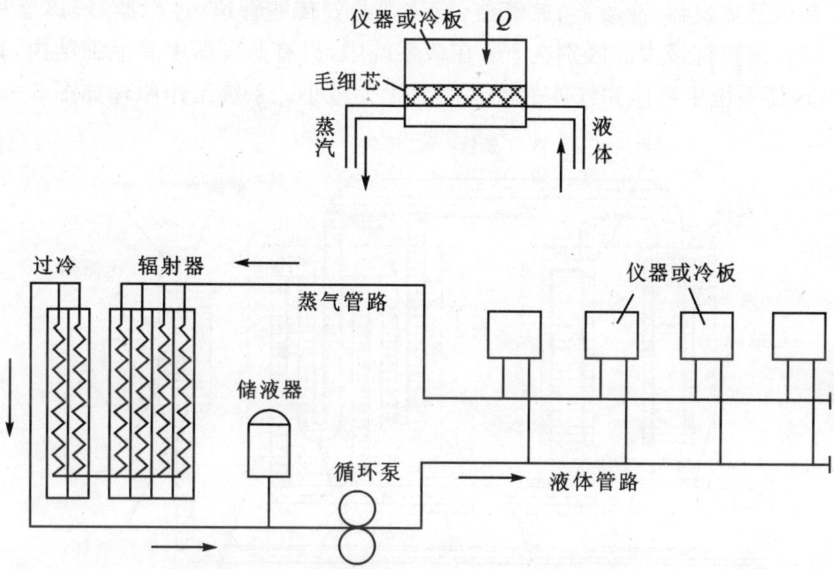

图 6-17　由泵驱动的两相回路热控系统

液态工质蒸发或气态工质凝结时吸收或放出的热量为

$$Q_s = r\dot{m} \tag{6.21}$$

式中，r——工质的蒸发潜热；

$\dot{m}$——工质的质量流率。

由式(6.21)可知，当系统所选工质蒸发潜热很大(如氨、水、氟利昂等)时，则该系统只要少许工质就可以传递很大的热负荷。这样，传热回路的工质质量可以大大减轻，管路及其附件可以相应地缩小、减轻，系统驱动功耗亦可减小。再者，由于工质的蒸发和凝结是在几乎等温的条件下工作的，一般不必采取许多措施来实现等温化。

两相系统的控温方法一般是使用压力调节阀控制系统内工质的饱和工作压力，由此而控制工质的相变温度，或者是使用带机械驱动装置的补偿器来控制辐射器内两相工质的冷凝面积。其突出优点是：

(1) 温度均匀性好，易于实现等温化设计；

(2) 在相同的传输功率下，两相回路所需的质量流率比单相回路小，从而降低了驱动功率和装置的质量。

4. 毛细抽吸两相流体回路

毛细抽吸两相流体回路(CPL)是以毛细泵驱动工质循环流动的两相流体环路,是近年来发展起来的一项重要的航天器流体循环热控系统。

CPL 主要包括蒸发器、冷凝器、储液器、液体和蒸气传输管道、过冷器、隔离器和其他辅助装置。CPL 与普通热管最大的区别在于:在该系统中,只有蒸发器中有毛细结构,其他部件都是光管结构,这使系统中液体和气体的流动阻力大大减小。系统工作原理如图 6-18 所示。

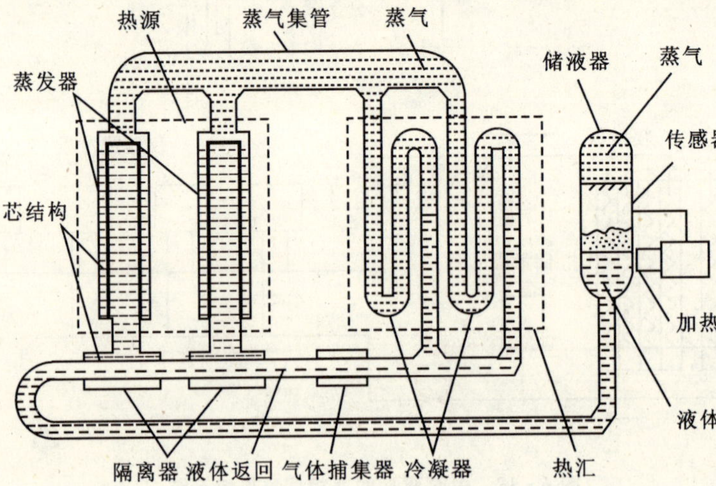

图 6-18　CPL 系统原理图

CPL 的基本工作原理:当外部热载荷加于蒸发器时,热量通过管壁传入毛细芯内的工质液体,工质液体受热蒸发,蒸气通过蒸气管道流向冷凝器。蒸气在冷凝器中凝结并放出气化潜热,热量通过管壁传递到外部的热沉而排散。在冷凝器凝结下来的工质液体则通过液体管道流回蒸发器。如此循环往复的工作,该系统即可在不加任何辅助动力装置的情况下连续有效的把热量传递给热沉。整个回路内工质的循环流动阻力由蒸发器中的毛细抽吸力来克服。

系统设计中引入了储液器。其主要作用是对系统的运行温度进行控制。当系统在各种工况下运行时,储液器中都应保证有气-液两相工质存在,即一部分为液体工质,其余的空间则充满饱和蒸气工质。储液器与液体管线相连,通过电加热器或其他的加热设备调节储液器的温度,来调节系统的运行温度。当系统温度过低时,加热储液器,其中的液体蒸发,气体压力相应增大,推动储液器中的液体进入冷凝器。由于液体的增加使冷凝器中可用于蒸气冷凝的长度减少了,这就减少了冷凝器的散热面积,从而使系统的温度不再下降。反之,当系统的温度过高时,关闭储液器的加热器,储液器中的工质向外散热,蒸气压力下降,部分阻塞在冷凝器中的液体回流入储液器,使冷凝器中蒸气的散热面积重新增大,从而抑制了系统温度升高,起到了及时并能准确调节系统工作温度的能力。另外,储液器还可以在载热负荷及反重力作用的条件下对系统进行压力充装。

系统中的另外两个部件：气体捕集器和隔离器。气体捕集器用于捕集混于工质中的不凝性气体。设置于液体管道中间的某一位置，防止不凝性气体进入蒸发器的毛细结构中。隔离器设置于回流液体进入蒸发器的入口处，以防止液体蒸发时蒸气从此处进入液体管道，堵塞液体的回流，从而导致系统的运行失败。

5. 环路热管

环路热管(LHP)主要包括蒸发器、冷凝器、储液器、蒸气管线和液体管线。目前，环路热管已发展成如图6-19所示的形式，与早期结构显著的区别是液体回流管线引入到蒸发器的毛细芯内了，这段回流管线被称为液体引管(Bayonet)。

整个循环过程如下：液体在蒸发器中的毛细芯外表面蒸发，吸收蒸发器外的热量，产生的蒸气从蒸气管线流向冷凝器，在冷凝器中释放热量给热沉冷凝成液体，为了避免回到蒸发器的液体中含有蒸气堵塞毛细芯，从冷凝器中流出的液体继续在过冷器中冷却，最后流回储液器，储液器内的液体工质维持对蒸发器内毛细芯的供给。

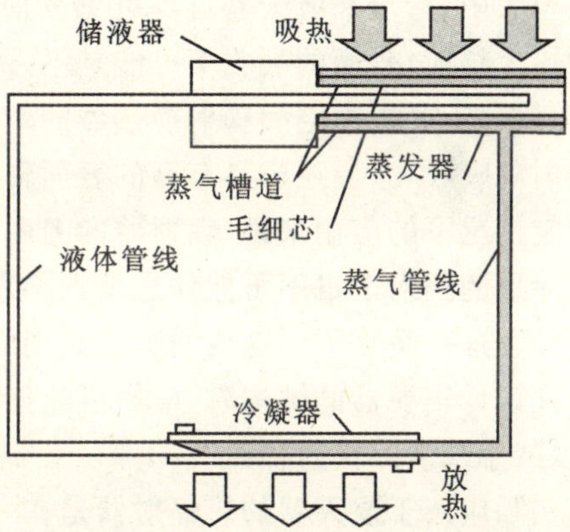

图6-19　环路热管系统示意图

环路热管不但继承了传统热管的优点，还克服了传统热管许多固有而无法克服的不足之处。环路热管最显著的特点是毛细结构布置的局部化，它只在蒸发器吸热区域布置毛细芯，将毛细芯的抽吸功能和液体回流功能分离开，这样，液体经过光管回流阻力很小，可以采用能提供较大毛细力的小孔径毛细芯去克服重力的影响，同时又不会产生增加液体回流阻力压降的负面影响，因此环路热管的热传输距离远、反重力工作能力强，解决了传统热管受方位和长度限制的问题。

环路热管将蒸气管线和液体管线分隔开，蒸气和液体在传输阶段没有热量传递和接触，杜绝了携带现象的发生。更重要的是，液体管线和蒸气管线分隔开使系统安装起来十分灵活，环路热管不受限于热源和冷源的方位和距离，这是对传统热管的另一大改进。

6.5　热控系统冷源

6.5.1　空间辐射器

不包括太阳及其附近行星的辐射，银河系及其以外的辐射能量大约为10 W/m^2，并且各向相同，它相当于4 K的绝对黑体，称为宇宙空间热沉。利用这一条件，可以使用热辐射散热器把热负荷以辐射的形式排放到广漠的宇宙空间。

空间辐射器(以下简称辐射器)是航天器排热系统的重要组成部分,航天器在空间环境下的排热,除了极少数情况下是利用排出消耗性介质的方法外,绝大多数情况下是利用热辐射的方式实现的。目前实用的辐射器是一些借助于固体材料热传导或流体对流换热与内部热源实现耦合的固体表面辐射器。由于热辐射器占据热控系统全质量的很大部分,因而必须对它进行仔细研究和设计,才能获得满意的效果。

在空间环境中,一个表面的有效热辐射量(即净辐射热量)可表示为

$$Q_r = \sigma \varepsilon F T^4 - \alpha F Q_d \tag{6.22}$$

式中,σ 为斯特藩—玻耳兹曼常数;F 为表面积;ε 为其表面辐射率;Q_d 为表面的投入辐射,包括来自太阳、行星和航天器自身可见表面的阳光反照及辐射;α 为表面的吸收率,对于不同波长的投入辐射,表面的吸收率可能是不一样的。

显然,为了提高空间辐射换热器的效率,应使用具有低吸收率的表面涂层来抑制表面对投射辐射的吸收,涂层还应具有高的表面辐射率,同时还应提高辐射器表面的温度 T。但是,对于特定情况下的应用来说,辐射器的温度是限定的,一般情况下不可能提高热源的温度,同时表面涂层的辐射率也不可能任意增大。因此,当排热量的需求增加时,现实可行的只有增加辐射表面积这一途径了。这就是除了利用航天器的蒙皮外,还要另设独立的热辐射器的主要原因。在设计辐射器的结构时,应尽可能使辐射器的辐射表面背对阳光、行星或航天器的其他表面,以减小或消除投射辐射。

实际应用于航天器的热辐射器是在一个排热系统中工作的。热量通过这个系统,按以下途径传输:热源→传输系统→辐射器→空间。因此,热辐射器的排热功效还要受传输系统的特性以及它与热辐射器耦合的特点的影响。

总之,要设计一个好的热辐射器,一方面必须尽可能提高辐射器的排热功效,即合理地选择涂层、确定适当的工作温度和辐射器面积,适当地安排工作时的方位等;另一方面还需合理地配备热量传输系统,考虑采用最佳的辐射器结构型式,使整个排热系统的效率提高。

6.5.2 消耗性冷源

消耗性冷源(即消耗性热沉)是利用外部空间的高真空环境,通过物质的蒸发或升华,吸收热量的一种方法。由于物质的蒸发或升华具有很高的相变潜热,因此,这是一种非常有效的热沉。特别是对于短期飞行任务,这是航天器散热的一个简单而又可靠的方法。对于长期飞行任务,由于所消耗的物质的量变得越来越多,最好采用非消耗性热沉,如辐射器或相变材料。然而,即使是较长期的飞行任务,也可利用消耗性冷源来处理短期峰值热负荷,从而主散热系统能够按相对较小的容量设计,这样可使整个系统的质量更轻。

在近地轨道飞行、登月飞行,以及天地往返运输系统,其电源多采用燃料电池。水作为燃料电池的副产品是比较丰富的。因此,使用水作为消耗性冷源进行主动散热,就不需要再增加

发射重量。水又具有较高的气化潜热，而且无毒、无刺激性，所以，水是应用最广泛的一种消耗性冷源。水具有沸腾温度随环境压力的降低而降低，冰的升华温度也随环境压力降低而降低的物理特性。可以通过控制压力选择适当的水的相变温度，使之与温控系统的要求相适应。

但是，利用水作为工质的消耗性冷源必须在微重力环境及压力低于三相点的外部真空环境条件下进行工作。在这样的低温低压下水的沸腾有一系列特点：水沸腾时形成的水蒸气的体积随着压力的减小而急剧增大。水在低温下沸腾是不稳定的，并通过爆炸形成很大的气泡，这些气泡就把水从沸腾的容器中抛出来，这种情况甚至在通常地面条件下也会发生。为了解决这些问题，产生了许多新的构思和解决方法。水蒸发器和水升华器，就是其中两种典型的采用水作为工质的冷源结构。

1. 水蒸发器

空间飞行器上应用的水蒸发器有两种基本形态，一种是毛细式水蒸发器，一种是喷水闪蒸蒸发器。

毛细式水蒸发器是利用毛细力来克服微重力因素的。水依靠毛细力传输到毛细材料的蒸发面上，载热流体通过板翅把热流传到毛细材料的蒸发面，水在低压下、冰点以上附近温度沸腾气化，吸收热量，冷却载热流体，使其出口温度降低、并保持在一定的范围内。生成的水蒸气通过调节阀门和管道排到外部空间。在设计蒸发热交换器时重大技术难点在于解决以下问题：根据局部热流在加热表面分布液体，调节沸腾（蒸发）时压力，保障从蒸发器进入真空的水蒸气中无液体，否则，出口孔就会有结冰直至被封死的危险。

典型的毛细式水蒸发器的散热芯体（如图 6-20 所示）是一种整体钎焊的板翅式夹心结构。它由带翅片的载热流体通道腔和带有翅片的蒸气通道组成。孔隙率约为 15 %的金属纤维烧结毛细材料夹在蒸气腔的翅片中间。供蒸发用的水通过特殊的水分配板均匀地输送到各块毛细材料上。水调节器控制供水速率，使之与所需散掉的热负荷相匹配；使用背压阀控制水的蒸发压力，从而控制载热流体的出口温度。这种水蒸发器中，选择合适的毛细材料对水蒸发器的设计是非常关键的。

喷水闪蒸蒸发器是利用惯性力来克服微重力的。典型的闪蒸蒸发器的结构如图 6-21 所示。水流在调节器的控制下，脉冲式地由喷嘴喷出，喷嘴把水流细化成微小的水滴，这些水滴形成了一个中空的圆锥形的喷射流。喷射的水滴撞击到带有肋片的圆柱形传热体内表面。在这个传热面上，水滴迅速地展开成一层薄膜，并在下一个喷水脉冲到来之前，在低压下沸腾、闪蒸成水蒸气。生成的水蒸气通过管道排到外部空间。围绕圆柱形传热体的外表面是载热流体通道。载热流体由于水的闪蒸蒸发而被冷却。这种水的闪蒸过程是在微重力和真空条件下进行的。为了防止水的浪费，所有逃逸的水滴都将被捕获在加热的端板上，保证水的蒸发效率接近 100 %。

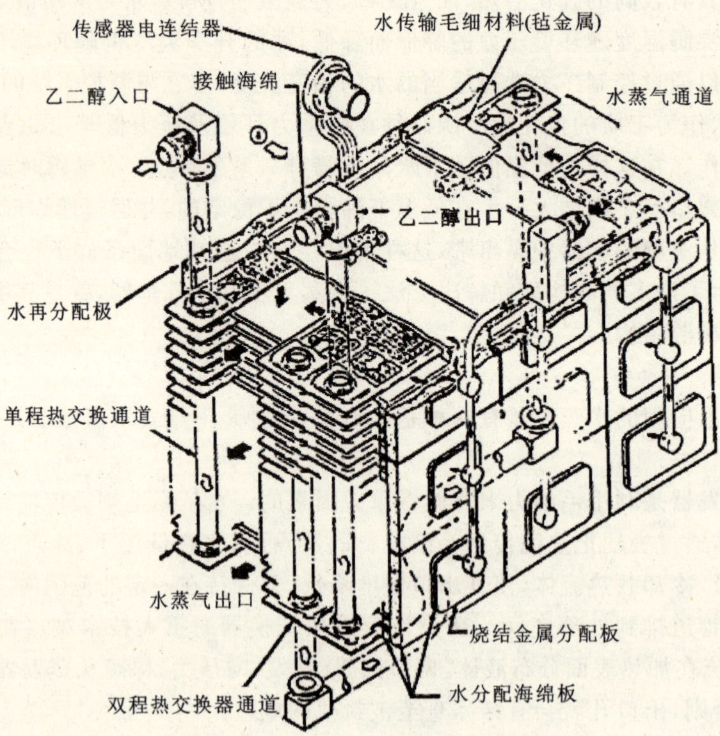

图 6-20　整体钎焊的板翅式夹心结构

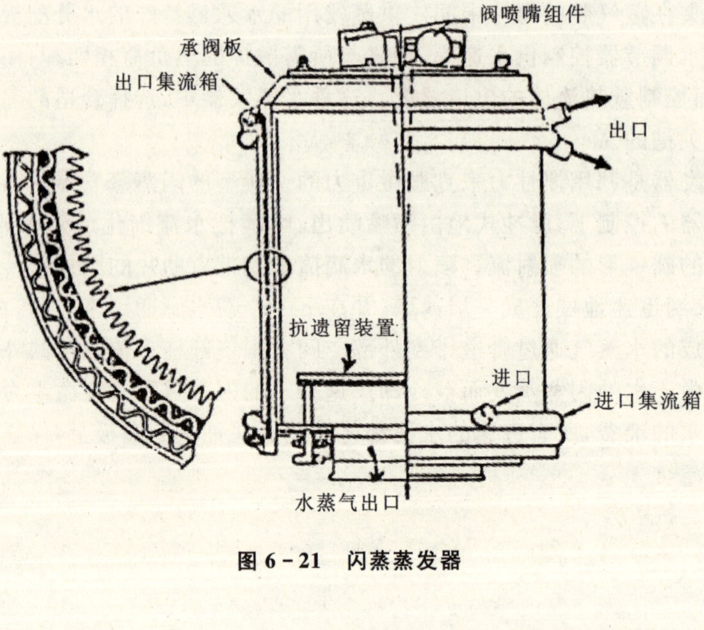

图 6-21　闪蒸蒸发器

2. 水升华器

水升华器与水蒸发器不同，它的消耗性水不直接蒸发成水蒸气，而是先冻结成冰，然后在低压下，冰再升华成水蒸气。水升华器结构的下一部分是一个常规的热交换器，上一部分是供水通道和烧结的多孔金属板。当这个装置暴露于真空时，供应的水将在多孔板内，于低压下冻结成一层冰。载热流体通道内的热量穿过热交换器的金属和供应水而传导给冰，冰不断地气化，吸收热量，升华气化产生的水蒸气消散到外部空间。多孔板水升华器正是利用在液体的供应水和升华产生的水蒸气之间插进一层冰的阻挡层而回避了在微重力状态下的液体-蒸气的分离问题。这种水的升华过程随着载热流体所携带的热负荷的变化而进行自我调节。图 6－22 是“航天飞机”出舱活动航天员所使用的水升华器。

水升华器的主要元件是薄板或多孔管状元件，是用轧制的方法或金属粉烧结的办法制成的。为了解释其工作原理，分析图 6－22绘出的一段结构。多孔元件一侧朝向真空，而另一侧与隔板一起构成空隙，称为升华腔。在隔板的另一面流动着要被冷却的热载体（来自液冷服的水或通风气体）。毛细孔象征性地画成毛细管的形状。当水送到升华腔时，它就渗到毛细孔与真空接触结成冰，在毛细孔边上形成冰塞，冰塞阻碍水被抛向真空环境。这是升华热交换器的主要优点。被冷却的热载体中的热量经隔板、升华腔和多孔元件的底部进行传递，在热量作用下，冰从冰塞的外表面升华到真空中。于是在毛细孔中就发生两次相变：水-冰-蒸气。随着外表面的升华，冰塞厚度逐渐减少，而冰-气相分界向毛细孔内深入。当冰塞厚度减少到一定值时，在升华腔中压力作用下，水穿过冰，当水到达毛细孔外缘时就冻成冰，构成新冰塞，它同样逐渐升华，于是过程重新开始。这样，每个毛细孔中的冰-气和水-冰相分界面处在运动之中。由于压制（烧结）材料中的空隙是数量很大的毛细管，其大小不一，外形各异，空隙壁的表面积与容积的比值也不一样，所以上述相的运动和变化过程在不同的毛细管中，发生的时间不同，频率也各异。为了使上述过程进行时不发生水

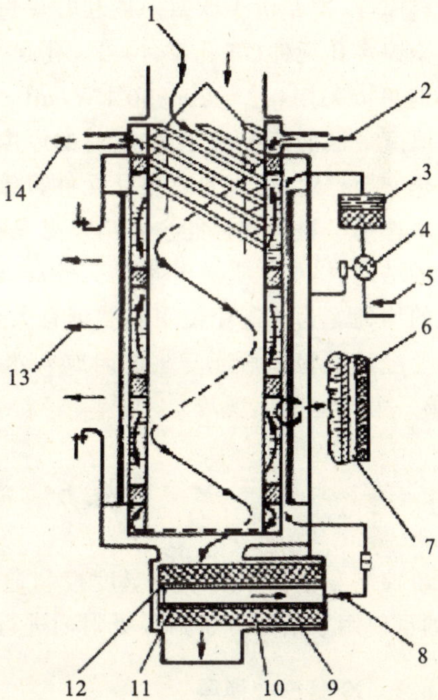

1—通风空气入口；2—冷却水入口；3—流速过滤限制；4—调节器；5—用于升华的水；6,11—多孔金属材料；7—升华孔；8—测流孔；9—可替换的水分离器；10—多孔材料；12—毛细材料；13—向真空释放蒸气；14—冷却水出口

图 6－22　水升华器

被抛出和水在升华腔中结冰的情况，必须让升华只在毛细孔中进行。当升华边界移动到毛细孔的外缘之外时，未蒸发的水就会被抛向真空环境，而当冰的界线深入到升华腔时，升华腔中的水就可能结冰，停止向热交换器水升华段供水。如果升华只发生在毛细孔中，那么，热交换器的工作就在自动调节状态：水自升华腔流到毛细孔，水量对于在该时间排除的热量来说是必须的和足够的。过程的可调节性是在热负荷变化条件下工作的升华热交换器的重要优点。

对于给定结构的毛细多孔材料来说，存在极限单位热流值——最小值 q_{min} 和最大值 q_{max}，它们只是根据在毛细孔中发生升华过程的条件而确定的。实验表明，最大热流不决定于多孔元件的厚度，而热流的范围(在该范围内热交换器工作在自动调节状态)随着毛细孔平均尺寸的减小而扩大了，也就是说，随着最初的金属粉微粒尺寸的减小，热流范围扩大了。q_{max} 不依赖于材料厚度，这是由于冰塞形成和升华过程都发生在多孔元件外表面朝向真空的薄层中。

对于镍多孔元件(气孔率 40 %，孔尺寸约 5 μm)来说，当升华腔中水的压力 $P_B=15\sim40$ kPa 时可以采用 $q_{max}=20\sim30$ kW/m^2。鉴于 q_{max} 并不取决于材料厚度，为了减少质量，通常选择厚度最低的薄板或导管，这时的厚度根据工艺水平和强度决定(约为 0.5 mm)。因此，在计算热交换器时，可以忽略多孔元件直接的热阻，而多孔元件使用的金属(钛、镍、铝)导热率不起根本作用。材料选择的主要出发点是抗水腐蚀的能力，因此认为镍、钛更好。在选择材料毛细孔的结构时，根据上述升华热交换器工作特点，应该保证毛细孔尺寸最小，孔隙率最大和毛细孔的均匀。为了避免使用偶然带有大孔隙的材料(这种材料会使未蒸发水局部抛掉)，多孔元件要经过试验和筛选。通过向放入水中的多孔元件下面供气的方法确定最小穿孔压力(根据第一个气泡的出现)。

6.6 湿度控制技术

环境控制和生保系统中的湿度控制通常是利用冷凝去湿的方法来进行的。在一些情况下，有的也使用了诸如分子筛等吸附剂进行部分控制。

6.6.1 冷凝热交换器

冷凝去湿的方法，就是将环境大气冷却到露点以下，收集和去除冷凝水，实现湿度控制。水的气-液相分离在地面上是很容易实现的，然而在微重力环境中，浮力、自然对流、密度分层等现象已不复存在，因此水的气-液相分离变得比较复杂。一般利用表面张力、毛细力和惯性力等技术来解决这一问题。

早期的航天器湿度控制系统是由一个一般的、具有高密度翅片的冷凝热交换器和一个水分离器(海绵吸收式、弯管式、离心式)所组成。在冷凝热交换器中，被冷凝下来的湿气形成水滴，又被吹到热交换器的出口表面上，造成了局部的阻塞。在气流的作用下，覆盖在出口表面翅片上的水滴被打碎，细小的水滴随着被冷却了的气流一起吹出来。然后，这些冷凝水被收集在位于气流通道的水分离器中。

目前航天器湿度控制主要是依靠冷凝干燥组件的冷凝除湿作用来完成，图 6 - 23 给出的是苏联/俄罗斯联盟号飞船的冷凝干燥组件结构原理图，它由三个部分组成，即冷凝热交换器、气体流量调节器和冷凝干燥风机。功能主要有三个：一是对座舱大气具有降温除湿能力；二是作为舱内气体强迫对流的主要动力；三是具有微重力下水/气初步分离和水收集并暂时存储的功能。

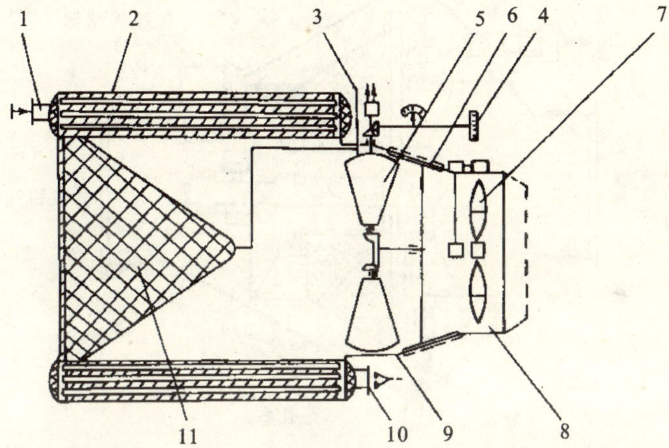

1—工质进口；2—冷却元件；3—冷凝液出口；4—气体流量调节器手柄；5—遮帘；
6—侧风门；7—叶轮；8—风机；9—壳体；10—冷凝水分收集器；11—工质出口

图 6 - 23　冷凝干燥组件结构图

其工作原理是湿热的座舱大气在冷凝干燥风机(器件 11)的作用下进入冷凝热交换器，冷凝热交换器的管壁温度低于大气的露点温度，湿热大气与管内冷却工质进行热交换后温度降低，同时湿热大气中的水冷凝在管壁上，被安装在冷凝管之间的吸水材料所吸附。冷凝水在毛细力的作用下迁移并经过导水纸进入储水锥体中储存起来，实现微重力条件下的水/气分离。为满足不同的温度及湿度控制要求，冷凝干燥风机的风量不一定全部进入冷凝热交换器进行降温除湿，而是部分进入，这时就需要通过手动调节气体流量调节阀的手柄，调节风门的开度，使风机风量的一部分通过侧风门(器件 6)回到座舱大气，一部分进入冷凝热交换器。当舱内温度、湿度大时，减少侧风门的风量，增大通过冷凝热交换器的风量，提高降温除湿效率，从而使座舱内气体的温、湿度得到控制。

6.6.2　气/液分离装置

现对离心式水分离器的工作原理叙述如下：含有自由水滴的气体进入旋转的丝网筛(憎水性网筛)，由于离心场的作用，水的微滴在径向方向上被加速、并撞击到圆锥筒的壁上，离心力持续地起作用，使水沿着圆锥筒的壁面迁移，一直迁移到位于圆锥筒最大半径处的水槽。一个皮托管把水的动能转换为压力。这样，水就被泵出水分离器从而输送到所需要的地方。这种旋转分离器的主要特点是能在单一的运动部件上实现两种功能，即冷凝水的分离以及在正压力下传输这些水，如图 6-24 所示。

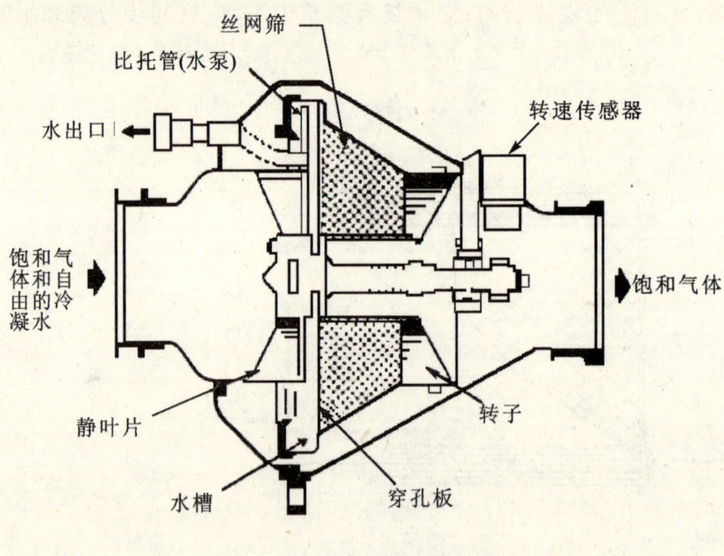

图 6-24　旋转汽-液分离器

在“双子星座”和“阿波罗”指挥舱内使用了另一种去湿装置，称为“集成式冷凝-水分离器”。在板翅式冷凝热交换器内部使用了海绵或其他毛细吸水材料。在热交换器冷却通道表面上凝结的水被与金属翅片相接触的毛细吸水材料所吸收，并在毛细力和压力梯度作用下进行迁移。如果压力梯度保持在某值以下时，则不会有气体穿透毛细吸水材料。在集成式冷凝-水分离器中，冷凝热交换器的气流通道不会产生阻塞，使气路边的压降减少。

以上这些用于湿度控制的各种水分离器方案都具有自身独特的优、缺点。随着航天技术的不断发展，又产生了一种新的水分离器方案。由于它带有引水结构(Slurper)，使其优点更为突出。这种水分离器被应用于美国航天飞机轨道器、“空间实验室”的生保系统中，以及航天飞机航天员舱外活动的生保系统。这种新的水分离器方案，实际上是采用了两级分离。第一级是实现粗分离的静态引水结构；后一级是离心式的风机/分离器。这个引水结构设置在冷凝热交换器的气体排出面上，该结构的表面和上面的小孔均涂有亲水材料。从座舱热交换器经过的湿空气，温度降低，水蒸气冷凝成水珠。当含有水珠的空气流经 Slurper 结构表面时，亲水面将水珠捕获形成水膜。Slurper 结构表面上的众多小孔(毛细孔)具有良好的毛细力，将其表面上的水向 Slurper 腔中迁移集中，如图 6-25 所示。然后离心式风机/分离器为把气-水混合物从引水结构中汲取出来提供了压差，并用离心力把水从气中分离出来，还为分离出来的冷

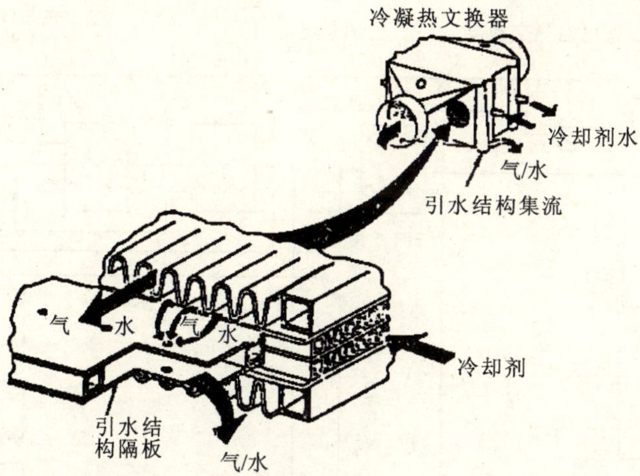

图 6-25 冷凝热交换器及静态引水结构

凝水提供了传输的压头。

在微重力环境中,用于湿度控制的水分离器还有其他几种方案,例如憎水-亲水网孔式、涡流式、膜分离式等。

6.7 典型温、湿度控制系统

由于载人航天任务不同,载人航天器多种多样,不同国家载人航天技术发展的历史过程和技术条件有较大的差别。因此,不可能有一个统一的温度和湿度控制分系统模式,自然其构成和工作原理也不尽相同。本节代表性地介绍了天空实验室的热控分系统和美国载人飞船的温、湿度控制分系统。

6.7.1 天空实验室热控分系统

天空实验室 1973 年发射,主要由轨道工作舱、气闸舱、多用途对接舱和太阳能电池翼等部分组成。轨道舱体积最大,其直径为 6.7 m,长度为 14.7 m,容积为 295 m^3,分为工作区和生活区。

天空实验室的主体热控系统是由液体 MCS-198 硅油循环回路组成的主动热控系统,如图 6-26 所示。这是由两个相互独立、性能相同、互为备份的液体回路组成的系统。回路内主要热控部件有:前舱换热器、后舱换热器、冷凝换热器、地面换热器、空间辐射器和蓄热器等。舱内气体经冷凝换热器降温并排去过多的水分,然后通过前、后舱换热器(必要时用电加热器)升温,以使风道出口温度保持在约 20 ℃。

液体冷却回路通过仪器、设备的冷板带走其废热,同时还为太阳望远镜观测台的水冷回路

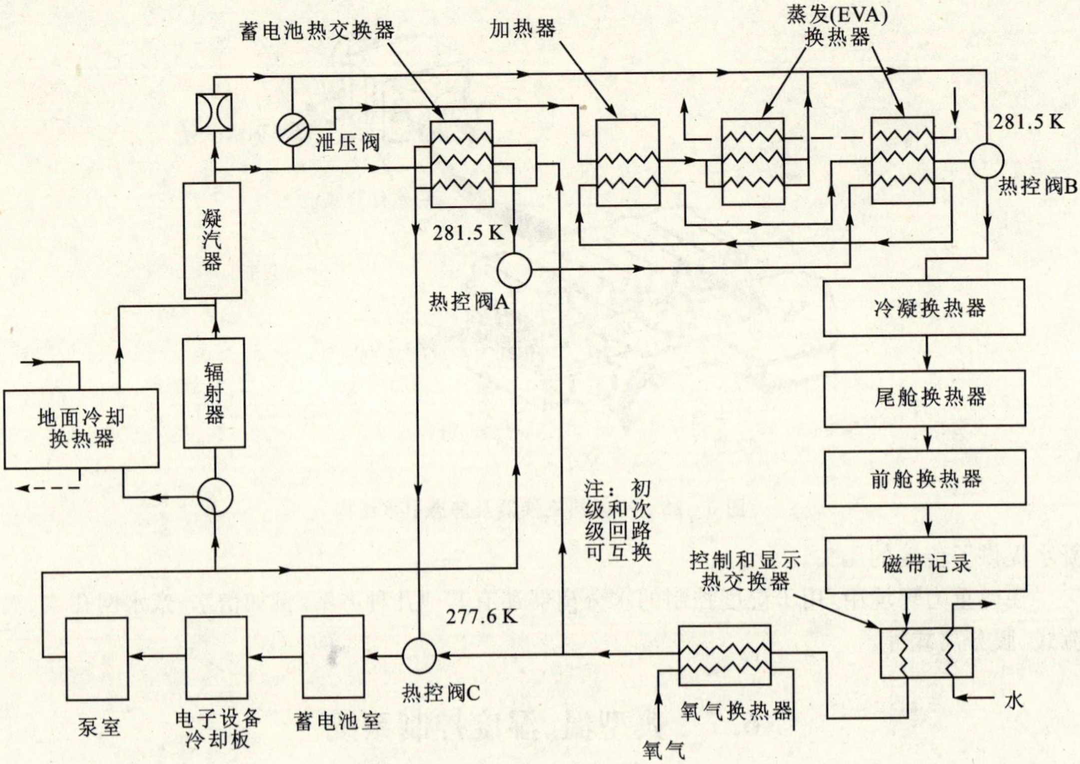

图 6-26　天空实验室的主动热控回路

及航天服的水冷回路提供低温条件。

热辐射器装设于气闸舱和对接舱的圆柱段的外壁上。面积约 40 m^2，板厚 1 mm，材料为铝镁合金。

该航天器在地面临发射前，以地面换热器代替辐射器作为热控回路的冷源。在上升段以及轨道段出现高峰热负荷时，则由相变材料蓄热器吸热以维持温度的稳定。蓄热器安置于辐射器的出口管路上，为铝蜂窝结构，其内充装的相变工质为十三烷。系统的冷却管路自其中穿过，液体温度保持相对稳定。

轨道舱内另设有独立的制冷分系统用以冷却保存食品、饮水和生物、医学实验样品等。制冷系统所吸收的舱内热量，通过装于轨道舱后端外部的八角形辐射器向空间排散，此位置能避开阳光的照射。制冷系统中也装有与辐射器相连的相变蓄热装置。

太阳望远镜观测台的热控是借助被动热控措施、水冷回路、辐射集热器、冷却板辐射散热器来实现的，并用太阳屏来遮挡观测台的大部分设备。

6.7.2　美国载人飞船的温、湿度控制分系统

美国共研制了三种载人飞船，即“水星”、“双子星座”和“阿波罗”载人飞船，这些飞船的温、湿度控制分系统的构成和工作原理大体相同。图 6－27 给出了这三种飞船的温湿度控制分系统的典型流程图。

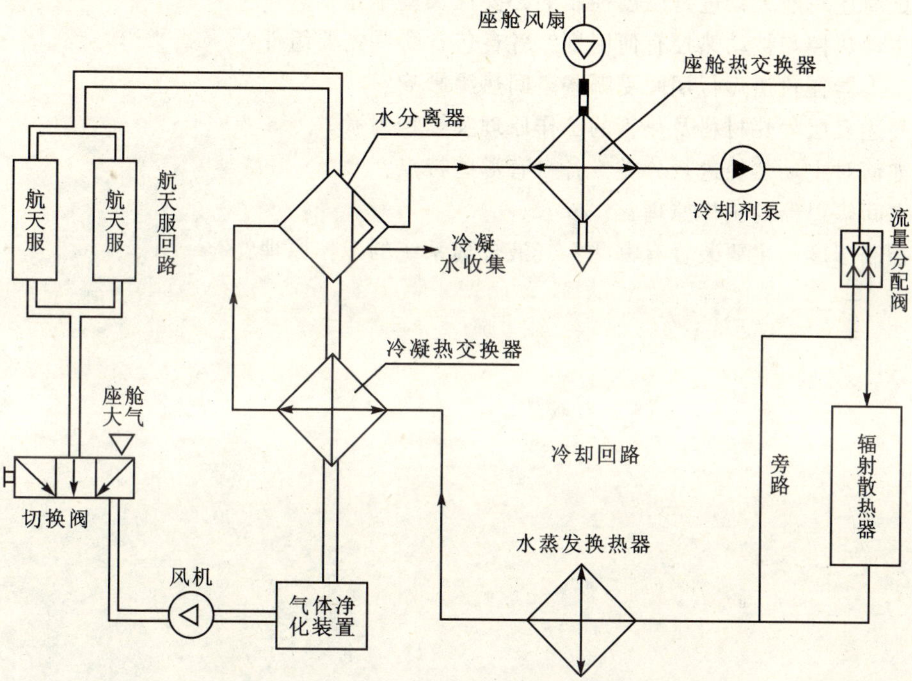

图 6－27　美国载人飞船温湿度控制分系统流程图

它们由航天服回路和冷却回路构成。而航天服回路是温、湿度控制的气体循环回路，由航天服、冷凝热交换器和水分离器的气路及气体净化装置、风机和切换阀构成；冷却回路由冷凝热交换器、水分离器和座舱热交换器的液路以及水蒸发器、空间辐射器、冷却剂泵和温控阀等组成。其中座舱热交换器及风机组件用于控制座舱大气的温度，收集并排除（向冷却回路）舱内大气中的多余显热；航天服回路中的冷凝热交换器和水分离器用于控制座舱和航天服回路内的空气温度和湿度，排除大气多余的水汽和潜热；冷却回路给座舱热交换器和冷凝热交换器及水分离器等功能组件提供冷却能力，收集和传输废热到空间辐射器，并将这些废热排散到宇宙空间。当空间辐射器的散热能力不足或不能散热时，使用水蒸发器散热。

该方案的优点是考虑到正常飞行和压力应急及温控应急情况下的温度和湿度控制，把几种情况很好的结合起来统筹兼顾。其缺点是在正常飞行过程中，靠航天服回路中的冷凝热交

换器和水分离器控制座舱内的大气相对湿度，由于航天服回路中的风机风量有限，不能充分的收集座舱大气中的湿空气，将其冷凝去湿，再加上经座舱热交换器降温后的空气没有冷凝除湿器将冷凝水分离收集，造成舱内大气相对湿度偏高，舱内结(积)水。

思考题

1. 试简述对航天器进行温度控制的必要性及基本原则。
2. 主动热控与被动热控有何区别？各自包含哪些主要组件？
3. 航天器在轨道运行期间受哪些空间热源影响？
4. 简述多层隔热材料及热管的工作原理及影响因素。
5. 如何对主动热控进行分类？各自有哪些特点？
6. 空间辐射器的工作原理？
7. 控制湿度的主要装置有哪些？气液分离系统的工作原理？

第7章 水管理技术

水管理技术用于为航天员储存和供给足量的符合标准的饮用水和生活用水;收集冷凝水、卫生和洗涤废水、大小便的冲洗废水;进行废水及废物管理分系统收集的尿液处理和再生,达到饮用水、卫生用水或洗涤用水的卫生学标准;水管理技术的另一重要方面是水的分配和供给技术,以及为温度和湿度控制等需要消耗性用水的系统及设备提供水的储存和供给技术。

水管理技术的功能范围取决于载人航天任务和载人航天器工程设计要求。如果是短期的载人航天飞行任务,可以只提供饮用水、部分卫生用水和温控用水的储存和供给技术以及冷凝水的收集和储存;对于长期载人航天任务而言,用水量是巨大的(每人每天需水量 29.14 kg)。光靠储存消耗性用水或定期补给,是非常不经济的,也是难以实现的,必须利用水回收和水再生技术。

7.1 水的物质平衡

水的物质平衡是水管理分系统设计的一个重要部分。要实现水的 100 %再循环是不可能的。进入水的再循环系统的水有乘员的正常生理代谢产生的废水(包括呼出的潮气、汗水、尿液和粪便中的含水等)、乘员日常生活产生的卫生废水(包括洗脸、洗澡、洗衣及个人卫生废水)、食品配制与用餐中生成的废水、氢氧化锂吸收二氧化碳产生的水蒸气,以及其他系统(如生物实验、植物栽培等)产生的废水。水的供给方向有乘员饮用水、食品配制用水、卫生用水、电解制氧用水、温湿度控制分系统消耗性用水,以及其他系统(如生物实验、植物栽培等)用水。图 7-1 所示指出了各个功能部件之间水的流向,以及与其他分系统间的界面关系。

从各个水源收集来的废水,应利用不同的方法进行净化处理。对于用冲洗的方法收集粪便时,必须考虑到粪便中的冲洗水的收集和处理。大气中的水汽,大部分来自乘员组产生的水蒸气。其中,一小部分水蒸气通过座舱泄漏被排到舱外,留在座舱大气中的水汽由温湿度控制系统中的除湿冷凝器冷凝后,用水分离器和水收集器收集。废水经过处理后,可作为饮用水、食品调制水、卫生用水、洗涤用水、电解制氧和二氧化碳收集浓缩过程中的用水。在水的回收过程中,水的损失率取决于水的再生效率。利用蒸馏法进行尿处理以及利用膜技术进行卫生废水处理,水的回收量只占废水中含水量的 80 %~95 %。

对于一艘载人航天器来说,水的供求要平衡。当产水量和水的再生回收量不足以供给航天员和所有需水的功能设备的需求时,必须提供储存水或定期补给水。当产水过剩时,需要提供过剩水的储存,或向飞行器外排放。

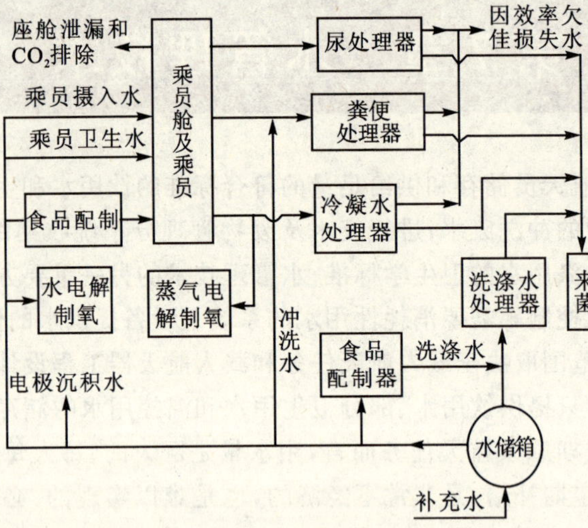

图 7-1 水的流向图

7.2 水储存技术

水储存技术包括饮用水的储存、废水的储存。不论是饮用水还是废水的储存，都必须考虑到在失重条件下，不存在水的体积力(即重力加速度和水的质量的乘积)，没有重力使水自动从水箱中流出，必须提供水供给的动力。同时，要保持气体和水之间绝对隔离。另一个共性问题是水的储存容器及其附件的制造材料必须与水和其中的添加剂元素或溶解物相容，不能造成水质污染或水质保证时间的缩短。

7.2.1 饮用水储存

为了提供补充水、储存过剩水和应急水以及为了保存水、分批供给水或在处理过程中储存废水，需要提供多种类型的储水箱。通常，水的储存有两种方案：一种是囊式或隔膜式增压水箱；另一种是无囊式水箱，它是用表面张力来保持水/气之间的界面，称为“表面张力水箱”。

早期的载人航天器上多采用囊式水箱，有球形的和圆柱形的。利用气囊给水加压，产生供水压力，并将水与加压气体分开。对于同样储水量，球形容器的结构质量最轻；但是考虑到安装方便，则圆柱形容器更受欢迎。

图 7-2 所示给出了“联盟”号飞船饮水箱的结构简图。它由上、下两个半球形壳体、一个半球形聚乙烯囊体、充水接头、供水接头、充气接头及其他附件组成。囊体与带充气接头的下半球壳体贴近。两个半球形壳体的翻边法兰夹住囊体的翻边法兰，用 24 个螺栓，将上、下球形壳体及囊体固紧，形成密封性能良好的、气体腔和储水腔之间用囊体隔离的完整球形水箱。

供水时，从充气接头用气体增压系统给气体腔增压，气囊变形，气囊增大，给水增压，产生供水压力，饮水可以从供水接头处(用饮水器)供出饮水。一般供水压力约为 55 kPa。

这种水箱结构合理，水的排放系数大(大于 95 %)；其缺点是半球形囊体的弹性和可靠性较低，翻转次数较少(寿命较低)。在短期飞行中，一次性使用没有太大问题。对于长期飞行任务，需要多次充放饮用水，有可能出现半球形囊体局部疲劳破裂。一旦出现这种情况，水箱失效，无法供给饮用水。

图 7－3 所示为“联盟”号飞船用的轻便储水器的结构简图。它由储水容器、快速接头和外套及保护帽等构成。储水容器用弹性材料制成，沿轴向可以压缩，放开时可以恢复原来的长度。需要向轻便储水器充水时，利用充水组件将轻便储水器与主水箱(图 7－2)连接，先用手压缩轻便储水器，挤出其中的空气，再用充水组件将主储水箱中的饮水注入轻便储水器。需要使用轻便储水器喝水时，将专用饮水器装在轻便储水器的快速接头上，用手挤压轻便储水器，产生供水压力，借助专用饮水器饮用轻便储水器中的水。快速接头中有一个单向阀，只有把专用饮水器或充水组件装在快速接头上，单向活门才能打开。

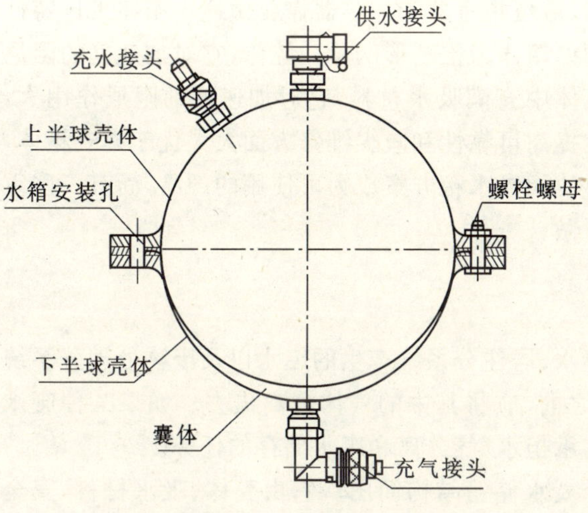

图 7－2 “联盟”号飞船饮水箱结构简图

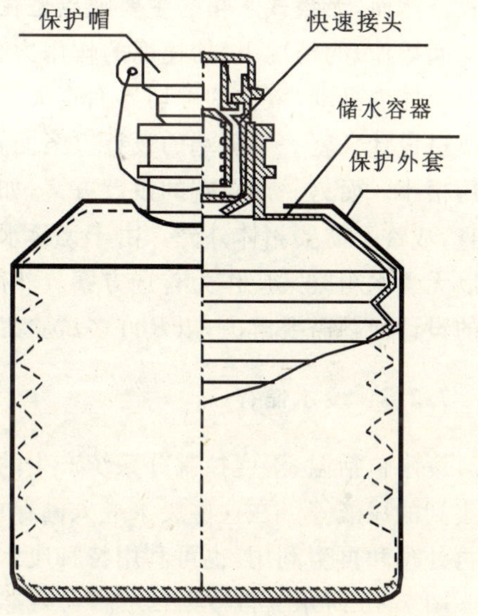

图 7－3 轻便储水器结构简图

无囊式水箱——微重力无囊水箱是利用气/液界面上液体表面趋于最小面积的表面张力作用，使气体与液体分开。这种形式箱体的设计概念，先是选择比较简单的锥柱形箱体，如图 7－4 所示(液体向较小的一端移动)，后来改为球形箱体，如图 7－5 所示。

内部的挡板也是从简单形状改成较为复杂的形状，即把一个大面积的挡板变成许多小面积的挡板，其目的是提高多方向阻挡加速度的作用。

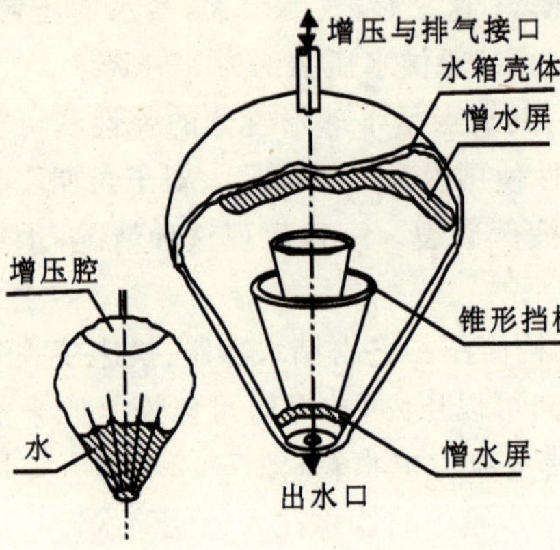

图 7-4　锥柱形无囊水箱原理图

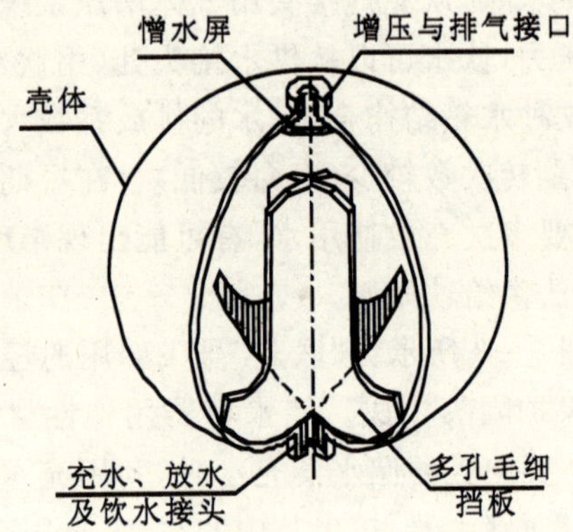

图 7-5　球形无囊水箱原理图

无囊式水箱必须遵守饮水储存所需要的大部分技术要求。它的最大优势是可靠性高和寿命长。然而,无囊式水箱的主要缺点是在微重力下水的性质尚待验证,特别是在有加速度(来自空间操作)的情况下,加速度的作用力会超过水箱所具有的表面张力维持液面的能力,使液体在箱体内晃动,液体的确切界面丧失。而且,液位指示器和加热器需要做适应箱体工作特性的改进设计。就一个极端的设计方案而言,例如箱体为锥柱形的单一腔体,它对加速度的阻尼作用很小。而另一个极端的设计方案,如在箱体中充满吸水材料,它对加速度的阻尼作用大,而且,或许不需要箱体外壳。由于无囊水箱在提高可靠性和减少维修方面大大优于囊式箱体,所以无囊水箱方案应作为首选方案。然而,要使无囊水箱方案成为可使用的产品,尚有一些重要的设计问题需要解决,以及许多试验工作要做。

7.2.2　废水储存

废水包括温、湿度控制分系统产生的冷凝水、居住分系统产生的废水以及废物处理分系统收集到的尿液等。在这些废水进入储存单元之前,应将其中的气体分离出去。如果某种废水不再处理和再生利用,也可利用特种废水储箱承担水/气分离和废水储存的任务。

图 7-6 所示为俄罗斯“联盟”号飞船的冷凝水储箱结构简图。它由壳体、吸水材料、安全阀、水满指示器、水/气分离膜片、排气阀、导水管和入口接头等组成。手动抽吸泵(或电动泵)从温、湿度控制分系统的冷凝热交换器中抽出冷凝水(夹带着部分气体),经入口接头和导水管进入内部装满吸水材料的储箱中。由于这些吸水材料是多孔材料,具有很强的亲水性,水被这些材料吸附,气体不能进入吸水材料,从块状吸水材料之间的缝隙中穿过,到达储箱出口的水/气分离膜片(该膜片是用憎水材料制成),在压力差的作用下,气体穿过水/气分离膜片回到座舱大气,而水却不能穿过这种膜片。当储箱内的吸水材料已经吸满冷凝水时,如果再继续向储箱内供水,储箱内的压力升高,当压力到达水/气分离膜片的击穿压力(8.3 kPa)时,冷凝水将

穿过膜片，进入水满指示器。该水满指示器的外壳是用透明材料制成的。航天员看到水满指示器中有水出现时，应停止向该冷凝水储箱注水，关闭排气阀上的开关，更换冷凝水储箱。这种冷凝水储箱仅能用于水/气分离和冷凝水储存。由于不能把其储存的冷凝水排放出来，所以不能将其用于水处理再生系统中。对于废水处理再生系统，其废水箱可以采取与饮水箱相同的结构原理。水箱中设增压气囊，气囊与充气阀门、导管和气源相连，用液泵将废水压入废水箱，气囊向外排气。需要从废水箱中排出废水到水处理分系统时，给气囊增压，废水被挤出。

图 7-7 所示为美国"双子星座"飞船水管理系统和其中的燃料电池产水与饮水箱原理图。其水箱有两个腔，一个腔储存燃料电池水，另一个腔储存饮水或增压气体。两腔之间是弹性隔膜。需要饮水时，气囊增压，燃料电池水腔内压力升高，给饮水增压供水。燃料电池水量过多时，从燃料电池水排放口向空间排放。

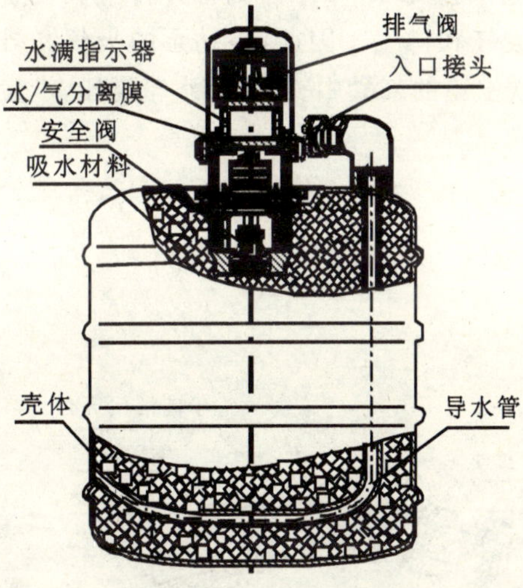

图 7-6　"联盟"号飞船冷凝水储箱结构简图

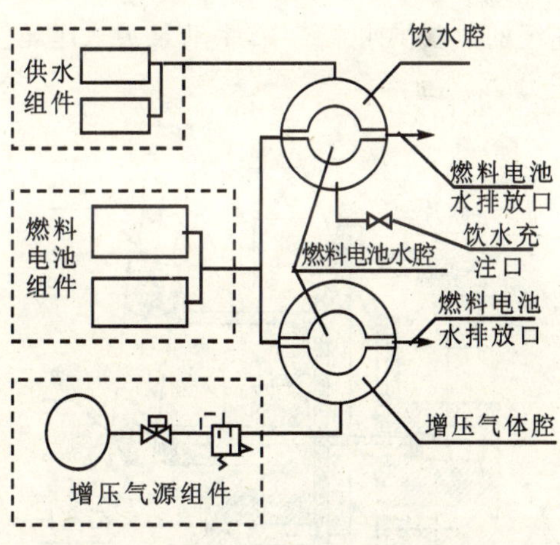

图 7-7　"双子星座"飞船水管理系统流程

7.3　供水技术

在地面上，由于有重力的有利条件，人们利用势能作为供水的动力。在航天过程中，由于重力消失，必须采取增压供水或动力机械强迫送水。本节着重介绍供水的增压技术、饮水器的构成及工作原理。

7.3.1　供水增压技术

为了实现微重力条件下正常供水，将储水箱设计成两个腔，两腔之间有个可以改变形状的隔膜分开，一个腔为增压腔，另一个腔为储水腔。增压腔内多采用气体增压，增压气体的供给和控制方法多种多样。

1. 手动增压气泵

图 7－8 给出了俄罗斯载人航天器手动增压泵的结构简图(两剖面结构相似，故由同一图表示)。它由左右壳体、膜片、活塞杆、手柄、进出口单向阀和进出口接头等组成。膜片和左、右壳体构成左、右两个腔，当手柄左移时，膜片向右移动，使右腔容积变小，压力增大，左腔容积变大，压力变小。右腔入口单向阀在增大的气压作用下关闭，而右腔出口单向阀打开，气体从出口单向阀流入饮水箱的气腔中。左腔入口单向阀在负压作用下打开，座舱内的气体通过该单向阀进入泵的左腔。此时，左腔出口单向阀在负压作用下关闭。当手柄右移时，带动膜片向左移动，使右腔容积变大，压力变小，左腔容积变小，压力变大，从而右腔入口单向阀打开进气，出口单向阀关闭，停止排气。左腔的进口单向阀关闭，停止进气，出口单向阀打开排气。在手柄左右往复摇动下，不断改变左右腔的容积，交替进行吸气和排气。因此，手动泵的吸气和排气是连续的。在供水系统中，手动泵吸入座舱空气，向饮水箱的气囊中充气，使水箱增压，产生供水压力。

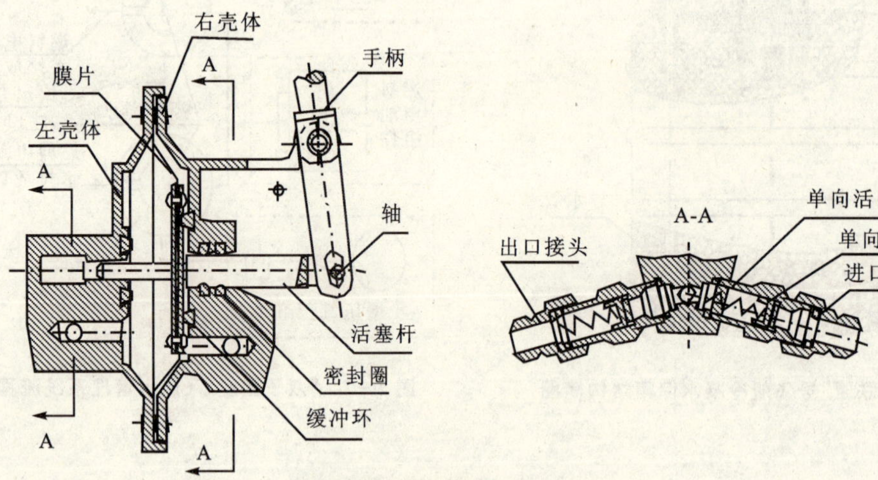

图 7－8 手动增压泵结构简图

2. 气源增压供水

美国的载人航天器供水系统多采取气源给水箱气囊充气增压供水的方案。图 7－9 给出了这种具有代表性的气源增压系统流程图。

气瓶中充注高压氮气或空气，电动截止阀开启后，气瓶中的高压气体先经高压减压阀减压，再经低压减压阀减压到供水压力，低压气体进入水箱的气囊中，气囊将气体压力传给水，当用水系统的供水阀门开启时，水箱中的增压水就可自动流出。低压减压阀的出口压力，即为水箱的供水压力。一般供水压力比舱内大气压力高 50 kPa 左右。由于低压减压阀的出口压力

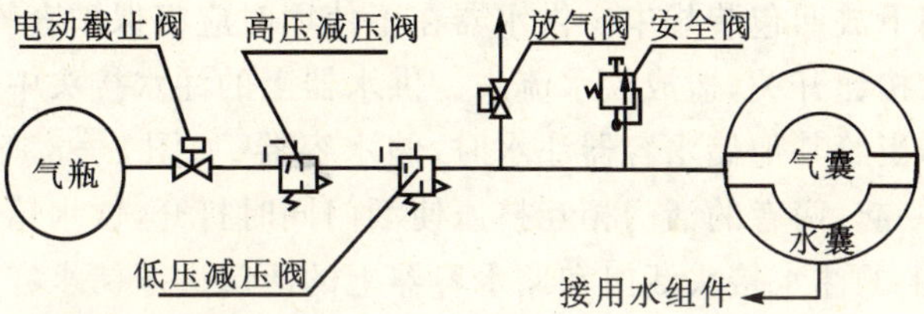

图 7-9 气源增压系统流程图

在一定范围内可以调节,所以供水压力也是可以调节的。放气阀用于水箱充水时排放气囊中的气体。水箱充水前先将放气阀打开,用真空泵将水腔内的空气抽出,再向水箱内加压充水,靠水的压力把气囊中的气体从放气阀排出,水箱充满后关闭放气阀。在备用期间,电动截止阀处于关闭状态。

7.3.2 饮水工具

饮水工具有供水器、饮水器、热水器和冷水器等。

1. 供水器

供水器用于饮用从饮水箱并经过热水器或冷水器来的热水或冷水。图 7-10 给出的是飞船上航天员使用的供水器结构图。它由壳体、按钮开关、注水接头、保护套管(外套管)和尾部与饮水箱连接的聚乙烯软管及接头(快接接头)等组成。

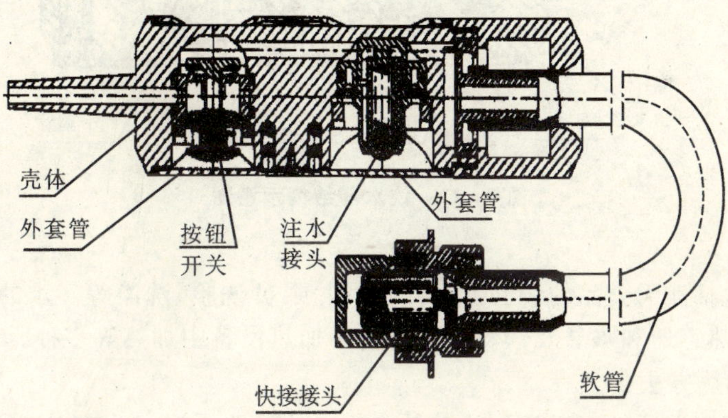

图 7-10 供水器结构示意图

供水器上的按钮开关中的活门靠弹簧将其紧紧压在活门座上,饮水不能通过活门。当用手指按下按钮开关时,活门开启,饮水连续流过活门到达饮水嘴出口。手指放开按钮开关,活门立即关闭,饮水即刻断流。在使用供水器时,先将快接接头与水箱供水接头连接,饮水嘴套在供水器出口处的锥形连接面上,将其放入口中,用手指按住按钮开关就会有水流进入口中。

不饮水时，将饮水嘴摘下放回包装袋中。供水器在不使用时应将保护套管旋转至指定角度，盖住按钮开关，防止误动按钮开关，造成饮水流失。供水器上的注水接头中有一个用弹簧压紧在活门座上的塑料活门，当给其他储水容器注水时，储水容器（如图 7－3 所示轻便储水器）接头与该注水接头连接在一起，两者的活门相互挤压使活门同时打开，饮水箱中的饮水在气腔压力的作用下流过供水器上的注水接头活门和储水容器上的活门进入储水容器的水囊中。当将储水容器从注水接头上卸下时，注水接头活门和储水容器上的活门在弹簧力的作用下自动关闭。

供水器尾部软管上的快接接头和饮水箱上的饮水接头中都有结构原理相同的单向活门，两者连接在一起时，单向活门打开，饮水可以由此通过，航天员可以直接饮用饮水箱内的舱温水。或者与热水器或冷水器上的供水接头连接，航天员可以饮用热水或冷水。

2. 饮水器

饮水器是专门与轻便储水器（如图 7－3 所示）配套使用的饮水工具，用于航天员在工作岗位随时饮水。如图 7－11 所示为饮水器的结构图形。它与图 7－10 所示的供水器结构基本相同，唯一的差别是饮水器没有尾部的软管和快接接头。其工作原理和使用方法与供水器相同。在饮水之前，利用饮水器的注水接头将饮水器与轻便储水器连接，轻轻挤压轻便储水器并按动饮水器按钮开关，航天员就能从饮水器的饮水嘴喝到水了。

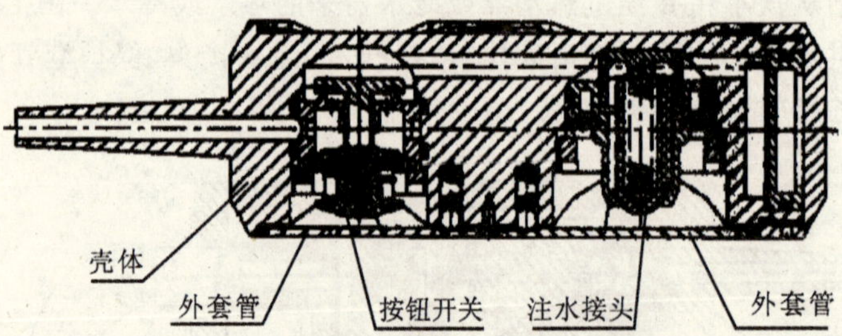

图 7－11　饮水器结构示意图

3. 热水器

热水的用途包括航天食品的调制、饮料的泡制、乘员洗脸、洗澡等。水的加热方法有水箱电加热、定量电加热容器和水袋及饮料袋放在食品加热设备中加热等多种。

（1）水箱电加热方法

该方法已经用于美国航天飞机。从燃料电池来的温热水经过去氢处理，储存在电加热饮水箱中，利用水箱中的电加热器将水箱里的水保持在 71 ℃。这种温度的饮水适合于调制食品和饮料，也适宜于调配成洗脸和洗澡水。这种加热方法同样能够用于空间站供水系统。

（2）定量水加热装置

为了节省电加热能量，将水加热器设计成能够定量的容器，按照用水量的多少进行加热。如图 7－12 所示为水加热装置的结构原理图，装置由壳体、活塞、电加热管、进口单向阀、出口单向阀和控制单元组成。

乘员根据需求，利用控制单元设定水量和水温、启动动力装置驱动活塞向左移动，出口单向阀关闭，入口单向阀打开，水流经加热器加热到要求温度，进入水容器壳体。水量达到设定值停止进水和加热。乘员需要用水时，按动供水按钮，开始供给热水。

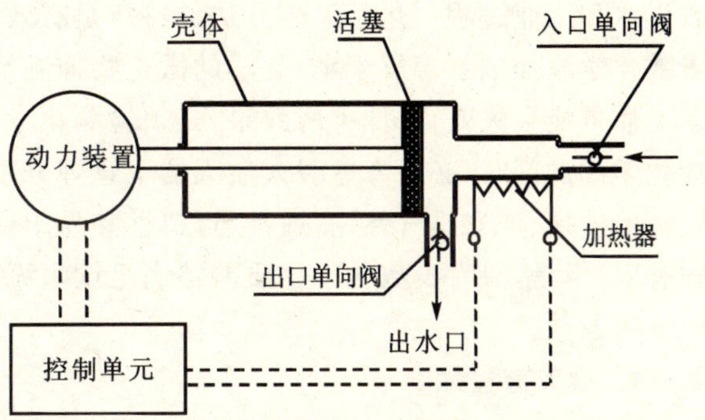

图 7-12　定量水加热装置原理图

(3) 袋装饮水及饮料加热

利用注水工具向饮水袋或饮料袋内注水，再将饮水袋和饮料袋放入食品加热设备内进行加热。水袋和饮料袋是飞行前准备好的，食品加热炉是食品管理分系统的主要设备。

4. 冷水器

为了满足乘员饮用冷水的需要，应设置冷水器。航天用冷水器的结构与图 7-12 所示的热水器基本相同，只是将热水器上的加热器改为冷却装置就行了。该冷却装置可以借用温湿度控制分系统中的液体冷却回路，给饮水提供冷却能力。

7.4　水的微生物控制及灭菌技术

在饮水的储存和供给系统、废水回收过程以及水的净化和储存过程中，必须保持水是无菌的。通常有三种方法既能保持水是无菌的，又不影响饮水品质。一是巴式法灭菌(pasteurization)；二是在水中添加化学物质(氯、碘等)；三是在水回收装置或饮水储存中，电解产生银离子，加进水流中。

7.4.1　巴式法灭菌技术

在一定的温度范围内，微生物能够生存、生长和繁殖。周期性加热使温度超过 60 ℃，能够杀灭大多数微生物。巴式法灭菌是通过将水连续地或在特定的时段内保持在 60～71 ℃(有的文献数据为 120 ℃)的条件下来实现的。虽然巴式法灭菌是一个相当成熟的商业化技术，但在载人航天器上并没有使用。因为在载人航天器上，通常水被储存在后舱中，热水箱中的热水从后舱输送到座舱的过程中，热量会漏到座舱大气中，利用电功率给巴式法灭菌装置加热，必须消耗大量电功率，并给温湿度控制分系统带来较大的热负荷。

7.4.2　“卤族元素”(氯、碘等)灭菌技术

化学处理水以实现水的微生物控制的方法已经用于美国过去的载人航天器上，也用于市

政供水和工业过程。化学灭菌方法的特点是有效，水能够连续地与污染物进行化学接触。大多数化学添加剂易溶解于水，化学的微生物抑制剂易于通过水管理分系统进行扩散。然而，化学物质可能会失效，降低灭菌效果，必须检测化学物质的浓度变化，确保消除污染的效果。选择化学添加剂时，必须考虑载人航天器水管理分系统的诸多限制因素：化学毒性、控制各种微生物的效果、产气排气性、腐蚀性、可口性和易于使用性等。虽然有许多化学物质对控制微生物有效，但是，只有少数化学物质能够满足饮水灭菌的使用要求，如氯和碘等可以入选饮水的化学灭菌剂。

1. 碘灭菌技术

碘是很好的灭菌剂，它能杀灭的微生物种类广泛，pH 值的范围宽，浓度变化范围小，用碘做水的灭菌剂，其浓度 $8\times10^{-3}\%$在 10 min 内就能发挥作用。有机碘已经广泛用于医药。碘是强氧化剂，能与许多物质发生反应，因而在污染溶液中，碘会很快消耗完。碘的残余浓度为 $5\times10^{-4}\%$时，仍能保证水质不会污染。其主要缺点是碘消毒水有明显的碘味道。

2. 氯灭菌技术

氯消毒剂像钠或钙的次酸盐、抗生素和氯的二氧化物一样，是有效的微生物抑制剂。氯的有效范围不如碘那么广泛，它在酸性环境中能更好地反应。氯处理水的方法已经在“阿波罗”飞行中得到运用，航天员反应水有氯的味道。

7.4.3 银离子消毒技术

在工业上，已经应用到金属盐或金属离子进行水的消毒。用铜、水银和锌的盐类可以控制细菌和藻类，但需较高的金属盐浓度，因而超过了水的酸碱度要求。在处理水中有高浓度的金属盐，对人也有毒害作用。然而，有些物质，如银处于离子状态，其浓度低于 0.01 %就能提供有效的抗微生物作用，已经用于载人飞船上水的消毒。在水管理分系统中，有多种途径可以生成银离子。

1. 静态银离子发生器

该方法是让水流经一个银片产生银离子。为了有效地控制细菌，最低的银离子浓度必须保持在$(5\times10^{-3}\sim20\times10^{-3})\%$。但是由于在这种类型的银离子发生器中，银发生氧化，银离子的产生率逐渐减少，因此该方法不能用于航天飞行。

2. 电解法银离子发生器

浸入水中的电极（银板）通电后，银离子从银板上脱离进入水中。其电化学过程是：

阳极
$$Ag \rightarrow Ag^{+} + e^{-} \tag{7.1}$$

阴极
$$H_2O + e^{-} \rightarrow \frac{1}{2}H_2 + OH^{-} \tag{7.2}$$

银离子在水流携带下先迁移到阴极，从而减小银板的氧化。因此，银离子的发生率不会随时间而降低。主要缺点是该方法不容易将银离子产生率控制在要求的范围内。

3. 银的氧化物

在此方法中，银的氧化物被水吸收，形成银和其氧化物的离子。只有银离子才会与微生物发生作用。限于这种方法的发展水平，现在尚难对其做出恰当的评估。

银离子的两个特性是：① 能最有效地抑制肠内细菌和病毒，但对皮肤细菌的抑制能力很低；② 银离子趋向于与水中的微量元素和箱体的金属部件及其表面镀层结合，使水中的银离子浓度降低。因此，银离子控制微生物和用于水的消毒的作用是有限的。为了保证水质，往往使水中的银离子浓度高于饮水可以接受的浓度。因此，在水分配器的上游必须安装离子交换树脂床，用于在航天员饮水之前吸收银离子。

银离子发生器自身具有潜在的优势，具有一定的灭菌消毒能力，能提高细菌过滤器的寿命，但是不能作为水处理系统的主要消毒手段，必须配置细菌过滤器和其他水消毒措施，才能保证饮水质量。

7.5　水回收再生技术

水回收再生是水管理技术中的一项重要技术内容。水回收再生技术用于处理和回收冷凝水、尿、粪便水和洗涤水等废水，将其变成可饮用水或卫生用水及电解制氧用水。由于各种废水的污染程度大不相同，其再生和处理方法也有所不同。水回收的基本方法可归结为蒸馏和过滤两类，蒸馏法主要针对尿液中水的回收；过滤法则主要用于处理卫生用水等废水。蒸馏法利用了水的相变，主要包括蒸气压缩蒸馏（VCD），热电综合膜蒸发（TIME），蒸气相催化氨清除（VAPCAR）和空气蒸发。过滤方法包括反渗透法（RO）、多次过滤和电渗析。

7.5.1　尿液回收再生

尿液里含有100多种有机物和无机物，主要含有尿素（约13～20 g/L）、氯化钠（约8～12 g/L）以及各种酸性物质（约3 g/L）。各种污染物的总量约占溶液的5 %。尿液具有低耐热性，并且其中的物质容易被细菌分解。当温度超过60 ℃时，在微生物的作用下，尿素被分解为氨气和二氧化碳。因此，尿液储藏起来容易产生沉淀。

尿液的回收设备必须考虑到尿液这些特点，使回收的水中有机物和无机物的含量减少到最低。另外，由于航天器的特殊环境，设备必须能在过载和失重状态下正常工作。苏联研制了一种尿液回收系统，先将尿液中的水蒸发而后进行冷凝，冷凝得到的水再用吸附的方法进行提纯。由此得到的回收水中含有食盐和部分微量元素，理论上是可以饮用的。这套系统从1990年1月开始应用在“和平号”空间站上，回收的水用于电解产氧和冲洗尿液收集器。系统操作是自动的，过程可由乘员监控，也可进行手动操作。这套系统在一年半的使用过程中处理了超过1 300 L尿液。美国在尿液回收方面主要采用蒸气压缩蒸馏和热电综合膜蒸发技术，两种方法总的原理是相同的，得到的回收水质量相当，但采用VCD法较为节能，效率也较高。

1. 蒸气压缩蒸馏

蒸气压缩蒸馏(VCD)的流程如图 7-13 所示。废水流入一个减压旋转筒中(4.82 kPa),水在筒中蒸发,然后蒸气在压缩机中被压缩,在冷凝器中冷凝,得到的水从另一筒中排出。减压旋转筒中未蒸发的废水将进行循环蒸发压缩,以使最后的废物中含有 50 %以上的固态物质,尿液的水回收率能达到96 %。系统工作过程中,蒸发器、冷凝器和水收集装置都在不停旋转,从而完成失重状态下的气液分离。系统利用蒸气冷凝放出的热量对水进行加热蒸发,从而降低了系统的能耗。

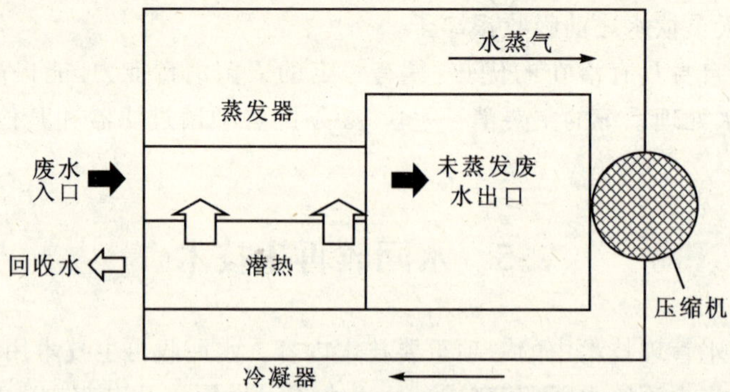

图 7-13 蒸气压缩蒸馏装置简图

冷凝水的质量由与水一起冷凝的挥发性有机物和氨决定。预处理废水(例如水中有酸)时应使尿素稳定,防止氨产生,另外还必须进行后处理。蒸发过程中可能会产生不凝性气体,如 CO_2、N_2,这些气体会使蒸发器的压力升高,从而降低蒸发器的效率。因此,必须将蒸发器定期排空,保证工作效率。

2. 热电综合膜蒸发系统

热电综合膜蒸发系统(TIMES)是利用一个热电式热泵把冷凝器中的热量传递给蒸发器,达到节能的效果。如图 7-14 所示,废水先在热交换器中加热到 66 ℃,然后流向一个空心的纤维膜,纤维膜的外表面暴露在 17.02 kPa 的低压下,使得水蒸发,蒸气在冷凝器中凝结。凝结后的水要通过质量测试,符合要求的水作为回收水被引出;不符合要求的水将再次进入循环。与蒸气压缩蒸馏法相比,该系统只回收一部分冷凝潜热,用于蒸发器的加热。最多可达 93 %的水能回收,剩余物包括尿或废水中超过 38 %的固体颗粒,最后以卤水形式排出。

废水进入系统之前必须进行预处理,以使尿素稳定,防止回收过程中产生氨气,同时抑制微生物生长,控制臭气的产生,减少泡沫。通常使用臭氧和硫酸进行废水的预处理。当臭氧以液态的形式存在时,是非常不稳定且危险的,在微重力环境下,以固态形式分配臭氧又很困难。理想情况下,相对安全的预处理方法也并不昂贵,比如利用紫外线就可以替代臭氧。

3. 蒸气相催化氨清除

蒸气相催化氨清除法(VAPCAR)不需要进行预处理和后处理,也不需要使用 VCD 和

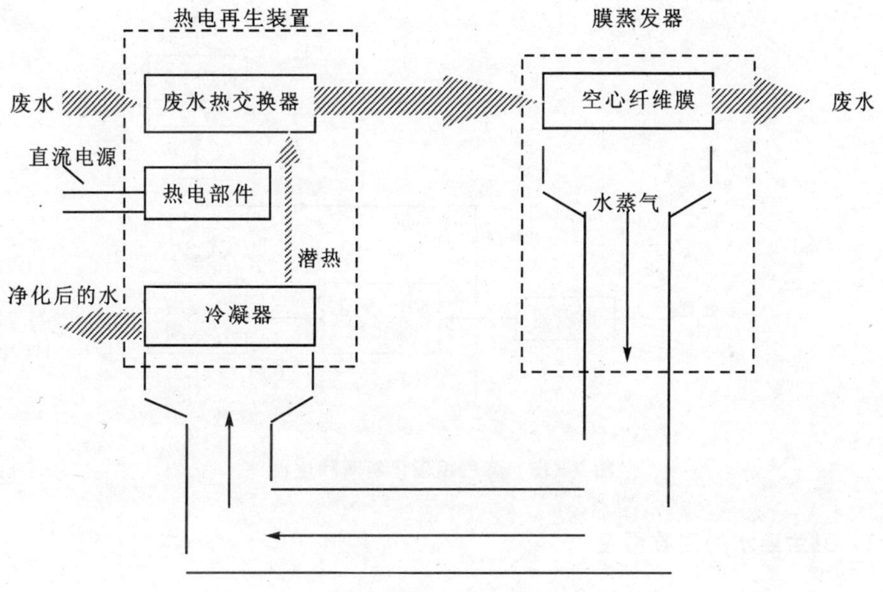

图 7-14　热电综合膜蒸发分系统简图

TIMES 所需要的消耗品。这种方法是将蒸发与挥发性杂质的高温催化氧化作用结合起来，这些杂质（如氨和其他挥发性烃等）是与水一起蒸发的。蒸发器中有一组空心纤维膜（类似于TIMES），是用氟化离子交换树脂制成的。废水从纤维膜内通过，在其外部蒸发，然后经过两个催化剂床。第一个催化床以含 0.5 %铂的氧化铝基颗粒作为催化剂，在 250 ℃条件下将氨氧化成 N_2O 和 N_2，将挥发性烃氧化为 CO_2 和 H_2O；在 450 ℃时，第二个催化床以含 0.5 %钌的氧化铝基颗粒作为催化剂，把 N_2O 分解为 N_2 和 O_2，如图 7-15 所示。在尿液和蒸气的循环中，系统的温度始终保持在 64 ℃以上，抑制细菌生长，确保纯净水质量。从综合水质看，VAPCAR 法要高于 VCD 法和 TIMES 法。

4. 空气蒸发系统

空气蒸发系统（AES）采用脉冲供水的技术，使经过预处理的尿液通过一颗粒过滤器后，浸润灯芯。循环流动的热空气对灯芯加热，使尿液中的水分蒸发出来，而将固体废物留在灯芯中。湿空气通过冷凝器，水从空气中凝结出来，被泵入回收水回路，通过一微生物监测阀，最后进入后处理系统。供水泵是一个关键设备，它根据离开灯芯的空气的相对湿度和处理的液体的量决定脉冲和尿液的流量。另外，当灯芯中的固体废物达到一定程度时，供水泵将停止工作，直至灯芯中的水分被完全蒸发出来，以一条新的灯芯替换旧灯芯。直接蒸发是所有废水回收方法中最简单的，能回收 100 %的水。气体在一个封闭的系统内循环，以防止污染居住舱内的大气。干燥的灯芯储存起来以备处理。

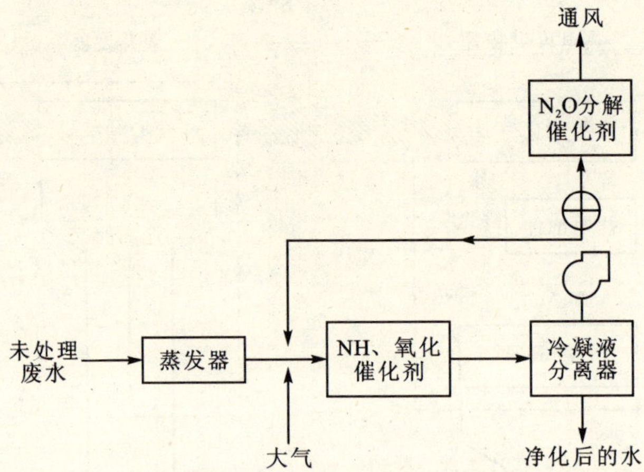

图 7-15 蒸气相催化氨清除过程

7.5.2 卫生废水的回收再生

在长期的飞行中，乘员的洗漱和淋浴都是要考虑的。而这部分水需要回收。卫生用水包含许多杂质，比如脱落的角质层、头发、脂肪、灰尘、尿素、氨等多种有机物和无机物。

美国载人飞船采取的饮用水再生和卫生用水的处理技术主要有多次过滤法(MF)和反渗透法(RO)。两种方法使用的消耗品在数量上大致相同，但多次过滤消耗的能量较小，所需要再供应的质量和体积也较小。

1. 反渗透

在一般的渗透过程中，水总是从低浓度区向高浓度区转移。而在反渗透过程中，废水区的压力被加到足够高，迫使水通过半透性薄膜(即从高浓度到低浓度，如图 7-16 所示)，而绝大多数的离子和较大的有机化合物分子却不能通过。废水输入需要 690～5 500 kPa 的压力，并且是有选择地渗透通过薄膜。铁、有机颗粒和微生物不能通过薄膜。如图 7-17 所示，废水首先通过超过滤薄膜除去悬浮颗粒和高分子，允许水和低分子量的盐通过，以免引起半透膜的堵塞。净化后的水质很高，能量要求也低于相变法。

可见，提高半透膜的性能可以提高整个系统的工作性能。现在较为关注的主要有两种膜：一种是内部有蒙皮的空心纤维膜，另一种是双衬里膜。空心纤维具有相当大的比表面积，从而使组件显得紧凑。废水从空心纤维的内部通过，以降低堵塞或杂质在膜表面堆积的可能性。双衬里膜由锆的氧化物和聚丙烯酸的混合物沉积在多孔金属细管或多孔陶管上形成。这种膜的突出优点在于它的大流量和在巴斯德温度(64 ℃)时的稳定性。

通过反渗透法回收所有的水是不现实的，因为渗透反压毕竟是有限的，必须考虑到膜的承受能力。当然，膜能承受的压力越大越好。

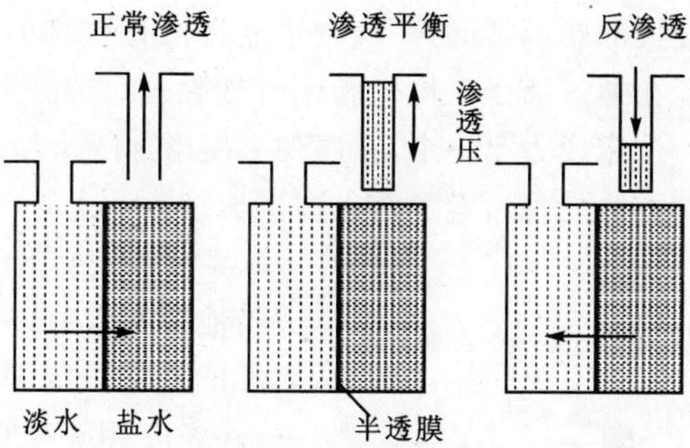

图 7-16　反渗透原理

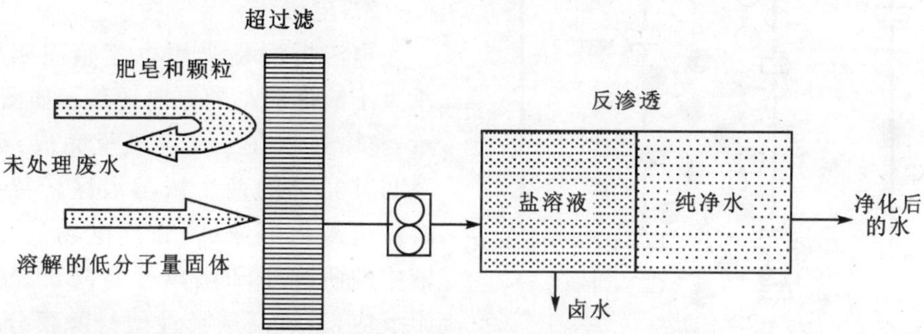

图 7-17　反渗透过程简图

2. 多次过滤

虽然将热交换器中冷凝液净化为可饮用水的技术已经得到发展，但仍通过一系列包括吸附剂和离子交换树脂的“床”过滤来净化大部分的废水，如图 7-18 所示。

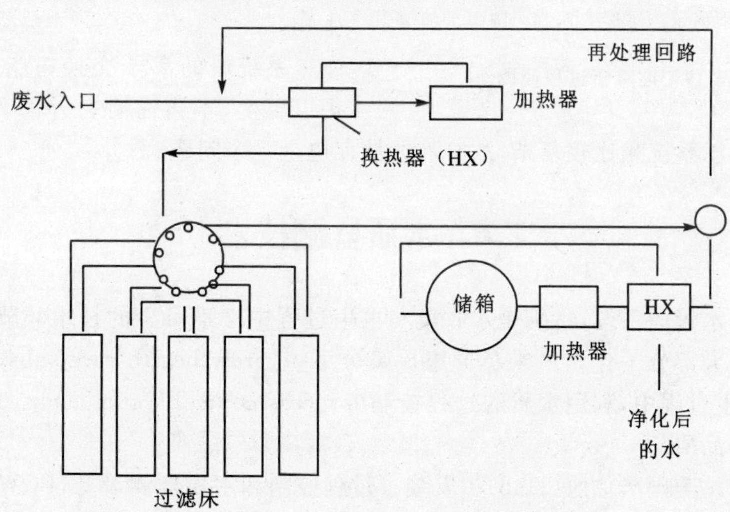

图 7-18　多次过滤水处理器简图

在过滤床中，首先是较大的颗粒被滤掉；当废水流过活性炭床时，其中的悬浮有机污染物被除去；剩下的无机盐粒子在通过离子交换树脂床时被除去。当系列中的第一个床达到储存容量时即移走，系列中下一个床成为第一个，在序列末尾增加一个新的床。这样处理过的水必须杀菌(采用热的或化学的方法处理)，避免微生物生长。

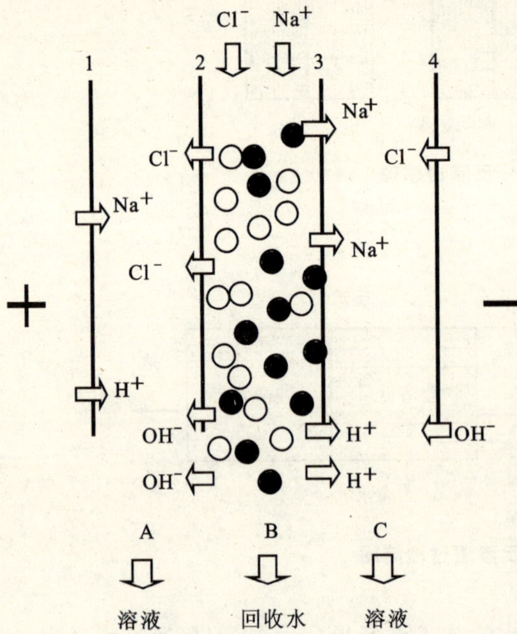

A、C—浓溶液区；B—稀溶液区

1、3—阳离子渗透膜；2、4—阴离子渗透膜

图 7-19 电渗析过程简图

系统在工作过程中存在压力损失，必须适当地补充压力，以使水能顺利地通过过滤床。该系统只需要进行相对简单的技术改进，就能应用于空间飞行，但是离子交换床和活性炭床的再生却比较昂贵。

3. 电渗析

电渗析法是采用电流感应引发电离子垂直于液体流动的方向迁移。如图 7-19 所示，整个过程在三个区域里完成：稀溶液区及与其相邻的两个浓溶液区。待处理的水溶液进入稀溶液区，在外电场的作用下，溶液中的阴离子和阳离子与离子交换树脂发生反应，透过高选择性塑料薄膜分别朝着阳极和阴极的方向迁移，进入两边的浓溶液区。稀溶液区的水得以回收。该系统动力消耗较低，但需要预处理和后处理，以防止堵塞，清除非电离有机物、未电离物质和微生物。

系统中的离子交换树脂在电场作用下得以再生，不再需要另外的再生化学物质。但系统与多次过滤系统相比较复杂，浓溶液的储存也是一个问题。

7.6 水质监测技术

水质监测是水管理系统，特别是水收集和再生过程中必不可少的技术环节。在国际空间站上水质监测的大部分工作是由乘员健康保障分系统(crew health care subsystem)实现的。此外，在水的再生过程中，利用水质的过程控制(process control water quality)来监测水处理的下游洁净水的品质。

在国际空间站美国居住舱(Hab)中安装了过程控制和水质监测设备(PCWQM)。按照水质标准规定的水质要求，利用 PCWQM 进行处理后的洁净水的水质监测。PCWQM 监测的项目有：电导率、pH 值、光度计测碘含量和通过 CO_2 红外探测器检测总有机碳(TOC)。

其检测步骤如下：

(1) PCWQM 接受从水处理(WP)离子交换床来的洁净水。

(2) 接通电导率、温度和碘含量检测仪，温度检测数据用于修正 pH 值和电导率的读数。每分钟要检测 120 mL 处理后的洁净水。

(3) 在样品采集回路中连续分析水的总有机碳(TOC)和 pH 值。该样品回路是从水处理回路上引出的一个旁路(其流量为 1 mL/min)。TOC 的分析过程包括：

① 测量 pH 值。

② 让样品通过固体酸化剂，将水中的碳酸盐和碳酸氢盐转化成 CO_2。

③ 用总无机碳(TIC)气/液分离器将 CO_2 消除，并将其排到座舱空气中。

④ 将 O_2 混入样品，并将混合物暴露在紫外线(UV)照射下，使有机碳氧化成 CO_2。用总有机碳(TOC)气/液分离器(GLS)将氧化有机碳产生的 CO_2 分离，并排除。

⑤ CO_2 受到红外线照射(IR)，吸收红外线，红外探测器检测红外线被吸收的量值。红外线吸收量的大小与样品中的总有机碳(TOC)含量成正比。

⑥ 检测 TOC 的样品再送回到离子交换床水处理装置的上游，以排除 TOC 分析过程中造成的任何污染。

航天器水的来源有水箱中的储存水、燃料电池产生的水、冷凝水和卫生用水的回收。由于航天器中各种污染物的存在，水质直接影响航天员的身体健康，水质的监测是十分重要的。水质的参数很多，包括物理参数和生化参数等，在线检测所有的参数是不可能的。一些主要监测的参数包括：pH 值、电导率、有机碳和碘浓度等。表 7-1 为国际空间站的水质规范。

表 7-1　国际空间站水质规范

物理参数	饮用水	卫生用水	杀菌剂/($mg \cdot L^{-1}$)	饮用水	卫生用水
固体总量/($mg \cdot L^{-1}$)	100	500	硒	0.01	0.01
颜色，本色	15	15	银	0.05	0.05
味道[TTN]	3	不　详	硫酸盐	250	250
气味[TON]	3	3	硫化物	0.05	0.05
微粒最大尺寸/μm	40	40	锌	5.0	5.0
pH 值	6.0～8.5	5.0～8.5	剩余碘(最小)	0.5	0.5
浑浊度[NTU]	1	1	剩余碘(最多)	4.0	4.0
溶解气体	a.	不详	味觉		
流离气体	a.	a.	阳离子	30	不详
无机物成分/($mg \cdot L^{-1}$)			阴离子	30	不详
氨	0.5	0.5	二氧化碳	15	不详

续表 7-1

物理参数	饮用水	卫生用水	杀菌剂/($mg \cdot L^{-1}$)	饮用水	卫生用水
砷	0.01	0.01	微生物		1
钡	1.0	1.0	细菌/[$CFU \cdot (100\ mL)^{-1}$]	1	1
镉	0.005	0.005	厌氧微生物	1	1
钙	30	30	大肠杆菌	1	1
氯(包括氯化物)	200	200	病毒/[$CFU \cdot (100\ mL)^{-1}$]	1	1
铬	0.05	0.05	酵母菌和霉菌	1	
铜	1.0	1.0	放射性成分[b]	c.	c.
碘(包括有机碘)	15	15	有机参数/($\mu g \cdot L^{-1}$)		
铁	0.3	0.3	总含酸量	500	500
铅	0.05	0.05	氰化物	200	200
镁	50	50	卤化烃	10	10
锰	0.05	0.05	总酚量	1	1
汞	0.002	0.02	总醇量	500	500
镍	0.05	0.05	总有机碳	500	10 000
硝酸盐	10	10	没有确定的有机碳	100	1 000
钾	340	340			

注：a—对不可测气体，采用一定体积的气体和液体比较测量系统，用于味觉的二氧化碳气体除外；

b—饮用水和卫生用水中的放射性成分应符合相关的标准。

思考题

1. 水管理技术的功能包括哪些？对于长期和短期的载人航天器水管理技术的功能有哪些不同？
2. 囊式增压水箱和无囊式增压水箱的工作原理及各自的特点。
3. 供水技术包括哪些？试述各自的特点。
4. 保持水无菌的方法及工作原理。
5. 尿液回收技术有几类，简述工作原理。
6. 卫生用水的回收和再生技术有哪些，简述其工作原理。
7. 水质检测的主要步骤。

第8章 废物管理系统

废物收集和处理是载人航天环控生保系统中一个重要的分系统，其任务是完成各种废物的收集、处理和储存等工作。废物管理系统与乘员之间有着比其他分系统更为密切的联系，尤其是涉及代谢废物的收集处理和个人卫生处理方面的事情。因此，在废物收集与处理技术研究中，人的因素，即人体工程学的研究，就显得更加重要。所有技术设计，不仅要考虑到微重力条件下工程实现的可能性，还应充分适应人的生理特点，并考虑到人的心理承受能力。在条件许可的情况下，应尽可能接近人在地面上的生活习惯。对于短期的载人航天活动，由于产生的废物量较少，废物管理的常用方法是将固态废物进行简单的处理后，压实储存，返回时带回地球；对于一些液态废物、气态废物，则直接向空间排放。对于长期的载人航天，为了避免对环境的污染和使物质再循环使用，废物的收集和处理成为一个非常尖锐而迫切的问题。

航天飞行中的废物一部分来自人体的代谢废物，一部分来自日常生活和工作中的废弃物，如剩余的食品、纸屑等。从形态可分为三类：液态废物（包括尿液、小便器冲洗水、湿气的冷凝水和个人卫生用水等）、固态废物（包括粪便、手纸、擦拭用品、剩余食物、食品渣滓、包装材料、呕吐物以及其他废弃物）、气态废物（包括二氧化碳、微量气体成分等）。

废物管理的一般程序是：废物的收集和分离→废物的处理、储存→废物的循环利用。废物的处理和回收方法包括超临界氧化、电化学氧化、燃烧焚化和生物技术等。在选择具体的工艺过程时要综合考虑系统的安全性、可靠性、能耗、体积、质量等因素。

8.1 尿的收集

8.1.1 接触式尿收集器

早期的载人航天飞行周期短，乘员少，任务单一，而且受容积、质量和能耗的限制，尿的收集处理多采用体接触密闭式装置。一种非常简单的尿收集装置直接安装在航天服内，整个飞行过程都随航天服穿戴在身上，使用时既不方便，也不卫生。经过改进的尿收集装置脱离了航天服，并增加了化学计量分系统，用来计量排尿量，以便评价航天飞行对航天员代谢的影响。尿接收器的前端做成一个有弹性的根套，以避免使用时泄漏，其下端装有单向截止阀，防止尿的回流。一旦出现回流，截止阀就能迅速关闭。除了采样需要之外，其余的尿直接向空间排放。向舱外排放尿的方法虽然简单，但也有潜在的问题。一是排放口结冰；二是尿蒸发之后的残留物堆积。这两种情况都可能堵塞排出口而使系统不能正常工作。

8.1.2 液/气流式尿收集器

液/气流式尿收集方式是利用风机将座舱空气抽入尿收集器，在排尿期间使尿和气体形成液气混合物，便于在失重状态下输送。液气混合物流过特殊的过滤器，去除其中的固态废物，并通过一个细菌控制器，用化学消毒剂之类的药品抑制细菌的生长。流过选择阀后，液气混合物进入分离容器。该容器内装有海绵状的物质，并有一个不渗透的隔膜将容器分成两部分(类似于图 7-6“联盟”号飞船冷凝水储箱结构)。液气混合物进到放有海绵状物质的容器里，当气体被抽取出去，并经过活性炭床去除臭味返回座舱时，尿则因为毛细作用和表面张力留在了海绵状物质中。然后，改变选择阀状态，使容器中的海绵状物质暴露于一个具有较低压力的容器罐中，于是分离容器隔膜两边就会出现一个压力差。在此压力差作用下，挤压海绵状物质，将储留在其中的尿液输送出去，实现尿、气的分离。

这种液/气流混合的方法改善了尿液的输送条件，又充分利用了失重条件下的液体表面张力，实现了液、气相分离。显然，设计中隔膜材料和海绵状物质的选材是很重要的。另外，海绵状物质需要定期维护。

8.1.3 气流式尿收集器

这种气流式尿接收器可以做成类似于地面上使用的传统壁式小便器形式，如图 8-1 所示。其高度可以调节，以便使排尿器官与之尽量接近。排尿时，一股空气流进入尿接收器，在气流导引下将尿带走，送入风扇离心式水分离器。水分离器由电机驱动。空气和尿的混合物流过该分离器时，尿从中分离出来。气体则流经系统的细菌过滤器和臭味去除床消毒除臭，然后返回座舱。由风扇离心式水分离器产生的压头，把尿输送到废水储箱内，定期排出舱外。尿接收器的开口处有滤网式口盖，以防止舱内杂物进入。接受器中还使用了冲洗水和杀菌剂喷嘴，用来控制细菌滋生，消除臭味。

气流式尿收集器的显著优点是排除了体接触，改善了卫生条件。男性航天员可采取直立位，女性航天员可取坐位。设计上考虑了使用者的心理因素和使用习惯，更符合人体工程学的设计标准。

气流式尿收集器还可以与粪便收集器组合一体，形成一个组合式便桶，如图 8-2 所示。尿收集器设置在组合便桶的前部，粪便收集器设置在后部。显然，这种便器可以同时适用于男性和女性航天员的使用要求。考虑到女性尿流的方向不像男性那样确定，所以女性使用时应提起位于便器前后两部分之间的活动挡板，并适当调整坐于便器上的人体位置。排尿后使用的手纸应投入便桶后半部分的大便收集器中。

这种便桶无论从卫生学角度，还是从生理学、心理学角度，都更易于为乘员所接受。因此，它是长飞行周期、多乘员的航天飞行器的优选方案。

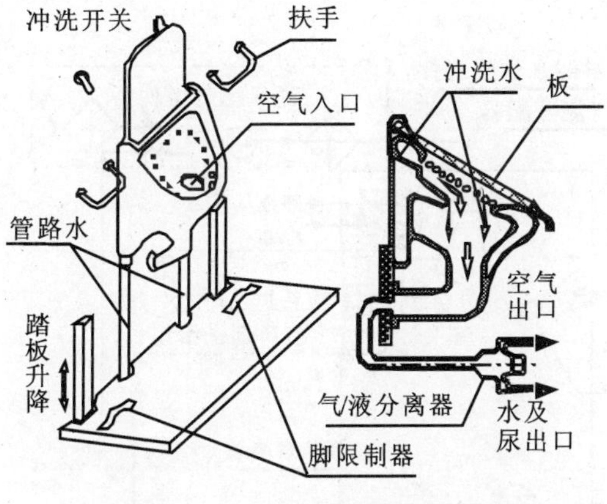

图 8-1　气流式尿收集器构形图

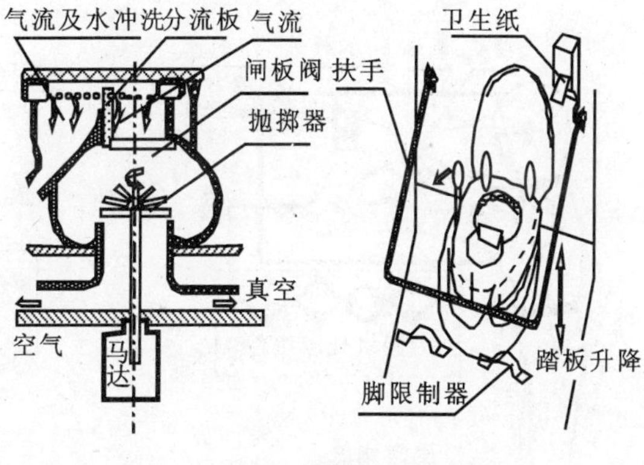

图 8-2　组合式便桶结构示意图

8.1.4　冷凝水和卫生用水的收集

随着载人航天飞行周期的增长，航天员个人卫生标准也提高了，包括洗漱、淋浴在内的个人卫生用水的收集和处理已经成为废物处理的一个组成部分。

1. 洗脸设施

图 8-3 给出的是洗脸装置的构成简图。乘员洗脸设备由箱体、冷热水供给组件、抽风与废水处理组件和脚限制器等组成。箱体的正面留有开口，乘员的头面部和双手能够伸进箱体进行洗漱。冷热水供给组件由冷热水混合器、供水开关和喷头组成，乘员可以根据需要调节水温。废水处理组件由过滤器、水/气分离器、泵和空气净化器组成。洗涤后的废水在泵的抽吸力作用下，箱体内部水珠由空气流携带进入废水处理组件，先经过过滤器滤除杂质，再经过水/气分离器，水被分离出来送入废水净化处理分系统进一步净化。分离出来的空气经过净化装置净化，消除臭味，重新回到座舱大气。

2. 淋浴设施

当载人航天任务超过 30 d 时，必须为乘员提供淋浴室，保证乘员能够定期进行全身清洁，以利于乘员的身心健康。图 8-4 给出了载人航天器上能够应用的淋浴装置简图。

淋浴装置由淋浴间、通风配气组件、淋浴水供给组件、洁净剂供给组件、废水收集组件和擦洗工具等构成。在微重力条件下，利用通风配气组件产生气流，使洗澡水按照要求的方向流动，调节淋浴间内的气体成分，控制氧分压、二氧化碳分压和温湿度。利用按钮控制的洗涤剂供给组件按要求提供洁净剂，通过淋浴喷头将洗澡水和洁净剂混合，并喷洒在乘员身上。擦洗工具组件利用泵产生吸力，乘员在擦洗过程中，吸掉身上的水和污物。淋浴间的下方安装一对脚限制器，用于乘员淋浴时固定身体。淋浴水供给组件备有冷、热水调节开关，乘员根据需要调节水温。一般认为较为合适的淋浴水温是 40～41 ℃，水的流量大约为 0.2～1.9 kg/min。

表 8-1 给出了淋浴间内的气流速度和温湿度参数。

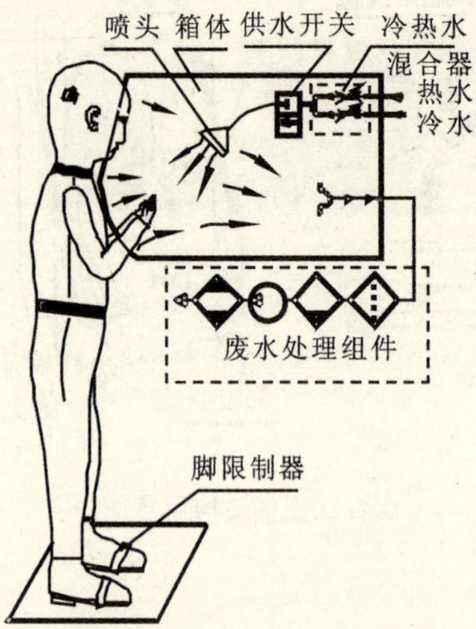

图 8-3 洗脸装置构成简图

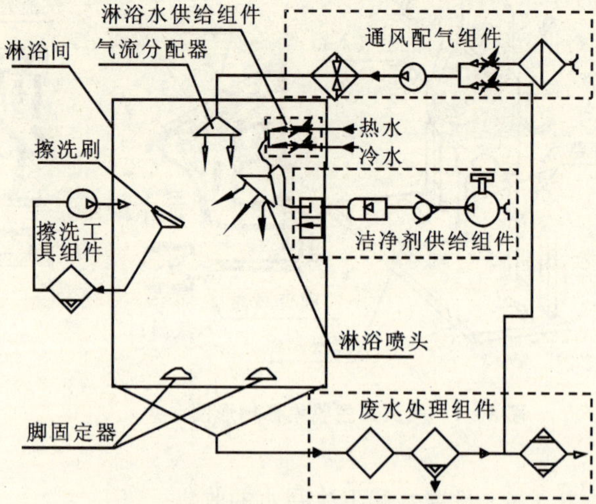

图 8-4 淋浴装置简图

表 8-1 淋浴间内的合适风速和温湿度数据

皮肤状态	空气流速/(m·s^{-1})	温度/(℃)		
		湿度<30 %	湿度 30 %~70 %	湿度>70 %
干 燥	0.15~0.3	27~32	24~30	21~27
	0.6~1.2	32~38	30~35	24~30
湿 润	0.15~0.3	46~54	37~44	35~41
	0.6~1.2	52~57	42~46	37~44

为了节省通风气流的加热量，应采取部分闭环式送风调温系统。经过调温调湿（到表 8-1 规定的相应温湿度）和配入适当的新鲜空气后的气体供入淋浴间，用过的淋浴水和空气经过淋浴水收集、过滤、水/气分离，空气回到通风供气组件再循环。分离出来的淋浴水经净化处理后再送到淋浴水储箱，以备再次使用。

淋浴和洗脸用的清洁剂是专门配制的，其化学成分应有利于清除乘员皮肤分泌出来的废物，利于保护乘员皮肤清洁滑润和健康，并且有利于废水的净化处理。

3. 水/气分离技术

水的分离方式大致有两类：静态方式和动态方式。静态分离技术，主要利用毛细作用力或水的表面张力，如多孔板、吸水绳或滤网等。但是，由于卫生用水的污染程度较高，往往含有肥皂、头发、皮屑、尿素、细菌以及其他外来杂物，用这些方法的可靠性较差，容易堵塞，不仅维修量大，还需要较多的消耗性器材。滤网式分离器的亲水/憎水材料，也容易被肥皂水污染。离心式水分离器是动态分离技术之一(见图 8-5)，可以实现水气的分离，但不太适用于卫生废水的处理，因为它不仅需要的能耗较大，而且装置的体积也大。

另有一种旋涡式水分离器(见图 8-6)，液气双相混合的流体，从分离器上端切线方向的入口进入圆柱形的分离器本体，形成旋涡运动。旋涡运动所产生的离心力驱使质量较大的液体向圆柱体的周壁运动，而质量较小的气相则滞留在圆柱体中心，并被从分离器圆柱体的一头的中心出口抽出。分离器本体的另一端做成圆锥形，由于截面积逐渐缩小，驱使旋涡流的速度加快，形成了一定的压力梯度。液体在递减的静压作用下，将随着筒壁的旋涡流向圆锥端的出口。这种原理的液气相分离器具有良好的工作性能，能在微重力条件下可靠而有效地工作。

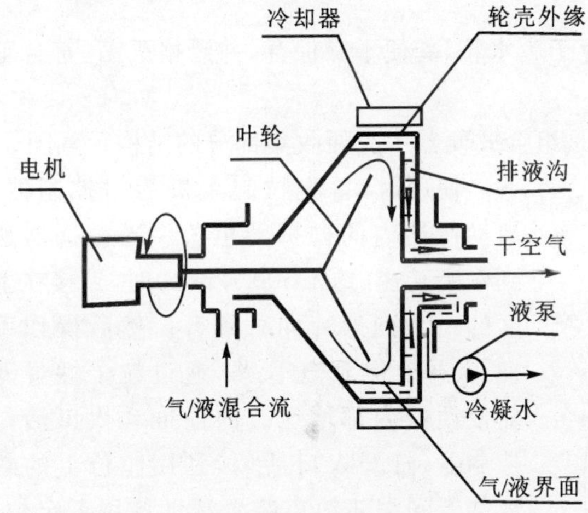

图 8-5　液/气离心分离器原理图

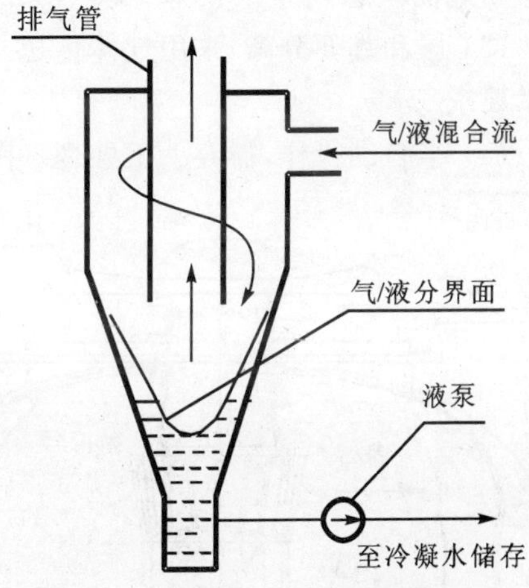

图 8-6　涡流气/液分离器原理图

一般而言，水汽冷凝水积聚在湿度控制冷凝热交换器的弯头收集器内，然后用液/气流式的相分离器收集，并传送至废水储箱内。

为了减少对再供应的要求，必须对收集的废水进行回收处理，这部分工作是由前述的水回收系统完成的。

8.2　固态废物的收集和处理

8.2.1　粪便的收集处理

初期载人航天飞行，因为飞行周期很短，加之条件的限制，粪便收集的方式相当简陋。飞行前几天，就开始限定航天员的饮食，只提供低残渣的食物，以此尽量减少飞行过程中粪便的总量。飞行中提供给航天员一种塑料制成的柔性的粪便收集袋。收集袋的开口端有一个粘胶的表面，用来保持收集袋与使用者臀部的密封。收集袋内的一个小口袋中备有杀菌剂和手纸。使用后，将收集袋密封起来，储存在废物容器中。这种方式需要手动操作，并要求有一定的技巧，费时，又不方便，加上臭气对舱内空气的污染，所以很不受欢迎。

随着载人航天技术发展，与尿收集器一样，粪便收集器也有了根本性的改变。新型的粪便收集器与尿收集器组合成一体成为组合式粪便器(见图 8-2)。这种便器的设计思想强调：

(1) 男、女性航天员通用。根据飞行任务确定设计容量。美国“航天飞机”基本容量为 210 g・人$^{-1}$・d^{-1}，按每人每天粪便量为 0.12 kg(包括手纸和 0.09 kg 水分)。

(2) 尽量与地面正常重力条件下的使用习惯一致。便器的结构、使用的姿势和方法都应类似于地面状态。

(3) 尿和粪便分离，采用气体传送。尿储存于废水箱，粪便干燥保存，并严格灭菌，符合卫生学要求。

(4) 半自动操作，摒弃人工处理。图 8-7 是组合式便器中粪便收集部分的结构示意图。

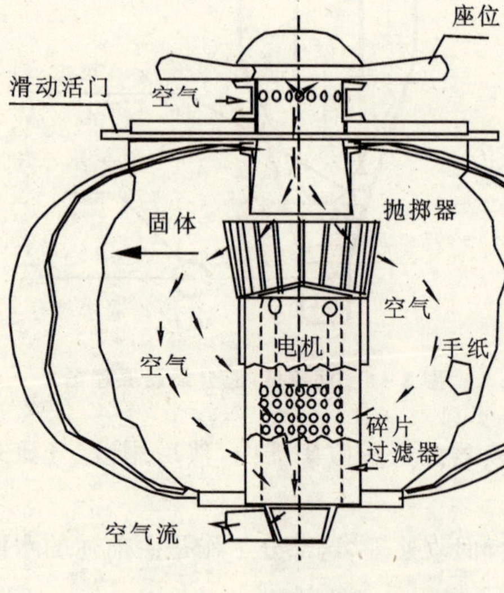

图 8-7　粪便收集器内部结构

使用时，首先拉起入口活门控制器，启动便器内的抛掷器电机。当抛掷器达到额定转速(约 1 500 r/min)时，铰接在上面的一系列刀片向外展开。然后操作手柄，关掉真空通气管路，通过粒子性过滤器使便器内部增压。向前推动入口活门控制器，打开入口活门，利用座位上的约束装置和脚部约束装置帮助使用者定位，这样就可以使用了。粪便在流量约为 0.84 m^3/min 的气流抽吸下，从座位的开口处进入便器，被抛掷机的刀片切碎并沉积到便器内壁的薄夹层之中。手纸向上运动，越过刀片送入便器的储存空腔中。输送用的气流，通过碎屑过滤器和细菌过滤器，从便器中流出，进入风扇式分离器，最后，经过座舱空气过滤器进一步净化后返回到乘员座舱。使用完毕，通过操作手柄使便器内部储存废物的部分与宇宙的真空环境接通，使粪便和手纸迅速脱水干燥。这样，既便于保存，又符合卫生要求。

8.2.2　呕吐物的收集处理

呕吐物都被收集在专用的呕吐袋内。用过的呕吐袋可以扔到图 8-7 所示的粪便收集器里，但使用时须将控制器面板上的选择开关置于“呕吐”位置，这是专为呕吐废弃物设计的。在此工作位置上，抛掷器的旋转速度变低，切碎刀片不会展开，这样，就可以使呕吐袋不受阻挡地进入便器。

8.2.3　其他固态废物的收集处理

其他固态废弃物，包括一些潮湿的废弃物，例如：食品渣滓、用过的食品容器、湿手巾纸、擦拭布、手纸、个人卫生用品、甚至脏衣服等。这类废弃物在长飞行周期、多乘员的飞行任务中是不可避免的，必须予以妥善的安置。对于短期航天任务，可以储存起来供以后处理；但对于长期航天任务，再供应是很困难的，或者是不可能的，物质回收是主要的。在有些情况下，用可重复使用的物品代替需要处理的物品，可减少需要处理的固态废物量。

8.2.4　固态废物的处理

回收固体物质需要某些形式的氧化作用，将有机成分转变成 CO_2、H_2 和 H_2O。已考虑过的方法包括水氧化、焚烧和生物降解处理。

水氧化又可分为超临界和亚临界两种。超临界水氧化（SCWO）利用超临界状态（温度高于 647 K，压力高于 22.12 MPa）的水作为媒质，使通常情况下不溶于水的各种有机化合物和氧气均溶于超临界水中，在单相状态下发生氧化反应，而不需要催化剂。当反应温度高于 922 K，压力高于 25.3 MPa 时，处理废物能迅速地被完全氧化为 CO_2、H_2 和 N_2。该法可以处理几乎所有航天器内废物。亚临界水氧化则主要用于处理溶液状或泥浆状的废物。

焚烧是使可燃烧元素发生氧化反应并放出热量的方法。包括在氧气充足的条件下进行的完全燃烧和氧不足时的不完全燃烧，例如蛋白质水解。电化学焚烧是一种在较低温度（约 422 K）下电解有机物的方法。优点是没有 CO 或 NO 产生，只产生 CO_2、H_2 和 N_2，可能产生一些 Cl_2，这取决于废物的成分。对于太空环境应用这种方法，目前还处在一个较低水平的技术阶段。

固态废物处理的理想方法是利用微生物将废物转变成植物生长所必需的肥料，生产乘员必需的大部分食品，从而使物质得到回收。

思考题

1. 废物管理系统的任务，需要考虑的因素和常用的方法。
2. 废物的来源有哪些？进行废物管理的一般程序？
3. 尿液收集器的分类及各自的特点。
4. 水/气分离技术的分类，工作原理。
5. 固体废弃物处理的方法包括哪些？

第 9 章　火情探测和灭火系统

失火对载人航天活动来说是灾难性的事件。阿波罗飞船在发射架上失火爆炸导致两名航天员的死亡。载人航天器内有供航天员呼吸的氧气，各种非金属材料制成的元件以及各种电器设备，由于过载、接触不良、短路等原因可能造成局部过热和电火花，因此具备了发生火灾的三个要素：燃料、氧化剂和点火源。虽然在航天器系统设计时，尽可能使用耐火材料，并充分考虑失火的可能性和火的蔓延，可减少发生大的火灾的可能性，但是完全排除火灾的危险是不可能的。火情探测和灭火系统(FDS)的基本功能就是随时监测航天器内的火情，一旦火情出现，发出警报，并提供灭火措施。

火情探测部件通过对火焰和(或)燃烧产物的监测来探测火情，能及时发出报警信号，以便采取灭火措施，或在受到火灾影响之前启用安全出口。火情探测可以采用红外、紫外、离子、粒子探测器，探测途径可以采用集中、分散或二者结合；主要灭火剂有 CO_2、N_2、H_2O、Halon(商业名聚四氟乙烯)，灭火途径可以采用集中、分散、便携式或三者结合。在灭火之后，要进行现场处理，清除灭火剂和燃料副产物，主要方法包括吸附、转化和向舱外通风。

由于航天器所处的微重力环境和座舱内通风状况，航天器内着火和火焰的传播与地面情况有较大差异，微重力下燃烧特性的研究是航天器舱内火情探测和防火安全工程技术的基础。

9.1　微重力下燃烧的基本特点

由于航天技术发展的需要，从 20 世纪 60 年代起，美国开展了一系列微重力下燃烧的基本规律研究，其中包括着火、火焰传播、可燃极限、熄火极限、阴燃等专题，取得了一些有价值的研究成果。在重力条件下，浮力在燃烧过程中起主导作用，它对燃烧和火焰的扩散有明显的影响。微重力条件下，由于自然对流的消失，火灾的特性，包括热量的释放、烟的生成、火焰的可见度以及辐射特性等参数和重力条件下都不相同，主要特点如下：

(1) 微重力条件下气相火焰通常呈球状膨胀，火焰的扩散和传播速度较慢，在一定的弱强迫流动作用下可燃固体表面的火焰蔓延出现逆风火焰传播快于顺风火焰传播，并且比顺风火焰旺盛的现象。

(2) 微重力下燃烧一般为不发光的阴燃或发光黯淡。

(3) 微重力条件下，维持燃烧的最低氧浓度较重力条件下高。

(4) 微重力条件下，火焰的能见度降低。静止环境中，火焰在能见度大幅度降低以前，经历一个蓝色火焰阶段。尽管火焰的能见度降低，但火焰温度仍可高达 880 ℃，舱内电缆线以及其他可燃物完全可能被引燃。

9.2 火情探测

人对气味的敏感性是探测火灾可靠而有效的依据;但火灾可能在航天员睡着后发生,且由于航天器居住舱越来越大,不可能各舱都有人。因此,必须有可靠而连续的监测方法。随着载人航天技术的发展,火情探测技术已从最初的航天员感知方式,发展到目前采用的烟雾探测器、能量探测器等火情监测系统。对火情探测系统的要求是快速、准确。

9.2.1 火情探测器

总的来说,火情探测器的工作原理基于两类:① 探测燃烧产生的烟雾微粒或气体;② 探测燃烧所释放出的热量。

1. 烟雾探测器

(1) 光电式烟雾探测器,包括探测烟雾微粒造成光衰减的模糊探测器、探测烟雾微粒造成光线散射的光散射探测器以及凝聚核计数器(其原理是将水蒸气凝聚在微粒上,使微粒增大从而容易探测到)。

(2) 电离式烟雾探测器。其原理是用一放射源来电离带电极的小室内的大气分子,产生正负离子,电极上加有电压,使离子加速向两极移动,在到达两极之前产生一小电流。如果有烟雾,这些微粒会附在离子上,增加离子的质量,降低它们的速度,电离源所产生的电流会被切断,当达到某一预定电平时,探测器中的电流损耗剧增并开始报警。

2. 能量探测器

(1) 紫外线能量探测器:火焰中可发出紫外辐射(波长为 0.18~0.26 μm),当通过紫外线玻璃并且撞击阴极时,可被监测到。阴极所释放的电子被阳极捕获,因此可通过探测所产生的电流来探测火情。

(2) 可见光能量探测器:可见光探测器监测 0.4~0.7 μm 波长的辐射。一台光敏光电管监测器监测火焰中可见光的辐射能。另外,可同时通过监测火焰闪烁避免由于太阳光和人造光造成的误警报。

(3) 红外线能量探测器:火焰或者其他物体都可发出红外辐射(波长为 0.7~5 μm)。因此,红外线监测器设计成监测火焰的闪烁(变化的能量)。大多数红外线火焰监测器是光电型的。

注:紫外线、可见光以及红外线监测器经常一起使用以减少误警报。

(4) 温度能量探测器:失火或燃烧过程产生的热量,可直接用热敏电阻和电阻式温度测量装置监测到,从而监测火情。

3. 探测器主要性能的比较

不同火情探测器的性能比较如表 9－1 所列。

表 9－1　不同火情探测器的比较

探测器的型式	响应速度	虚警率	费　用	适用范围
温　度	慢	低	低	有限空间
火　焰	快	高	高	开放空间
烟	中　等	中　等	高	开放或有限空间
微　粒	中　等	中　等	中　等	开放空间

9.2.2　火情探测器的选用与布置

微重力条件下，除热辐射探测器外，其他类型的探测器通常响应迟缓，原因在于缺乏自然对流，使得火灾通常局限于一个较小的区域，把探测器布置在航天器舱内靠近通风系统的部位有助于解决探测器的响应问题。在微重力条件下，由于没有浮力形成的热羽流，热探测器必须邻近火源才有效，因而选用火焰探测器比选用感温探测器更为有效。另外，不同类型的烟探测器对于不同类型的烟敏感程度也不同，如电离式感烟探测器对于快速燃烧形成的细小烟粒比较敏感，光电式感烟探测器则对阴燃等燃烧方式产生的大颗粒烟粒比较敏感。

对装有动力装置的密闭空间和开放区进行火情探测，通常使用电离式或光电式烟雾探测器和火焰探测器。烟雾探测器用于探测最初的火情和燃烧生成物，放置在关键部位以确保监测的冗余度和火情位置的确定。火焰探测器被用来探测周围环境开放性区域中已出现火苗的火情。这些探测器在屏蔽掉太阳辐射后，探测在紫外线和红外线范围内的闪烁率和特征辐射。为了避免虚警，可以同时采用多种探测器。

在重力条件下，由于浮力的作用，火焰总是向上运动，火情探测器一般布置在天花板上。在航天器中，火情探测器的布置要充分考虑危险源和微重力燃烧的特点。火焰探测器，如红外和紫外探测器都要求火焰在其探测范围之内，因此对微重力下火焰的传播过程就必须有充分了解。一般来说，火焰探测器安装在观察区域尽可能最大的位置。烟探测器，包括电离型和光电型，都要求有足够的烟量进入探测器的腔室内。实验研究表明，微重力条件下燃烧产生的烟量比较少，烟的传播主要受舱内通风气流的影响。因此，烟探测器的布置应与舱内通风系统相匹配。

9.3　灭火系统

可以通过除去氧化剂（闷熄）或燃料（关闭燃料流），或除去燃烧所需要的热量来灭火。

9.3.1 灭火剂

一种理想的灭火剂应具有如下性质：

(1) 有高效的灭火能力；

(2) 灭火剂及灭火后的产物无毒、无腐蚀性；

(3) 灭火后处理简单；

(4) 灭火剂储存、使用操作简单。

灭火剂主要有：

(1) 气体灭火剂

气体灭火剂主要有 Halon1301(一溴三氟甲烷)、CO_2和 N_2。Halon1301 是一种非常有效的灭火剂,它是通过抑制燃烧过程中的化学链式反应而灭火的。Halon1301 所需的储存压力(小于 4 MPa)和储存容积最小,本身无毒,但在灭火过程中会产生卤化物等有较大毒性和腐蚀性的物质,灭火后的处理十分困难,最有效的方法是将严重污染的气体排泄到舱外,所以,灭火时必须采取个人防护措施,灭火后应尽快返回地面。

二氧化碳灭火的原理是降低着火区空气中氧的浓度,大约要达到 50 %的二氧化碳浓度才能熄灭诸如电子设备的着火,然而这样高浓度的二氧化碳对人是致命的,所以用二氧化碳灭火后,要先将舱内部分气体排到舱外,剩余的二氧化碳可利用生命保障系统的二氧化碳净化装置进行处理。

氮气也可作为气体灭火剂。用氮气灭火后,先将舱内部分气体排到舱外,随即补充氧,重建舱内大气环境。

采用气体灭火剂都存在航天器座舱超压和泄压的问题。

(2) 水作为灭火剂

对于固体和部分液体的燃烧是有效的,且没有毒性,并可利用舱内湿度控制系统进行灭火后的处理。

(3) 泡沫灭火剂

泡沫灭火剂对火焰和表面燃烧都是有效的,泡沫喷洒后附着在燃烧表面,使火焰与助燃剂隔离,将火抑制、熄灭。灭火后要进行表面处理。

9.3.2 灭火方法

在地球上,通常有几种方法可以灭火,包括水、泡沫、CO_2、N_2 和 Halon,以及降低环境压力等。这些方法中有一些并不适用于航天器舱内,例如：因为可能是短路或电阻和电线过热造成的火灾,则不能用水;由于清扫的问题,也不能用泡沫。在天空实验室上,水和泡沫都提供了,但从未用过。航天飞机轨道器和空间实验室上有 Halon1301 灭火器。国际空间站上选择的灭火剂是 CO_2,因为 CO_2 的热容量大而且清除简单。在阿波罗号和天空实验任务中采用了便携式含水凝胶灭火器。其他灭火方法包括使用 N_2 和使座舱减压。灭火的机理还包括氧气稀释、热量排放以及化学灭火剂。汽化热是可排出的热量的一个指标，液体的密度是每种方法的存储体积要求的指标。

灭火方法的选择不但取决于可以扑灭的火灾类型、灭火剂生成的有毒物质、火灾后的清理，还与质量、体积、耗电、安全性和可靠性等基本因素有关。可能出现的问题包括：对于电路造成的火灾，水并不是一种有效的灭火剂；氮气还可能生成有害气体；Halon 产生有毒物质很难清除；高浓度的二氧化碳有毒；降压使大气减少；泡沫很难清除。各种灭火方法的优点包括：可用大气再生 CO_2 清除装置清除 CO_2；Halon 能高度有效地熄灭可燃性液体和电路造成的火灾；水很容易从水回收和管理（WRM）分系统中得到；降压能除去燃烧产物；氮气本身就是大气的最大成分；泡沫能熄灭大多数类型的火灾等。

有关 FDS 分系统灭火部分的选择方案不如监测部分的清晰，并且大多依赖于对比研究。灭火的主要方法是由一个分布式或集中式的灭火系统来完成的。比较研究评估系统的资源需求（物质、电力消耗以及容量），这与控制难点有关，以协助在这两种类型系统之间做出选择。分布式系统通常设计成在每个需要灭火能力的密闭容积中，放置一个单独的灭火工具。因此在每个密闭容积中放置一瓶灭火剂（二氧化碳、Halon1301、氮气等），并与一个执行系统相连。集中式系统依赖位于中心位置的灭火剂储存器，它通过一分布式网络供应许多部位。灭火系统通常制成自动或人工启动方式。比较研究有助于选择系统所用灭火剂，对灭火剂必须在其有效性、毒性、通用性以及与 ECLSS 兼容性方面进行评估。备用灭火装置通常是与地面上相似的便携式灭火器。这些灭火器可以用于装有动力装置的设备或开放性区域。最后一种方法是将舱内大气向太空排放来灭火。由于大气再供应能力上的原因，这是不得已的选择。

对于这样一个性命攸关的系统，需要有足够的对比评估研究，以确保根据空间环境和任务需要来选择合适的系统。要分析确定采用适当大小的系统，并评定与设计要求有关的系统性能。同时也需要对控制逻辑和灭火决策作适当的评审，以保证采用最迅速、最有效、最安全的措施。在最后阶段，系统必须经过试验，证明其能按预想完成任务，并且能为工作人员提供足够的安全性。表 9－2 列出了美国空间站 FDS 的简单资料。

表 9－2　FDS 方法及美国空间站的需求

空间站	监测方法	灭火方法	要求/性能
水星（Mercury）	依靠工作人员的感觉	来自食品复水枪的水降低舱内压力	不　详
双子星（Gemini）	依靠工作人员的感觉	来自食品复水枪的水降低舱内压力	不　详
阿波罗（Apollo）	依靠工作人员的感觉	便携式含水凝胶灭火剂来自食品复水枪的水降低舱内压力	能在 30 s 内喷出 0.06 m^3 泡沫的灭火器
天空实验室（Skylab）	紫外线探测器	便携式含水凝胶灭火剂降低舱内压力	能在 30 s 内喷出 0.06 m^3 泡沫的灭火剂

续表 9-2

空间站	监测方法	灭火方法	要求/性能
航天飞机轨道器/空间实验室(Orbiter/Spacelab)	电离式烟雾探测器	分布在货架/地板夹层上带有输送线的 Halon 瓶便携式含水凝胶灭火剂降低舱内压力	能监测出大气中烟雾浓度超过 2.5 mg/m^3 和烟雾浓度的变化率大于 0.03 mg/m^3 的情况;能在不到 10 s 内,以 6 %的平均浓度喷出,并保持 10 min
国际空间站	光电、烟雾监测器、紫外线、红外线以及可见光传感器	集中式二氧化碳分配系统便携式二氧化碳灭火器	能探测大气中 0.3 μm 或更大的烟雾颗粒;在额定压力下灭火剂输送速率为 1.0 lbm/s,占元部件 33 %容积时,氧气浓度稀释至 10.5 %

9.3.3 失火后的清扫

任何火灾都将产生副产品,并且可能是有危险的。危险的程度取决于被烧材料的类型、失火的温度以及灭火所用的灭火剂类型。从供给呼吸的大气中清除这些副产品是非常重要的。失火后清扫的最好方法,部分地取决于火灾的严重性及所产生的副产物的量。对于产生许多烟粒子的严重火灾,最好的方法可能是使受影响的舱减压,使受污染的大气排放到空间中去。对于较小的局部火灾,用几种便携式的污染控制装置就能从大气中清除掉大多数污染物,使微量污染控制组件(TCCA)能安全地清除其余的污染物。设计能执行完全清除功能的 TCCA 也是可以的,但这将使它在正常操作时过于笨重,需要比较大的体积、电力和质量,对于狭小的航天器舱是不适合的。腐蚀性的燃烧产物也可能产生表面污染,这取决于被烧的材料和所使用的灭火剂。在清除这些副产物时必须不引起附加的污染,可用一种溶剂或中性试剂来擦拭表面,以防止腐蚀。

思考题

1. 微重力下燃烧的特点?
2. 火情探测器的工作原理和分类?
3. 如何选用和布置火情探测器?
4. 对灭火剂性质的要求和灭火剂的分类?
5. 灭火方法的选择取决于哪些因素?

第 10 章　航天服

航天服是保障航天员在整个航天活动过程中生命安全的防护装备，按其压力服的结构可分为软式、硬式、软硬结合式三种；按工作压力可分为高压航天服和低压航天服两类；按其应用对象分为舱内航天服和出舱航天服两类。

舱内航天服也称为应急救生航天服，是在飞行器座舱失去密封性的应急情况下对乘员进行救生用的。航天员并非一直穿着舱内服，只是在一些事故的多发阶段，如发射、对接、变轨飞行和返回等阶段才使用。在座舱密封条件下，舱内航天服内基本上没有余压，通风系统工作，保障航天员必需的大气条件。当座舱失去气密性时，航天服内自动加压并维持规定的压力。

出舱航天服是航天员出舱活动的重要装置。当航天员进行出舱活动时，会接触到周围环境的真空、离子辐射、太阳辐射和微流星等一系列不利因素。如果没有专门的防护设备，航天员就无法在空间进行作业。出舱航天服包括服装和便携式生保系统（也称独立生保系统）两部分。服装将人体同空间环境隔离开，保证航天员不受空间环境因素的影响，同时形成一个密闭的微小空间。便携式生保系统在航天服的微小空间内创造适宜航天员生存的环境条件，并提供氧气、饮用水等。

除了出舱航天服之外，航天员出舱活动还需要一些辅助设施，如过渡舱、舱外移动的机动装置和固定装置等。过渡舱系统，也称气闸舱，是出舱和返回必需的系统，在出舱前将航天器过渡舱的压力降到与周围环境相同，而在返回时使其升高至与航天器主舱的气压相同。出舱航天员沿飞行器表面移动需要有专门的固定元件（如扶手、腿固定装置等）。为了安全，航天员总是用保险绳与航天器相连。如果没有专用于航天员移动的机动装置，航天员就不可能离开航天器表面很远进行作业，如设备维修、空间站组建等。

10.1　舱内航天服

舱内航天服用于航天器座舱气密性受到破坏时保护航天员的生命安全。航天员在应急情况下，以及危险性较大的入轨、对接及从轨道返回等阶段穿着。舱内航天服的设计，应保证航天员在正常舱压下长时间穿着而不致感到活动不便，能正常完成控制航天器的基本操作，进行无线电通信，实施医学监测、进食、大小便等。当座舱气密性突然破坏时，航天员应不需他人帮助迅速穿着航天服，进行返回准备工作，并完成返回过程中的一切必要操作。此外，当航天员应急溅落水面时，航天服应保证航天员漂浮在水面并能快速脱离返回舱。

10.1.1 舱内航天服的结构

舱内航天服由密闭服、密封头盔、手套、防护鞋、气路和电路密封管线、压力调节器以及测量仪器等构成。

密闭服具有飞行服(连衣裤)形式,由三层套构成。内套(通风套)由轻型织物做成,其内分布着一系列带孔的弹性导管,供航天服内通风、降温及供氧之用,如图 10-1 所示。在舱压正常的情况下,通风机将座舱内空气输送到航天服。

当座舱压力低于允许的极限值时,通风机的通风管路便关闭,由专门的气瓶向航天服进行应急供氧。氧的储备量及相应的供氧持续时间应保证航天员在轨压力应急飞行和返回过程的需要。通常,在座舱气密性破坏的情况下应立即返回,因此向航天服内应急供氧的时间不会持续太长,可以适当放宽允许湿度的要求,从而降低通风流量,延长供氧时间。但考虑到飞船返回后的落点需要,飞船要在轨道上处于应急飞行的等待时间,最长可达数小时。在此等待时间可以利用主氧源给航天服供氧。进入返回程序时将主氧源切换到返回氧源。

通风套的外面为密闭套,其形式亦为连衣裤的形式,由浸胶布或橡胶做成,如图 10-2 所示。密闭套前方开有缝,借助缝口上的密封拉链或系上专门的充气管来密封。密闭套上装有压力调节器、安全阀、压力表及密封接头,航天员可以手动调节航天服内的压力。航天服内压一般应保持在 40 kPa 或 27 kPa 附近。40 kPa 为安全阀工作压力。如果在 40 kPa 压力下航天服的活动性不能满足要求,航天员可将压力调整为 27 kPa。为使航天服在内部余压下仍具有必要的活动灵活性,密闭套的肩关节及膝关节部位做成波纹接头式。

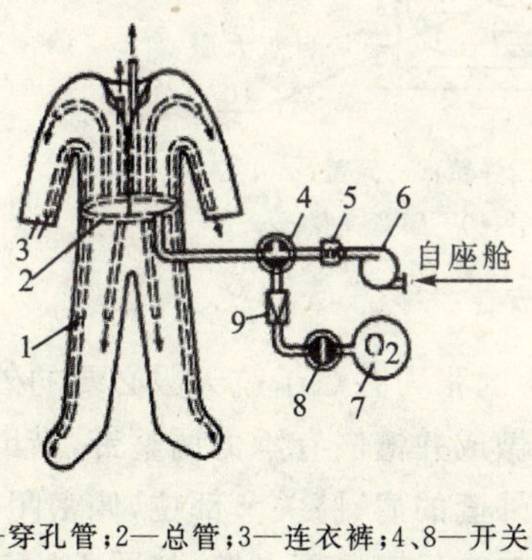

1—穿孔管;2—总管;3—连衣裤;4、8—开关;
5—单向活门;6—风机;7—氧气瓶;9—减压阀

图 10-1 通风套层和供气系统简图

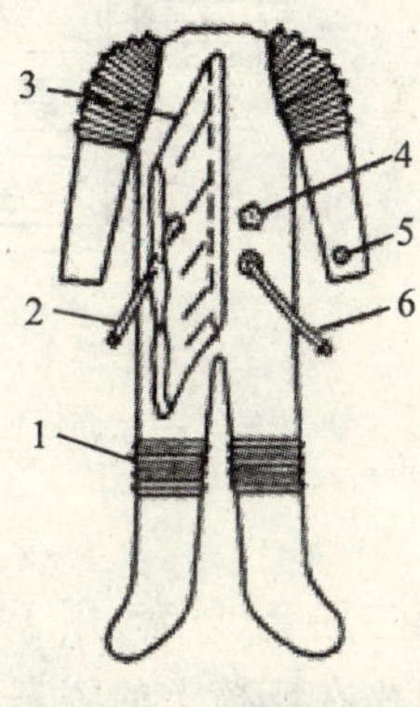

1—密闭联合服;2—带密封接头的电缆;
3—充气管;4—压力调节器;5—压力表;
6—带密封接头的供气软管

图 10-2 航天服密闭套

绝对压力调节器如图 10-3 所示。座舱压力接近额定值时，阀门 3 及阀门 4 处于开启状态，气体由航天服内自由流入座舱。座舱压力降低时，真空膜盒 1 在弹簧 10 的作用下伸长，阀门与阀座间的间隙减小。当压力达到一定值，间隙值开始影响通过阀门的气体流量时，压力调节器才开始起作用。如果航天服内绝对压力低于给定值，通过调节器的气体流量便减小，航天服内充气，压力上升；相反，如果航天服内绝对压力高于选定值，通过压力调节器的流量便增大，航天服内压逐渐降低。阀体 7 与阀盖 6 以螺纹相连接。如果调节器出故障，航天员可以转动阀盖，完全关闭通过调节器外流的气体，迫使航天服内形成余压。安全阀(图 10-4)用于保证航天服内压力不超过允许值。当服装压力超过安全压力，阀碟上压力差产生的力大于顶压弹簧 5 和 6 的作用力，阀门开启，服装向座舱排气，使服装压力降至安全值以下，确保服装使用安全。

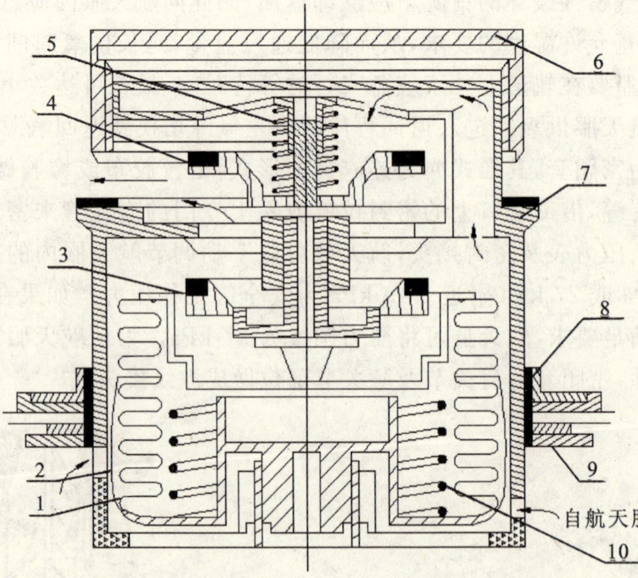

1—膜盒；2—橡皮阀；3、4—阀门；5—阀门弹簧；6—阀盖；
7—阀体；8—压紧垫圈；9—航天服密封层；10—膜盒弹簧

图 10-3　绝对压力调节器

航天服第三层套(外套)用于承受由于内部余压产生的张力并赋予航天服必要的外形。外套是按航天员坐在座椅上的姿态裁剪的，由高强度织布做成并镶嵌有承力调整带，借助后者可以根据航天员躯干、手及脚的长度来调整航天服尺寸。外套的肩、膝关节部位，像密闭套一样，装有波纹接头。在上部设有固定头盔的卡圈锁，而在袖口有手套紧固卡锁，如图 10-5 所示。

航天服所有的三层套彼此相连成一体，航天员穿航天服时三层一起穿上。

航天服头盔分为可拆式与不可拆式。可拆式头盔呈圆层顶形，其金属盔体上装有锁扣，供头盔与密闭服连接用。头盔面罩采用有机玻璃制作(图10-6)，盔体内贴隔音层及麻织物衬的温度(20 ℃),有利于小麦增加产量,但生长速率减慢,寿命周期加长。与许多其他因素一样,对于寿命周期的每个阶段都应使温度达到最佳值,以便获得最好的单位时间植物产出量。

为了维持植物的有效蒸腾速率,必须把植物生长大气环境的相对湿度控制在最佳水平上。如果湿度太高,植物的水蒸腾速率降低,叶片的冷却能力随之降低。实验证明:当植物生长环境湿度太高,而且光照水平很高时,植物叶片的冷却能力低,会导致叶片温度过高。而且植物叶片的有效蒸腾速率降低后,会妨碍植物从营养液中吸收矿物质。

植物生长大气环境的温度和湿度是由物理部件(如热交换器和风扇)来控制的。最大的热负荷来自植物光照的光源,尤其是用高强度灯光作光源时。温度和湿度控制分系统必须有足够的能力来排散光照时产生的热量和其他热负荷,防止植物生长的大气环境温度和湿度过高,妨碍植物生长,或使植物灼伤枯死。

6. 低重力和辐射

低重力和高辐射是CELSS的基本工作环境。地球生物圈中的植物,在数百万年的产生、发展及演化过程中,适应了地球上1个g的重力加速度。在从地球到空间站,或从地球到月球基地或火星基地的过程中,在CELSS植物的生命周期内会经历几种重力水平的转变。把地球上的植物搬到空间站(重力加速度接近0g)、月球基地$\left(\text{重力加速度约}\frac{g}{6}\right)$和火星基地$\left(\text{重力加速度约}\frac{g}{3}\right)$上去,是否能够生长、如何生长、产量和物种的稳定性如何等,目前,还知之甚少。

近50年来,人们利用失重飞机、探空火箭、人造卫星、宇宙飞船、航天飞机、空间站等航天工具进行生物实验,探索微重力对植物生长、发育和遗传基因的影响。这方面的实验研究工作,虽然做了不少,但是还不能获得肯定的结论。这是因为,低重力对植物生长、发育和遗传的影响效应,不可能在短时间或几代生物繁殖周期内就能显露出来。

低重力除了产生生物效应以外,还将影响植物支持和营养液与植物根系之间的界面关系等物理因素。此外,振动、加速度和噪声等物理因素对植物生长的影响也应当进行研究。

宇宙辐射对植物生长发育和遗传会产生什么影响,人们并不完全了解。据推测,宇宙辐射可能会减少植物产量,并对后代的遗传产生影响。在地球上,大多数有害的宇宙辐射都被地球大气层屏蔽了。但在空间并不是这种情况,在空间需要用人工方法来保护活体生物不受辐射危害。保持植物健康所必须屏蔽的辐射量,可以用地球上的实验来确定,高的辐射水平和辐射暴发(由太阳耀斑引起)是相当容易模拟的。对植物的辐射剂量限值一般高于对人的限值,但超过这些限值,将具有相同的致死后果。

从1978年8月到1996年10月,我国空间科学、生物物理学和农业技术等科研单位,在我国返回式卫星上进行生物空间飞行实验项目多达1 100余项,其中绝大多数是农作物种子。这些实验的目的大都出于改良物种,提高产量。有些实验结果是肯定的,例如经过空间飞行的甜椒种子，与未经空间飞行的种子进行对照培育，空间飞行组的产量增加 25 %左右。此外，卫星搭载飞行实验也为水稻品种改良做出了重要贡献。空间飞行环境对休眠期的种子产生了作用，这是无疑的。但是，这是微重力的作用，宇宙辐射的作用，还是综合作用，以及作用的机理，目前都是不清楚的。

7. 微生物

微生物无控制地活动，对密闭系统的工作可能是极其有害的。为了维持系统的正常运行，需要防止微生物过度生长，但并不希望创造一个完全灭菌的环境，实际上那也是不可能的。

人和植物与某些微生物的相互作用是有益的，在某些情况下，甚至是必要的。类似于其他的 CELSS 部件，必须达到受控的平衡，不允许任何一种微生物的生长超过健康的限值，无益的微生物品种必须完全灭绝。

有些植物特别容易受到微生物的侵害，产生疾病。因此，在 CELSS 中，必须监测和评价植物生长系统中微生物的数量，以避免执行 CELSS 关键功能的植物过多死亡。关键的植物部件采取冗余措施也是需要的，它可以防止疾病和其他问题，如害虫蔓延和机械故障。

(1) 空间住所内的微生物

微生物包括细菌、酵母、真菌、原生动物和病毒。微生物在人身上和体内是普遍存在的。人从出生起，就生活在微生物的生物圈内，其中有各种变异、品系、种类和不同的属等。这种微生物环境的成分是动态的，数量的增加和减少，质量和数量的变化，都是经常发生的。在客运航天器和太空居住舱内，也会存在微生物。微生物的存在及其对 CELSS 的影响，必须在早期的设计过程中就加以考虑，以保证能避免微生物潜在的危害，并把这种危害减至最小。还要认识到微生物的有利影响，并能促进这种影响。对于相当短期的飞行任务，可以使用简单的方法来限制微生物的生长。这些方法常常包括一次性使用的灭菌剂。但是对于长期航天任务，应避免使用消耗性的灭菌剂，可使用其他方法来保持可接受的微生物数量。

(2) 微生物的影响

根据微生物的作用，可以将它们分成两类：有害微生物和有益微生物。第一种，病原微生物，能在人、动物或植物的身上或体内生长，引起疾病。它们对寄主的伤害程度有很大的不同，已知有 1 700 多种细菌，其中大约有 70 种细菌能使人得病，这 70 种中只有十几种通常被认为是危险的。第二种是生活在外部世界中，正常情况下对人体是无害的。从本质上讲，这些类型的微生物(腐生物或腐物寄生物)对分解植物和动物是重要的，因此该环节可以被用来产生新的植物和动物生物量。就这种作用来说，微生物可以被用来使废物再循环，可以与植物生长设备联合起来，生产食物。有用的微生物可以用来进行食品加工和生产酒精。如酵母、霉菌和细菌被用于制造酒精、醋酸、黄油、奶酪、溶剂和抗菌素。

微生物粘着在湿润的物体表面上，形成生物膜，这是长期航天中值得关心的另一个问题。细菌倾向于自然地附着在物体表面上，它们分泌一种称为腊梅糖的粘性聚合物。当附着的微生物能清除对人体有害的物质时，这种生物膜可能是有益的。但是，另一方面它也可能堵塞过滤器和管道，造成材料腐蚀。

CELSS运行环境中存在微生物，是难以避免的。最令人担心的是病原微生物是否存在，因为它们可能使人生病，轻者降低工作能力，重者可能致人死命。以往的载人航天资料说明，在航天员之间存在着细菌交叉传播的可能性。因此，在评估密闭环境中对健康有危险的问题时，应当考虑病原微生物的交叉污染问题。有的微生物群对这个航天员是无害的，但对另一名航天员的健康可能是一种威胁。这是由于微生物具有突变性、适应性，或总体数量上的改变造成的。

(3) 微生物的监测

为了监测微生物的总体数量，并查明微生物的增长速率和相对数量的变化，要定期或连续探测水中、大气中和物体表面上的微生物数量，并需要进行检测的早期警报。正常情况下，微生物的种类和数量是相对稳定平衡的。如果这种稳定和平衡发生异常变化，可能是因为CELSS工作不正常，也许是杀菌剂装置已经失效，需要更换，也可能是CELSS设计有缺陷。

探测微生物，检查微生物数量，其技术过程十分复杂而费时(需要数小时才能提供检测信息)，而且目前的微生物监测技术还没有达到航天器硬件的技术水平，不适合在飞船上应用。载人航天器对微生物探测设备的技术要求包括：实时提供微生物检测信息、敏感度高、无或较少人的介入、使用消耗品少、探测时间短、容积小、质量轻和功耗小。由于载人航天器用微生物监测器技术要求特殊，需要花费时间进行专门的开发研制。

思考题

1. 什么是受控生态生命保障系统？其工作原理？与物理/化学的环控生保方法相比，受控生态生命保障系统的优点。

2. CELSS的基础有哪几类？及各自的特点。

3. CELSS研究的关键技术是什么？

4. 空间栽培技术要考虑到哪些因素的影响？

参考文献

[1] 张汝果主编. 航天医学工程基础. 北京:国防工业出版社,1991.

[2] 载人航天器环控生保系统发展历史和设计依据[G]. 航天员系统和生命保障系统专题研究资料: 第九集(内部). 航天医学工程研究所第五室,1996.

[3] 出舱航天服及其系统. 国外中长期载人航天医学工程关键技术信息研究专题资料:第一集[C]. 1997.

[4] 闵桂荣,郭舜. 航天器热控制. 第 2 版. 北京:科学出版社,1998.

[5] 空间站舱外活动技术研讨会论文集[C]. 国家高技术航天领域空间站技术专家组. 1999.

[6] 陈信,袁修干. 人-机-环境系统工程生理学基础. 北京:北京航空航天出版社,1995.

[7] Peter Eckart. Spaceflight Life Support and Biospherics. Microcosm Press, 1994.

[8] Space Biology and Medicine, Volume II. Life Support and Habitability. Joint U. S./Russian Publication, 1994.

[9] 叶利谢耶夫 A C 著. 载人宇宙飞行. 高邵伦,等,译. 北京:国防工业出版社,1998.

[10] 范剑峰,黄祖蔚. 载人飞船工程概论. 北京:国防工业出版社,2000.

[11] 寿荣中,何慧姗. 飞行器环境控制. 北京:北京航空航天大学出版社,2004.

[12] 戚发轫主编. 载人航天器技术. 北京:国防工业出版社,1999.

[13] 中国人民解放军总装备部军事训练教材编辑工作委员会. 航天环境控制与生命保障工程基础(上册). 国防工业出版社,2003.